“十二五”普通高等教育本科国家级规划教材
高等学校计算机基础教育改革与实践系列教材

数据库技术及应用(SQL Server)
——面向计算思维和问题求解

Shujuku Jishu ji Yingyong (SQL Server)
——Mianxiang Jisuan Siwei he Wenti Qiujie

(第2版)

主 编 陈立潮
副主编 南志红 曹建芳 潘理虎 刘爽英

高等教育出版社·北京

内容提要

本书是教育部大学计算机课程改革项目的建设成果之一，是以培养计算思维能力为导向来构建教学内容的教材。该教材全面、系统地介绍了计算思维和问题求解的概念，以及基于计算思维的数据库技术及应用的相关知识，同时，注重分析问题与求解问题过程。全书共分10章，内容包括计算思维与数据库技术、数据库系统体系结构、面向问题的信息模型设计、面向信息的数据库模型设计、数据库管理系统与可视化操作、面向数据管理的SQL、数据库安全控制、数据库行为设计、数据库应用程序设计、数据库新技术等。书中内容丰富、循序渐进、案例驱动、目标明确，是一本学习和掌握数据库技术的好教材。同时，配有大量案例与习题，以适应读者自主学习的需要。

本书是为非计算机专业本科生学习数据库技术而编写的，同时，也适合于计算机专业的本科生以及从事数据库编程和开发的技术人员学习和参考。

图书在版编目（CIP）数据

数据库技术及应用（SQL Server）：面向计算思维和问题求解/陈立潮主编．—2版．—北京：高等教育出版社，2018.9（2021.8重印）

ISBN 978－7－04－049459－4

Ⅰ．①数…　Ⅱ．①陈…　Ⅲ．①关系数据库系统－高等学校－教材　Ⅳ．①TP311.132.3

中国版本图书馆CIP数据核字（2018）第033372号

策划编辑　武林晓　　责任编辑　武林晓　　封面设计　李小璐　　版式设计　杜微言
插图绘制　杜晓丹　　责任校对　陈　杨　　责任印制　朱　琦

出版发行　高等教育出版社
社　　址　北京市西城区德外大街4号
邮政编码　100120
印　　刷　涿州市京南印刷厂
开　　本　850mm × 1168mm　1/16
印　　张　19.25
字　　数　370 千字
购书热线　010－58581118
咨询电话　400－810－0598
网　　址　http://www.hep.edu.cn
　　　　　http://www.hep.com.cn
网上订购　http://www.hepmall.com.cn
　　　　　http://www.hepmall.com
　　　　　http://www.hepmall.cn
版　　次　2010 年 8 月第 1 版
　　　　　2018 年 9 月第 2 版
印　　次　2021 年 8 月第 2 次印刷
定　　价　36.00 元

物 料 号　49459－00

数据库技术及应用（SQL Server）——面向计算思维和问题求解

（第2版）

主　编　陈立潮

副主编　南志红
曹建芳
潘理虎
刘爽英

1 计算机访问http://abook.hep.com.cn/1871421，或手机扫描二维码、下载并安装Abook应用。

2 注册并登录，进入“我的课程”。

3 输入封底数字课程账号（20位密码，刮开涂层可见），或通过Abook应用扫描封底数字课程账号二维码，完成课程绑定。

4 单击“进入课程”按钮，开始本数字课程的学习。

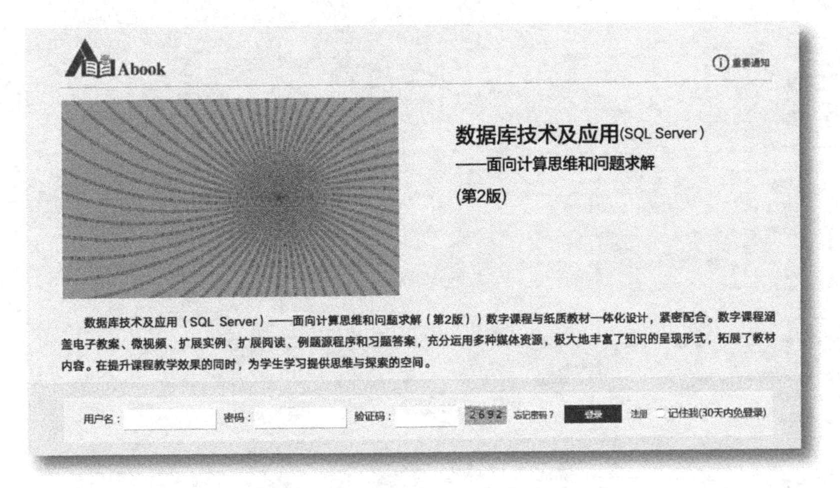

课程绑定后一年为数字课程使用有效期。受硬件限制，部分内容无法在手机端显示，请按提示通过计算机访问学习。

如有使用问题，请发邮件至abook@hep.com.cn。

电子教案
微视频
扩展实例
扩展阅读
例题源程序
习题答案

http://abook.hep.com.cn/1871421

高等学校计算机基础教育改革与实践系列教材

编审委员会

○ 序

近年来，移动通信、普适计算、物联网、云计算、大数据这些新概念和新技术的出现，在社会经济、人文科学、自然科学等许多领域引发了一系列革命性的突破，极大地改变了人们对于计算和计算机的认识。随着这一进程的全面深入，无处不在、无事不用的计算思维成为人们认识和解决问题的基本能力之一。

计算思维的深刻知识内涵正在被当今社会的发展进一步揭示。学生在高校中接受计算机课程的培养已经不仅是为了学会应用计算机，而是由此学会一种思维方式。并非每一个学生都要成为计算机科学家，但是我们期望他们能够正确掌握计算思维的基本方式，这种思维方式对于学生从事任何事业都是有益的。

在这样一个重要的发展阶段，教育部高等学校大学计算机课程教学指导委员会（以下简称“教指委”）在高教司的支持下，积极推动了以计算思维为切入点的计算机课程改革，鼓励高校一线教师大胆扬弃现有的教学观念和方法，建设适应时代要求的新的教学体系。

这一改革在过去的几年时间里取得了不少的成果，其中就包括了由山西省多所高校实施的“基于计算思维的地方高校大学计算机课程改革与实践”项目。山西省多所高校在承担教育部高等教育司教学改革项目的基础上，扎实推进课程建设，出版了“高等学校计算机基础教育改革与实践系列教材”。项目成果获得了山西省高等学校教学成果一等奖（2013 年），其中 4 本教材被评为“十二五”普通高等教育本科国家级规划教材（2014 年）。

在系列教材编审委员会的努力下，本套教材进行了全新改版，新版教材做了一些新的尝试与创新，是又一次团队合作和集体智慧的结晶，具有以下几个鲜明的特点。

（1）以计算思维为理念，以求解问题的过程为出发点，采用案例引出所要学习的知识点，并给出了多种分析问题和解决问题的方法，引导学生为了解决实际问题而学习计算机基础知识，进一步强化了学生的创新能力培养。

（2）创新教学理念，激发学习兴趣，引导自主学习。通过适当的教学设计，鼓励学生拓展知识面和针对某些重要问题进行深入探讨，增强其独立获取知识的意识和能力，为满足学生自主学习和教师教学方法的创新提供支撑。

（3）紧扣教指委制定的《大学计算机课程教学基本要求》，从结构上对应着 3 个层次、6 门课程，除了大学计算机基础与程序设计课程外，考虑到大数据时代对数据处理技术的要求，增强了数据库技术及应用课程的内容；同时，考虑到当前大学生 IT 实训的要求，增加了《Java 语言程序设计》。

(4) 采用了“纸质教材+数字课程”的出版形式，是一种新形态的立体化教材。纸质教材与丰富的数字教学资源一体化设计，内容适当精练，并以新颖的版式设计和内容编排，方便学生学习和使用；数字课程对纸质教材内容起到巩固、补充和拓展作用，形成了以纸质教材为核心，数字教学资源配合的综合知识体系新格局。

新版教材的出版也是新的征程的起点，希望编审委员会严格把关，为我国的计算机基础教学贡献一套高质量的优秀教材。也希望教材在得到更大范围采用的同时，能够积极听取反馈意见，不断深入推进课程教学改革工作。

是为序。

教育部高等学校大学计算机
课程教学指导委员会主任

李廉

2015年5月30日

◦ 第 2 版前言

现代信息社会中，数据已经成为重要的社会资源。数据库技术是计算机技术中发展最快、应用最广泛的一项技术之一，已经成为各类计算机信息系统的核心技术和重要基础。目前数据库技术已经应用到各行各业的各个层面，随着大数据技术的发展，各种数据管理系统都离不开数据库技术强有力的支持。在信息高速运转的时代，计算思维作为一种全新的思维理念，已经成为数据库程序设计课程中重要的培养目标之一。在数据库课程教学中引入计算思维将有助于学生正确理解计算和计算机的概念，更好地揭示数据管理表象背后的核心问题，从而合理运用计算思维去科学地、规范地实现数据库的设计和系统管理，进而提升自身的创新能力和应用能力。

设计和实现数据库系统的过程，分为系统规划、需求分析、概念结构设计、逻辑结构设计、物理结构设计、编码与测试、运行与维护等 7 个阶段。每一阶段的工作都可能出现反复；每一阶段又分为若干步骤，每一步骤的工作也可能出现反复。在这个过程本身贯穿了计算思维的理念。

计算思维是通过约简、嵌入、转化和仿真等方法，把一个复杂的问题重新阐释成人们知道的问题，然后一步步解决；是一种采用抽象和分解控制庞杂任务或进行巨大复杂系统设计的方法，是基于关注点分离的方法；是按照预防、保护及通过冗余、容错、纠错的方式，从最坏情况进行系统恢复的一种思维方法；是利用启发式推理寻求答案，在不确定情况下规划、学习和调度的思维方法；是利用海量数据加快计算，在时间和空间之间、在数据处理能力和存储容量之间进行折中的思维方法。数据库技术既有坚实的理论基础，又在实践中应用广泛，其中很多知识点都渗透着计算思维的相关理念。

本书以计算思维为理念，以问题求解为目标，通过实际应用案例，按照问题建模与求解的脉络组织全书内容。首先，面向问题分析建立计算机信息模型、面向模型设计数据库模型；其次，使用可视化工具和 SQL 语言工具管理和维护数据库，通过数据库安全控制、行为设计实现应用中复杂的业务数据处理和业务处理自动化；最后，通过一个数据库应用系统的开发提供数据库访问界面。如此一来，寻求解决问题的步骤与算法和解决实际应用问题成为教学中的重点，而数据库技术只是用计算机来完成问题求解的手段和工具。

本教材编写特色可概括为以下几个方面。

（1）以计算思维为理念，问题求解为目标，展开数据库技术的教学，颠覆了传统数据库技术的教学模式。

（2）以问题求解为主线，引出所应该掌握的或需要学习的数据库设计、管理、操作技术，并针对实际问题的特点，进一步掌握相关技术的使用方法。

（3）以问题求解为目标，学习数据库技术是为了解决实际问题，问题求解的过程是学习数据库技术的重点，数据库模型设计与数据库管理和维护之间的配合也是学习的内容之一。

（4）以资源建设为保证，收集、整理了大量的学习资源和案例，满足了学习和掌握计算思维与数据库系统设计的需要，为读者提供了丰富的自主学习资源。

本教材由陈立潮任主编，南志红、曹建芳、潘理虎、刘爽英任副主编，其中：陈立潮、曹建芳编写了第1章，赵鹏编写了第2章，安建成编写了第3、4章，刘爽英编写了第5章，朱烨编写了第6章，杨泽民编写了第7章，南志红编写了8章，潘理虎编写了第9章，刘继华编写了第10章。全书由南志红、曹建芳统稿，陈立潮审阅。

本教材在编写过程中，先后得到了陈国良院士、李廉教授、何钦铭教授等的指导和帮助。

编写团队召开了多次学术交流与教学研讨会，对书稿进行了多次修改和完善，它的完成凝聚了所有作者的心血和智慧，凝聚着一个团队合作的教学成果。

由于作者水平有限，书中难免存在疏漏、欠妥之处，敬请读者批评指正。

编　者

2017年9月

○ 第1版前言

SQL Server 2008 是一个高性能的客户机/服务器结构的关系数据库管理系统，是目前使用广泛、运行在 Windows 平台的数据库管理系统之一。它具有易学易用的特点，便于用户掌握和运用 SQL Server 2008 的相关知识和技巧，深受数据库技术人员的欢迎。

本书遵循理论联系实际、实践与应用相结合的原则，以实例为主线，设计许多日常应用中遇到的数据库问题，并指导读者循序渐进地寻找答案，从而培养读者解决实际问题的能力。与同类图书相比，本书最大的不同之处在于没有停留在对知识和技术点的简单介绍上，而是对探索答案的方法与过程进行详细讲解。

本书层次清晰、安排合理、内容翔实、通俗易懂、实用性很强，基本囊括了应用 SQL Server 2008 数据库系统的相关知识，并详尽地给出多种示例演示，可以帮助读者更好地了解 SQL Server 2008 数据库系统的基础知识，是一本集技术性、技巧性及资料性于一体的非计算机专业学生的教学用书。

在本书编写过程中根据非计算机专业学生认知的特点，侧重技能和数据库应用系统项目积累的训练，旨在从数据库的使用、设计与综合实例 3 个方面深入浅出地介绍数据库在实际工作中的运用，以提高学习效率、加快学习进程；在项目经验积累方面，通过多个数据库应用程序，增加读者对实际项目的感受与体验，加快读者学习与掌握数据库应用技能的速度。

本书共分 12 章，主要包括以下 3 部分内容。

(1) 数据库的使用。主要针对初级用户，介绍数据库的发展历史、基本概念、SQL Server 2008 的新特性和功能等，最终让读者学会通过 SQL Server 2008 对数据库进行管理。

(2) 数据库的设计。主要针对中级用户，在用户已经掌握了数据库基本应用的基础上，重点学习数据库的设计，掌握数据库设计 E-R 模型、数据的规范化范式、Transact-SQL 编程、高级查询的知识与技能。

(3) 数据库综合实例。主要针对高级用户，介绍数据库开发中的常见问题，包括事务、索引和视图、存储过程及触发器等。

本书根据编者多年的教学体会和企业工作的实践经验以及关系数据库的最新发展趋势编写而成，具有博采众长、言简意赅、易学好懂的特点，适合大专院校学生以及从事数据库编程和开发人员的学习和使用。

本书由陈立潮任主编，张淼、南志红任副主编。其中，张淼编写第 1 章，吴爱军编写第 2、3 章，韩雅鸣编写第 4、5 章，郭浩编写第 6 章，安建成编写第 7、8、11 章，南志红编写第 9、10、12 章。全书由陈立潮负责统稿。

由于编者水平有限，加之时间仓促，书中不当之处在所难免，恳请同行和广大读者批评指正。编者的E-mail地址：sqlgdjy@163. com。

编　者

2010年4月

○目录

第1章　计算思维与数据库技术

第2章　数据库系统体系结构

第3章　面向问题的信息模型设计

第4章 面向信息的数据库模型设计

第5章 数据库管理系统与可视化操作

第6章　面向数据管理的SQL

第7章　数据库安全控制

第8章　数据库行为设计

第9章 数据库应用程序设计

第10章 数据库新技术

第1章
计算思维与数据库技术

电子教案：
第 1 章　计算思维与数据库技术

数据库技术已成为信息社会和大数据时代必备的工具之一，在数据库课程教学中引入计算思维将有助于正确理解计算和计算机的概念，更好地揭示数据管理表象背后的核心问题，从而科学地、规范地实现数据库的设计和系统管理。本章从计算思维的概念入手，介绍计算思维的概念、数据库技术中的计算思维、数据技术基础以及数据库系统开发等内容。

本章知识体系结构如图 1-1 所示。

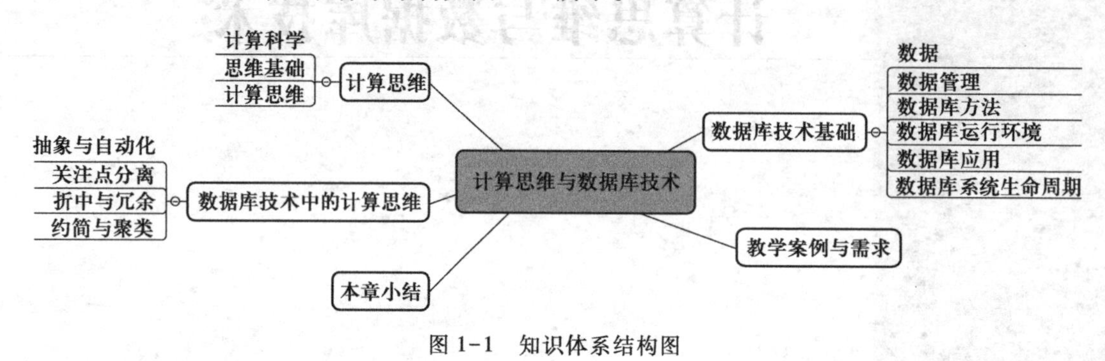

图 1-1　知识体系结构图

1.1　计算思维

现代信息社会，数据已经成为重要的信息资源。数据库技术是计算机技术中发展最快、应用最广泛的技术之一，已经成为各类计算机信息系统的核心技术和重要基础。目前数据库技术已经应用到各行各业的各个层面，各种数据管理系统都离不开数据库技术强有力的支持。在信息高速运转的时代，如何在数据库程序设计课程中应用计算思维，已经成为相关研究者探讨的重要课题。计算思维是一种全新的教育理念，为高校计算机教学提供了新思路，它是数据库程序设计课程中重要的培养目标之一。教师可以在数据库程序设计课程中合理应用计算思维，以全新的方式向学生传授知识，让学生更加全面地掌握相关概念，合理运用设计技术去进行系统的开发和管理，进而提升自身的创新能力和应用能力，提高课程教学效率。

所谓计算思维是指人们运用计算机科学的基础概念进行系统设计、问题求解以及人类行为理解等的一系列思维活动。计算思维是一种概念化而非程序化的思维，它是一种思维方式，是人的思维而非其他的思维。计算思维应是人类共有的基本技能，从学科思维角度讲，计算思维直接探讨学科的根本问题和与该学科相关的思维方式。计算思维涵盖的一系列思维活动，通过简化、嵌入、转化以及仿真等方法将复杂的问题简单化，使困难问题转化为人们熟悉并认知的问题，运用计算思维来进行数据库技术的设计和运用已成为数据库技术教学的新理念、新模式。

1.1.1 计算科学

1. 计算科学

要谈计算思维，首先谈谈计算科学。

科学（science）是反映现实世界中各种现象及其客观规律的知识体系。科学作为人类知识的最高形式，它是人类文化中一个特殊的组成部分，已成为人类社会普遍的文化理念。

科学的发展日新月异、种类繁多，已经形成了不同的体系。按照研究对象的不同，科学分为自然科学、社会科学和思维科学，以及贯穿于三者之间的哲学和数学；按照与实践的联系程度，科学可分为理论科学、技术科学和应用科学；按照人类对自然规律的利用程度，科学又可分为自然科学与实验科学。

传统的科学研究手段有理论研究和实验研究，计算则是两种研究中的一个辅助手段。随着计算技术和计算机技术的迅速发展，计算已上升为科学研究的另一种手段，它直接并有效地为科学研究服务，计算已经与理论研究和实验手段一起成为科学研究的三大支柱，并形成了理论科学、实验科学和计算科学，推动着人类文明进步和科技的发展。

计算科学（computational science）又称为科学计算，是一种与数学建模、定量分析方法以及利用计算机来分析和解决科学问题的研究领域，是运用高性能计算机来预测和了解客观世界物质运动或复杂现象演化规律的科学，它包括数值模拟、工程仿真、高效计算机系统和应用软件等。

目前，计算科学已经成为科学技术发展和重大工程设计中具有战略意义的研究手段，以计算为主要方法来寻求科学发现已成为许多科学研究领域必不可少的研究工具。它与传统的理论研究和实验研究一起，成为促进重大科学发现和科技发展的战略技术和支撑技术，是提高国家自主创新能力和核心竞争力的关键技术之一。包括美国在内的西方发达国家一直将计算科学视为关系国家命运的国家战略给予了高度重视，他们认为21世纪科学上最重要的、经济上最有前途的前沿研究都有可能通过先进的计算技术和计算科学得到解决。

2. 计算学科

计算科学的发展形成了计算学科，来源于数理逻辑、计算模型、算法理论和自动计算机器。计算学科主要系统研究描述和变换信息的算法过程，包括算法过程的理论、分析、设计、效率、实现和应用等。其核心是问题能否被形式化描述，问题是否是可计算的。

随着计算学科的发展，出现了许多与计算有关的应用领域，如计算物理、计算化学、计算生物、计算体育、计算摄影，以及普适计算、服务计算、移动计算、云计算等。

1.1.2 思维基础

1. 思维

思维（thinking）是人类自己对情感信息处理过程的一种概括和抽象，是一种心理活动的反映；是从人脑对客观事物的直接感知过渡到抽象思维的升华，它反映了客观事物的本质与规律。

通常思维具有概括性、间接性和能动性三大特征。

思维的概括性是指在人的感性基础上，将一类事物的共同、本质的特征和规律抽象出来，加以归纳与概括。感觉和直觉通常只能反映事物的个别属性，而思维则能反映一类事物的本质特征和普遍规律，即由个别到一般的过程。如人类通过长期对地球气候和植物的生长规律的观察，总结出了 24 个节气与种植时节。

思维的间接性是指通过非直接的、其他事物做媒介来反映事物的特征或规律。这类思维借助知识与经验，通过人类大脑的综合判断，给出客观事物的间接描述。如医生可根据医学知识和临床经验，结合病人的化验结果，推断出病人的病情。

思维的能动性是指思维不仅能认识和反映客观世界，而且还能够改造客观世界，提出超出常规思维的超思维现象。如人类不仅认识到了万有引力，还可以逃脱万有引力让卫星进入太空。

思维除了具有三大特征外，还有多种表现类型，按照思维的形成又可将思维分为日常思维与科学思维。日常思维即人类对客观世界的表象与一般认识。科学思维则运用了科学方法论认识客观事物，采用科学信息符号对感性认识进行加工与处理。相比日常思维来说，科学思维更具有严谨性和科学性。

2. 科学思维

科学思维是认识自然界、社会和人们意识形态的本质和客观规律性的思维活动，其思维内涵主要表现在高度的客观性，围绕求得科学答案而展开的思维以及采取理论思维的形式。

科学思维（scientific thinking）是指理论认识及其过程，即经过感性阶段获得的大量材料，通过整理和改造，形成概念、判断和推理，以便反映事物的本质和规律。

科学思维是指人脑对自然界中事物的本质属性、内在规律及自然界中事物之间的联系和相互关系所做的有意识的、概括的、间接的和能动的反映，该反映以科学知识和经验为媒介，体现为对多变量因果系统的信息加工过程。也就是说，科学思维是人脑对科学信息的加工活动。

现代科学思维则将科学思维发展相适应的最佳思维结构与现实系统发展相一致的逻辑过程相结合，能够迅速、准确地反映客观事物优化的思维方式。

上述科学思维的概念有所不同，总的来说，科学思维本质上是对客观事物理性的、逻辑的和系统的认识过程，是人脑对客观事物能动的和科学的反映。表现在以下几个方面。

（1）科学的理性思维

人的认识过程可分为感性认识和理性认识，感性认识与人的直觉思维相联系，理性认识则与人的理性思维相关联。感性认识是理性认识的基础，理性认识是感性认识的升华。作为科学思维的理性思维是建立在直觉感性的基础之上，经过界定概念、客观推理、科学判断后形成的正确反映客观世界的本质和规律的认识过程。其基本前提是承认客观世界的存在是不以人们的意志为转移的。

（2）科学的逻辑思维

逻辑思维是人类固有的一种思维方式，它是利用逻辑工具对思维内容进行抽象的思维活动。逻辑思维过程可以形式化、规则化和通用化，从而形成了与科学相适应的科学逻辑，如形式逻辑、数理逻辑和辩证逻辑等。

（3）科学的系统思维

系统思维是指考虑到客观事物联系的普遍性和整体性，认识主体在认识客观事物的过程中，将客观事物视为一个相互联系的系统，以系统的观点来考察研究客观事物，并从系统各个要素之间的联系、系统与环境的相互作用中，综合考察客观事物的认识心理过程。

（4）科学的创造思维

创造思维是指在科学研究过程中，形成一种不受或少受传统思维和范式的约束，超越日常思维、构筑新意、独树一帜、捕捉灵感或相信直觉的一种活动，实现科学研究突破性的一种思维方式。

总之，科学思维是关于人类在科学研究活动中形成的、符合科学探索规律的思维方法和理论体系。

3. 科学思维分类

从人类认识世界和改造世界的思维方式出发，科学思维又可分为理论思维、实验思维和计算思维 3 种。

理论思维（theoretical thinking）又称逻辑思维，是指通过抽象概括，建立描述事物本质的概念，应用科学的方法探寻概念之间联系的一种思维方法。它是以推理和演绎为特征，以数学学科为代表。理论源于数学，理论思维支撑着所有的学科领域。

实验思维（experimental thinking）又称实证思维，是通过观察和实验获取自然规律法则的一种思维方法。它是以观察和归纳自然规律为特征，以物理学科为代表。与理论思维不同，实验思维往往需要借助于某种特定的设备，使用它们来获取数据以便进行分析。

计算思维（computational thinking）又称构造思维，是指从具体的算法设计规范入手，通过算法过程的构造与实施来解决给定问题的一种思维方法。它是以设计和构造为特征，以计算学科为代表。计算思维是运用计算机科学的基础概念去求解问题、设计系统和理解人类行为的涵盖了计算机科学之广度的一系列思维活动。

1.1.3　计算思维

1. 什么是计算思维

计算思维概念的提出是计算机学科发展的自然产物。第一次明确使用这一概念的是美国卡耐基·梅隆大学的周以真（Jeannette M. Wing）教授。她认为，计算思维是运用计算机科学的基础概念去求解问题、设计系统和理解人类的行为；是人类求解问题的一条途径，但绝非要使人类像计算机那样思考。计算思维是一种递归思维，其本质是抽象和自动化。

计算思维是人类科学思维活动固有的组成部分。人类在认识世界、改造世界的过程中表现出了 3 种基本的思维特征：以观察和总结自然规律为特征的实证思维（以物理学科为代表）、以推理和演绎为特征的推理思维（以数学学科为代表）、以设计和构造为特征的计算思维（以计算机学科为代表）。随着计算机技术的出现及其广泛应用，更进一步强化了计算思维的意义和作用。

计算思维不仅反映了计算机学科最本质的特征和最核心的方法，也反映了计算机学科的 3 个不同领域（理论、设计、实现）。

计算思维是基于可计算的、定量化方式求解问题的一种思维过程。也就是通过约简、嵌入、转化和仿真等方法，把一个看来似乎困难的问题重新描述成一个易于求解的问题。

2. 计算思维的特征

① 计算思维吸取了问题求解所用的一般数学思维方式，颠覆了现实世界中巨大复杂系统设计与评估的一般过程思维方法和理解心理以及人类行为的一般科学思维方法。

② 计算思维建立在计算过程的能力和限制之上，由人和机器执行；计算方法和模型可以处理那些原本无法由个人独立完成的问题和系统设计。

③ 计算思维最根本的内容是抽象，计算思维中的抽象完全超越物理中的时空观，以致完全用符号来描述；与数学和物理的抽象相比，计算机思维的抽象更为丰富和复杂。

3. 计算思维的本质

计算思维是基于可计算的、以定量化方式求解问题的一种思维过程；是通过约简、嵌入、转化和仿真等方法，把一个困难的问题重新描述成一个成熟的解决方案和求解它的思维方法；是一种递归思维，是一种并行处理，可以把代码译成数据又能把数据译成代码，是一种多维分析推广的类型检查方法；是一种采用抽象和分解的方法来控制庞杂的任务或进行巨型复杂系统的设计，是基于关注点分离的方法（SoC 方法）；是一种选择合适的方式陈述一个问题，或对一个问题的相关方面建模使其易于处理的思维方法；是按照预防、保护及通过冗余、容错、纠错的方式，并从最坏情况进行系统恢复的一种思维方法；是利用启发式推理寻求解答，即在不确定情况下的规划、学习和调度的思维方法；是利用海量数据来加快计算，在时间和空间之间、在处理能力和存储容量之间进行折中的思维方法。

在理解计算思维时，要特别注意以下几个问题。

① 计算思维并不仅仅是像计算机科学家那样去为计算机编程，还要求能够在多个层次上进行抽象思维。计算机科学不只是关于计算机，就像音乐产业不只是关于话筒一样。

② 计算思维是一种根本技能，是每一个人为了在现代社会中发挥职能所必须具有的思维工具。

③ 计算思维是人类求解问题的一条途径，但决非要使人类像计算机那样去思考。计算机枯燥且沉闷，人类聪颖且富有想象力。是人类赋予了计算机激情，计算机给了人类强大的计算能力，人类应该好好利用这种能力去解决各种需要大量计算工作的现实问题。

④ 计算思维是思想，不是人造品。计算机科学不只是将软硬件等人造物呈现给人们的，更重要的是计算的概念，它被人们用来求解问题、管理日常生活以及与他人进行交流和互动。

计算机科学在本质上源自数学思维，它的形式化基础建筑于数学之上。计算机科学又从本质上源自工程思维，因为人们建造的是能够与现实世界互动的系统。所以计算思维是数学与工程思维的互补与融合。

计算思维无处不在，当计算思维真正融入人类活动的整体时，它作为一个问题解决的有效工具，人人都应掌握，处处都会被使用。自然，它应当有效地融入人们每一堂课之中。

4. 计算思维与计算机的关系

计算思维虽然具有计算机科学的许多特征，但是计算思维本身并不是计算机科学的专属。实际上，即使没有计算机，计算思维也会逐步发展，甚至有些内容与计算机没有关系。但是，正是由于计算机的出现，给计算思维的研究和发展带来了根本性的变化。由于计算机对于信息和符号的快速处理能力，许多原本只是理论可以实现的过程变成了实际可以实现的过程。

什么是计算？什么是可计算？什么是可行计算？计算思维的这些性质得到了前所未有的彻底研究。由此不仅推进了计算机的发展，也推进了计算思维本身的发展。在这个过程中，一些属于计算思维的特点被逐步揭示出来，计算思维与逻辑思维、实证思维的差别越来越清晰化。计算思维的概念、结构、格式等变得越来越明确，计算思维的内容得到不断的丰富和发展。

计算机的出现丰富了人类改造世界的手段，同时也强化了原本存在于人类思维中的计算思维的意义和作用。从思维的角度，计算机科学主要研究计算思维的概念、方法和内容，并发展成为解决问题的一种思维方式，这极大地推动了计算思维的发展。

1.2　数据库技术中的计算思维

“数据库技术及应用”课程以数据库系统开发过程为主线，分为规划、需求分析、概念结构设计、逻辑结构设计、物理结构设计、实现、运行与维护等 7 个阶段。每一阶段的工作都可能出现反复；每一阶段又分为若干步骤，每一步骤的工作也可能出现反复。这个过程本身就是一个计算机软件工程过程，因而贯穿着计算思维。

计算思维是通过约简、嵌入、转化和仿真等方法，把一个复杂的问题重新阐释成人们知道的问题，然后一步步解决；是一种采用抽象和分解控制庞杂任务或进行巨大复杂系统设计的方法，是基于关注点分离的方法；是按照预防、保护及通过冗余、容错、纠错的方式，从最坏情况进行系统恢复的一种思维方法；是利用启发式推理寻求答案，在不确定情况下规划、学习和调度的思维方法；是利用海量数据加快计算，在时间和空间之间、在数据处理能力和存储容量之间进行折中的思维方法。数据库技术既有坚实的理论基础，又在实践中应用广泛，其中很多知识点都渗透着计算思维的相关理念。

数据库技术知识点中体现的计算思维理念如表 1-1 所示。

表 1-1　数据库技术中的计算思维

教学模块	讲授内容	实验内容	计算思维关键词	学时
数据库技术的基本概念	数据概念、数据管理与数据处理 数据管理技术的发展 DBMS 概念及功能 数据库应用系统 Access 数据库系统介绍	创建简单的 Access 数据库系统	抽象 关注点分离 规划	2
数据模型	数据模型及要素 3 种数据模型 关系模型 三级模式结构		抽象 关注点分离 规划	2
数据库设计	数据库应用系统设计方法 需求分析 概念结构设计 逻辑结构设计 物理结构设计	数据流图 E-R 图 关系模式	规划 约简 冗余 折中	6

续表

教学模块	讲授内容	实验内容	计算思维关键词	学时
数据库结构创建	数据类型 数据约束 数据库的完整性	Access 表字段的属性设置 Access 表关系的设置 Access 参照完整性的设置		4
数据库查询语言	关系代数 SQL 语言	创建 Access 交互式查询 创建 SQL 查询	递归 嵌入	8
数据库防护技术	数据库安全 并发控制	Access 数据库密码设置 数据库备份和恢复	保护 容错 并发	1
数据库应用系统开发	应用程序体系结构 数据库访问技术 应用程序设计	利用 VB 语言实现与 Access 数据库管理软件的连接和访问	关注点分离 规划	8
新技术介绍	数据挖掘 分布式数据库		冗余 并发	1

1.2.1 抽象与自动化

在科学研究中，需要对研究的现实事物进行抽象，可以说没有抽象，就没有科学理论和科学研究。抽象是指从众多事物中抽取出共同的、本质性的特征。抽象是精确表达问题和建模的方法，也是计算思维的一个重要本质。抽象分为数据抽象和过程抽象，如把苹果、桃子、香蕉等抽象为水果的概念；将“神舟十号”的运行轨迹转化为数学运算是抽象；在教务管理信息系统的设计过程中，将现实世界中学生、教师与课程信息及其之间的关系转化为 E-R 图，是从现实世界到概念模型的抽象；由 E-R 图转换为二维表是从概念模型到关系模型的抽象，这些都是数据抽象。对数据的操作过程进行抽象，称为过程抽象，如对成绩的统计分析转换为集合运算就是一种过程抽象。

在关系数据库基本理论中，建立关系数据模型是一个抽象的过程，提出关系模式、关系实例、键码、外键码等概念和关系运算及其性质的过程是理论思维。而将关系模式实现为基本表并运用 SQL 语言编程实现数据查询、数据修改和数据完整性控制的过程就是一个自动化的过程，因此也贯穿着计算思维。

数据库中的很多概念和方法都体现了抽象的思想，例如数据模型、规范化理论、事务管理等。数据模型是数据库中的最基本的概念之一，其本身就表达了对现实世界的抽象，并且这种抽象是分层次、逐步抽象的过程。当利用数据模型去抽象、表达现实世界时，先从人的认识出发，形成信息世界，建立概念模型；再逐步进入计算机系统，形成数据世界。在数据世界中，又进一步分层，先从程序员、从用户的角度抽象，建立数据的逻辑模型；再从计算机实现的角度抽象，建立数据的物理模型。

数据库应用系统的开发是利用计算机解决现实世界的问题，需要借助多次抽象才能实现。在教学实践中，需要建立抽象思维的概念，通过从现实问题中建立概念模型和数据模型，完成数据库的设计和编程，以实现问题的求解，显然强化了学生的抽象能力。

以上抽象思维的结果需要在计算机上实现，这体现了自动化这个本质，也是将理论成果应用于技术实践的过程。自动化隐含着需要某类计算机（可以是机器或人，或两者的组合）去解释抽象。数据库查询语言 SQL 可解决各种数据库数据操作在计算机上的实现问题；在用 SQL 去实现用户要求时，结合计算思维的约简、嵌入、转化等方法，把复杂的问题转换为易于解决的问题加以实现。如对于带有全称量词的查询，重点说明将全称量词转化为对存在量词的否定之否定，用多层嵌套查询来实现的思路和方法。此外，对抽象的关系模型的自动化，采用了简单的表结构去表达同一类事物，用对表中数据上定义的增删改查操作实现对数据的访问。由于现实世界中事物客观存在并满足一定的条件，为了保证自动化的正确性，通过完整性约束限制数据的取值，并进一步把表的建立和完整性约束，以及对数据的操作通过 SQL 语言建立程序由计算机执行，从而建立真实的物理数据库。

1.2.2　关注点分离

关注点分离是一种处理复杂性问题的系统思维方法。哲学上的整体与个体、主要矛盾与次要矛盾的关系分析就是一种关注点分离的思维方式，先将复杂问题进行合理分解，再分别仔细研究问题的不同侧面，最后合成整体分析。在计算机科学中表现为分而治之。这种方法适用于任何学科，学会这种思维方式，将有助于人们很好地处理工作和生活中的复杂问题。

数据库应用系统管理着庞杂的数据，包括存储数据、检索数据、统计数据、维护数据等。数据库通过对象管理数据，就是应用了关注点分离的思维方法。借助于关注点分离方法，以数据库设计为主线，在解决问题的过程中逐步引入知识点，避免数据库技术学习中知识点繁杂零散；在系统实现过程中，遵循概念结构设计、逻辑结构设计、物理结构设计等数据库应用系统设计过程，培养和提高求解复杂系统问题的能力。

数据库系统的设计通常采用软件工程思想，自顶向下将设计任务划分为多个阶段，每个阶段有各自相对独立的任务，相邻阶段又互相联系、承接，共同完成整个设计任务；复杂的数据管理和维护任务，也可进一步分解为数据恢复、并发控制、数据完整性和安全性的保护、数据库的运行维护等多个子任务，由不同的子系统完成，并相互协作保护数据在运行过程中的正确性和有效性；在进行基于数据库的应用开发中，模块化是最常用的最具代表性的一个分解方法。这些数据库的知识点都采用了关注点分离方法，充分体现了计算思维的特点。

1.2.3 折中与冗余

所谓折中是指调和各方面的意见使之适中。人们在完成一项任务、制订一项计划时要考虑效益与成本问题。在低成本下追求高收益是经济发展追求的目标，一个国家的可持续发展要求经济、人口、资源、环境等协调发展，这都体现了折中思想。数据库技术中管理海量数据要考虑时间和空间成本、存储与处理能力等的折中。

数据库在对海量数据进行管理的技术中处处体现了时间和空间之间、处理能力和存储容量之间施行折中的思维方法。如为了满足应用的实时性要求，对数据查询时可以通过建立索引来提高数据访问的速度；但建立索引需要存储实际数据，占用一定的存储空间，并且索引需要维护。为了解决应用的数据冗余和操作异常问题，常须对数据关系进行规范化，规范化级别越高，数据冗余越小，占用的存储空间越小；但规范化后的表被分解为多个小表，查询时需要多个表之间进行连接，会增加数据的查询时间。对数据施加封锁时，封锁的粒度越小，并发性越高，事务的处理速度越快，但系统代价越高；而封锁的粒度越大，系统处理代价越小，但事务之间的并发程度降低，事务的等待时间延长。这些都是典型的折中思想，体现了计算思维的理念。

索引虽然提高了查询速度，但需要一定的存储空间，因此不能无限制建立索引。设计关系数据库时应用规范化理论，可以减少存储空间，但增加了查询时间。数据库应用系统开发追求的是最合适而不是最完美，因此数据库设计人员要充分了解用户需求，折中各项指标，使系统最适合用户的需求。加强折中思维理念的培养，对于合理、有效地进行数据库系统开发具有重要的意义。

1.2.4 约简与聚类

现实世界的数据大多存放在关系数据库中，在进行多关系分类时，由于关系数据库结构的复杂性，所以对其中的表和属性进行选择是有必要的，需要删除掉一些对最终分类并无太大影响的表和属性，这样可以在保证一定分类准确度的同时，提高分类效率。在数据库设计中，通常采用约简的计算思维方法将一个复杂的客观现实简洁、清晰地描述出来。

而在对多关系目标表中的元素进行聚类时，最主要是能较为精确地计算出目标表中任意两个对象之间的关系距离，这样才能提高聚类的准确度。

约简是将复杂而又庞大的问题简单化，降低了解决问题的难度，便于分析和解决问题；聚类则是将物理或抽象的对象集合分为由类似对象组成的多个类的过程；折中是协调不同方案，使其适中；冗余即为多余、重复，是为提高效率而采取的策略。

1.3 数据库技术基础

数据库技术是数据管理的最新技术，是计算机科学的重要分支。数据库技术经过几十年的发展，其应用遍及各行各业，成为21世纪信息社会的核心技术之一。目前许多企事业单位的日常业务处理都离不开数据库的支持，如银行业务、超市业务、飞机和火车订票业务以及电子商务等。

1.3.1 数据

扩展阅读1.1：信息与数据

数据（data）定义为描述事物的符号记录。在计算机中为了存储和处理这些事物，就要抽取事物中某些特征并组成一个记录来描述这一事物。例如在学生档案中，如果人们感兴趣的是学生的学号、姓名、性别、出生年月、籍贯、就读学院等，就可以这样描述：

（2013130025，王小瑞，男，199304，山西太原，电子与科学技术学院）

针对上面学生记录可以得到如下信息：王小瑞是一名男同学，1993年4月出生，山西太原人，2013年考入某大学电子与科学技术学院。可见数据的形式本身并不能完全表达其内容，需要经过语义解释。

数据的概念包括两方面内容。

一是数据有语义，数据的解释是对数据含义的说明，数据的含义就是数据的语义，通常数据的含义与语义是不可分的。

二是数据有结构，如描述学生的数据就是学生记录，记录是计算机中表示数据和存储数据的一种形式。

由于描述事物特性必须借助一定的符号，这些符号就是数据形式，而数据形式可以是多种多样的，如数字、文字、声音、图像和动画、视频、学生档案记录和货物运输清单等，都是数据。数字只是最简单的一种数据形式。

1.3.2 数据管理

扩展阅读1.2：数据管理技术各个阶段中数据与应用程序的关系

数据管理指利用计算机的软件与硬件对数据进行存储、检查、维护并实现对数据的各种运算和操作。数据管理技术的发展经历了人工管理、文件系统和数据库系统管理3个阶段。

1. 人工管理阶段

计算机出现的初期，主要用于科学计算。这个阶段尚无大容量的存储设备，人们把程序和计算数据通过打孔的纸带送入计算机中，计算的结果只能手工保存。

这个阶段应用程序中使用的数据必须由程序员事先规定好其存储结构和存取方式，一组数据也只能供一个应用程序使用，不能在多个程序之间共享，数据没有独立性。

2. 文件系统阶段

到了20世纪60年代，计算机硬件的发展出现了磁带、磁鼓等直接存取设备。软件的发展是操作系统提供了专门的数据管理软件，称为文件管理系统。数据的处理方式可以是批处理或联机实时处理。文件系统管理数据具有如下特点。

① 数据可以长期保存。

② 文件系统管理数据，程序和数据之间由软件提供的方法进行转换，使应用程序与数据之间有了一定的独立性。

③ 数据共享性差，数据冗余度大。

④ 数据独立性差，系统不容易扩充。

3. 数据库系统管理阶段

从20世纪60年代末期开始，需要通过计算机处理的数据量急剧增加，数据共享的要求也越来越高。这时磁盘技术取得了重要进展，为数据库技术的发展提供了物质条件。一种新的、先进的数据管理方法——数据库技术应运而生。

数据库（database，DB）就是为了实现一定的目的，按照某种规则组织起来的数据集合。更准确地说，数据库就是长期存放在计算机内、有组织的、可共享的数据集合。数据库中的数据按一定的数据模型组织、描述和存储，具有较小的冗余度，较高的数据独立性和易扩展性，并为各种用户共享。

数据库系统把数据存储在数据库中，由数据库管理软件对其进行管理。用数据库系统管理数据有如下特点。

① 具有较高的逻辑数据独立性。

② 提供了数据库的创建以及对数据库的各种控制功能。

③ 用户界面友好，便于使用。

1.3.3 数据库方法

数据库方法强调数据的集成和共享。采用数据库方法管理数据可以克服文件管理系统的缺点，真正实现信息的自动化管理，用户只需设计数据的结构和数据之间的逻辑关系，不必考虑数据的存储和访问方式，而由数据库管理软件自动完成。

1. 数据模型

设计良好的数据库结构是建立满足用户需求数据库的基础。

扩展阅读 1.3：常用数据模型

数据模型是指数据库中数据的存储和组织方式，体现了数据的本质以及数据间的联系，是数据库系统的核心和基础。数据库的有效性、效率与数据库的结构密切相关。

扩展阅读 1.4：3个世界的关系

数据模型是对现实事物的模拟和抽象。一般来说，数据从现实世界到计算机数据库的具体表示要经历3个领域，即现实世界、信息世界和计算机世界。

现实世界是指客观存在的事物及其联系；信息世界是对客观世界的一种

抽象描述。现实世界反映在人的头脑中，经过收集、认识、分类和抽象后产生认知，形成了信息；计算机世界是在信息世界上的进一步抽象，数据库管理系统的数据模型在该层上实现。

典型的数据模型由实体、属性、联系组成，最常见的数据建模表示方法是实体—联系模型。

实体：一个实体是现实世界客观存在的一个事物，可以是一个具体的事物，如一所房子、一个元件、一个人等，也可以是一个抽象的事物，如一个想法、一个计划或一个工程项目等。实体由它们自己的属性值表示其特征。

属性：描述实体或联系的特性。实体的每个特性称为一个属性。属性有属性名、属性类型、属性定义域和属性值之分。

联系：现实世界中，事物之间的相互联系是客观存在的，联系反映实体间的相互关系。这种联系必然要在信息世界中进行描述。例如，每个教师隶属一个研究所，每个教师和其隶属的研究所之间有一个隶属联系。

现实世界中，实体之间的联系有 3 种不同类型：一对一联系、一对多联系、多对多联系。

要把具体事物转换成计算机能够处理的数据，首先应将现实世界中的客观对象抽象为某一种概念级的信息结构，这种结构不依赖于具体的计算机系统，也不是某一个数据库管理系统 DBMS 支持的数据模型；然后再把概念模型转换为计算机上某一 DBMS 支持的数据模型。

常用的数据库的数据模型包括层次模型、网状模型、关系模型和面向对象模型等，它们的区别在于记录之间联系的表示方式不同。其中，关系模型是目前应用最为广泛的模型，市面上绝大多数数据库管理系统都使用关系型数据模型。

2. 数据库管理系统

数据库管理系统（database management system，DBMS）是一种运用数据库方法操纵和管理数据库的大型软件，用于建立、使用和维护数据库。用户通过 DBMS 访问数据库中的数据，数据库管理员也通过 DBMS 进行数据库的维护工作。它可使多个应用程序和用户用不同的方法在同时或不同时刻去建立、修改和询问数据库。

由于有 DBMS 的支持，数据库方法具有以下优点。

① 数据共享。数据库中的数据可以在多个用户、多种应用程序、多种程序设计语言之间相互访问、使用。数据共享是数据库系统区别于文件系统的最大特点之一，也是数据库系统技术先进性的重要体现。

② 数据结构化。数据库系统不再像文件系统那样从属于特定的应用，而是面向整个组织，常常是按照某种数据模型，将整个组织的全部数据组合成一个结构化的数据整体。数据库不仅描述了数据本身的特性，而且也描述了数据与数据之间的种种联系，从而使数据库能够描述复杂的数据结构。

③ 数据独立性。数据库技术的重要特征就是数据独立于应用程序而存在，数据与程序相互独立，互不依赖，不会因为一方的改变而改变另一方，

因而大大地简化了应用程序的设计与维护工作。

④ 可控数据冗余度。数据共享、结构化和数据独立性的优点使数据存储减少了重复，不仅可以节省存储空间，而且从根本上保证了数据的一致性，这也是有别于文件系统的重要特征。从理论上讲，数据存储可以没有任何重复，即冗余度为零，但在实际情况下为提高检索速度，经常会特意安排若干冗余，这种情况下冗余完全由用户控制，称为可控冗余度。

⑤ 统一数据控制功能。数据库是系统中各用户的共享资源，因为计算机的共享一般是并发的，即多个用户会同时使用数据库。因此，系统必须提供数据安全性控制、数据完整性控制、并发控制和数据恢复等数据控制功能。

1.3.4 数据库运行环境

数据库运行环境亦称数据库系统，是由硬件、软件和人组成的存储、管理和维护数据的集成系统，是一个实际可运行的存储、维护和应用系统提供数据的软件系统。数据库环境的主要构成元素以及这些元素间关系如图 1-2 所示。

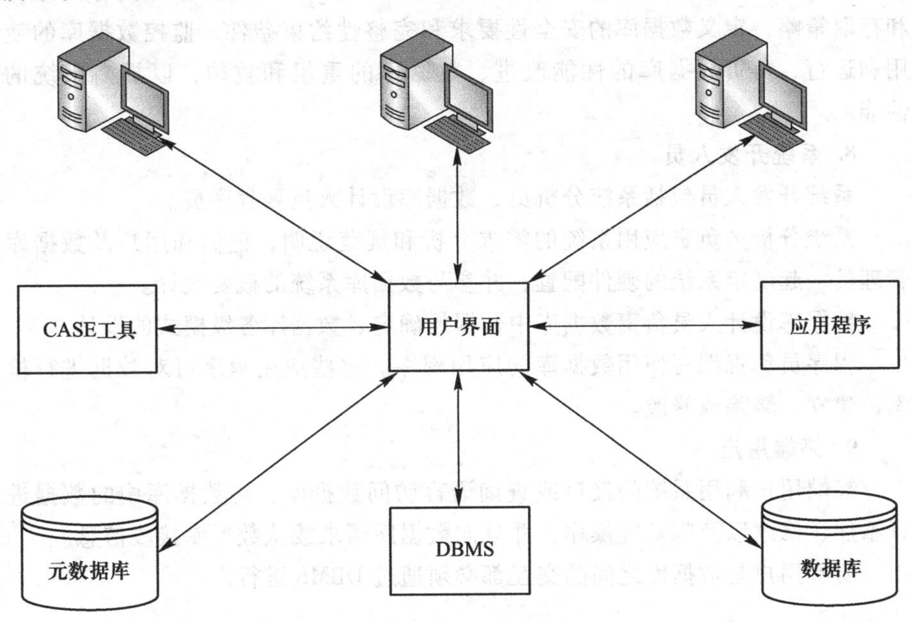

图 1-2 数据环境组成元素

1. 计算机辅助软件工程（CASE）工具

CASE 工具（computer-aided software engineering tools）是用来设计数据库和应用程序的自动化工具。

2. 元数据库

元数据（meta date）是关于数据的组织、数据域及其关系的信息，简言之，元数据就是关于数据的数据。

元数据库是所有数据定义、数据联系以及其他数据库系统组件的集中式知识库。

3. DBMS

数据库管理系统是数据库系统的核心软件，是在操作系统的支持下工作，解决如何科学地组织和存储数据，如何高效获取和维护数据的系统软件。

4. 数据库

数据库是逻辑上相关的数据的有组织集合，通常是为满足用户特定信息需求而设计的。与元数据库相比较，数据库中包含了具体的数据，而元数据库包含了数据定义。

5. 应用程序

用户通过应用程序创建和维护数据库，并向用户提供信息。

6. 用户界面

用户界面包括语言、菜单以及用户能用来与各种系统组件，如 CASE 工具、应用程序、DBMS 以及元数据库等交互的用户接口。

7. 数据和数据库管理员

数据库管理员（database administrator，DBA）是负责数据库的总体信息控制的人员。DBA 负责数据库中的信息内容和结构，决定数据库的存储结构和存取策略，定义数据库的安全性要求和完整性约束条件，监控数据库的使用和运行，负责数据库的性能改进、数据库的重组和重构，以提高系统的性能。

8. 系统开发人员

系统开发人员包括系统分析员、数据库设计人员和程序员。

系统分析员负责应用系统的需求分析和规范说明，他们和用户及数据库管理员一起确定系统的硬件配置，并参与数据库系统的概要设计。

数据库设计人员负责数据库中数据的确定、数据库各级模式的设计。

程序员负责编写使用数据库的应用程序。这些应用程序可对数据进行检索、建立、删除或修改。

9. 终端用户

终端用户利用系统的接口或查询语言访问数据库，对数据库中的数据进行添加、修改以及删除等操作，并且向数据库请求或从数据库接收信息。

所有用户与数据库之间的交互都必须通过 DBMS 进行。

1.3.5 数据库应用

图 1-2 所示，用户访问数据库的方法一般有两种方式，一是直接通过使用 DBMS 提供的接口访问数据库，二是使用应用程序。

第一种方式中，用户通过 DBMS 向数据库发出查询命令，并检查得到的结果，要求用户对数据库查询语言有一定层次的理解。而后一种方式用户通过应用程序提供的用户界面操作数据库，是更为普遍的一种数据库访问机制。

一个应用程序由两个关键部分组成：用来接收用户请求（如输入、删除或修改数据）的图形化用户界面、和/或来自数据库的检索结果的显示机制。运行用户界面的机器一般称为客户机（client），而运行 DBMS 并包含数据库的机器称为数据服务器（server)。应用程序通过查询语言来调用服务器上的数据库系统功能。

根据数据库应用的范围，基于客户端应用和数据库软件的位置，数据库系统分为单用户结构、客户机/服务器结构和浏览器/服务器结构。

1. 单用户数据库

单用户数据库系统是最简单的一种数据库系统，目前多用在智能手机和PDA中，目的是以高效的方式向用户提供管理（存储、更新、删除和查询）少量数据（如通讯录、客户资料等）的能力。

在这种系统中，整个数据库系统，包括客户机和服务器都装在一台计算机上，由一个用户独占，不同计算机之间不能共享数据，这样势必存在大量的数据冗余。

2. 客户机/服务器结构

在客户机/服务器结构中，客户机端的用户请求被传送到数据库服务器，服务器进行处理后，只将结果返回给用户，从而显著减少了网络上的数据传输量，提高了系统的性能、吞吐量和负载能力。

另外，客户机与服务器一般都能在多种不同的硬件和软件平台上运行，可以使用不同厂商的数据库应用开发工具，应用程序具有更强的可移植性，同时也减少软件维护的开销。

客户机/服务器数据库系统可分为集中的服务器结构和分布的服务器结构。前者在网络中只有一台数据库服务器，而后者有多台数据库服务器。分布的服务器结构是客户机/服务器与分布式数据库系统的结合。

3. 浏览器/服务器结构

浏览器/服务器系统（B/S系统）通常也称为浏览器系统。浏览器系统的数据库和应用程序都运行在服务器上，客户端就是一个浏览器。用户只要使用浏览器软件（如IE）就可以访问服务器上的数据库系统，也就是说，用户仅使用通用的浏览器就可以实现原来需要复杂专用软件才能实现的强大功能。

浏览器系统的优点有以下几个。

① 系统维护较容易，对于应用程序和数据库的维护更新只在服务器上进行。

② 只要Internet是连通的，客户端可以在世界的任何地方。

其缺点是一方面由于应用程序和数据库都在服务器上运行，因此系统对服务器的要求较高；另一方面由于系统在Internet环境中开发，因此系统的安全性问题也较多。

1.3.6 数据库系统生命周期

在实际应用领域，为了满足组织的战略目标，如改善客户支持，提高生产和库存管理效率，或者进行更准确的销售预测，应该如何建立数据库?

一般数据库开发从企业数据建模开始建立组织数据库的范围和内容。

传统信息系统的生命周期（system development life cycle，SDLC）包括规划、分析、设计、实现和维护 5 个阶段，描述了一个信息系统从规划、开发、维护和被取代的完整过程。

数据库和相关的信息处理作为完整信息系统项目的一部分，在 SDLC 中的每个阶段都包含了相应的数据库开发活动，如图 1-3 所示。需要注意的是 SDLC 阶段和数据库开发步骤之间并不总是一一对应关系。例如，概念数据建模发生在规划和分析阶段。

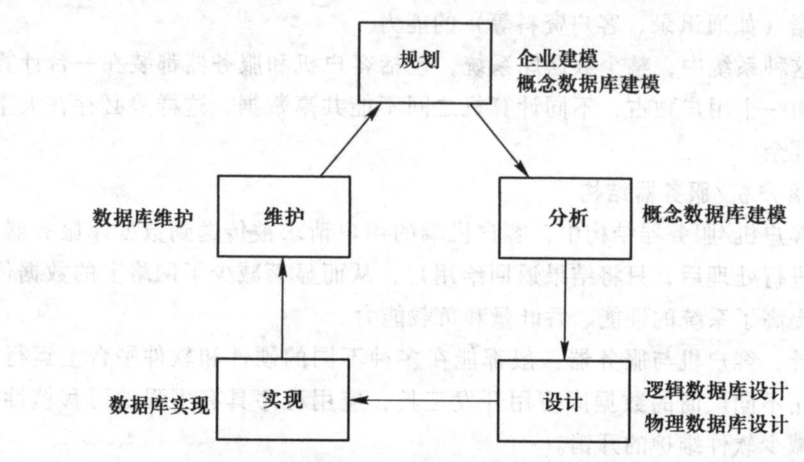

图 1-3　系统开发生命周期中的数据库开发活动

1. 规划——企业建模

数据库的开发过程从审查信息系统规划过程中开发的企业模型开始，分析当前业务处理、一般业务功能及其数据需求，论证业务支持中新数据和数据库需求的必要性。

2. 规划——概念数据库建模

开发信息系统的第一个阶段是需求分析。数据库的需求分析分为两步进行。在规划阶段进行第一步，确定新信息系统中数据库需求的范围，分析支持业务功能的全部数据。此时只考虑包含高层次类别的数据（实体）和主要的联系。

3. 分析——概念数据库建模

数据库需求分析的第二步是在分析阶段建立一个详细的概念数据模型，包括实体、联系、属性和业务规则。该模型抽取和组织所有的信息需求，确定了信息系统必须管理的所有数据。

4. 设计——逻辑数据库设计

逻辑数据库设计分两步进行数据库开发。

首先将概念数据模型转换为逻辑数据模型，以数据库管理技术的方式来描述数据。例如，如果使用关系数据库技术，就将概念数据模型转化为关系模型。

然后，根据应用程序的输入、输出格式全面设计用户视图，并将概念数据模型与用户视图进行合并、整合，构成一个系统的设计。

注意，组合、调整后的逻辑数据模型最后需要依据规范化理论进行规范化（优化）。

5. 设计——物理数据库设计和定义

物理数据模型是一组规范，描述了在一个特定的数据库管理系统平台上如何将逻辑数据模型表达的数据存储在计算机的辅助存储器中，即在DBMS上定义数据库，决定数据的物理组织和设计数据库应用程序。

6. 实现——数据库实现

在数据库实现中，开发人员设计、测试和安装程序/脚本，用以访问、创建或修改数据库；完成数据库文档和培训资料；安装数据库并从现有的信息源加载转换数据。

7. 维护——数据库维护

在数据库系统运行过程中，一方面要监视系统的操作和使用情况，以便及时修正数据库和数据库应用中的错误，保证数据库和数据库应用能够适应业务需求的变化，满足业务处理要求；另一方面，需要定期对数据库进行备份，保证在数据库受到损坏时进行数据库恢复。

1.4 教学案例与需求

为了更好地理解和掌握数据库的设计、管理和应用技术，全书内容围绕一个完整的教学案例（学生选课与成绩管理系统），采用循序渐进、步步深入的方法展开介绍。

教学管理是高校的一项重要管理工作。某高校为了提高教学管理水平和工作效率，希望开发一个学生选课与成绩管理系统，利用数据库技术对教学过程中的相关信息进行管理，本期实施的内容主要包括学生选课和排课管理两方面的工作。

本系统的功能需求是要实现学生的选课与成绩管理，主要用户是面向学生、教师和教学管理人员。教学管理人员管理系统需要的学生信息、教师信息、学院、专业、班级基本信息并对所有选修课程进行排课：学生可以在系统中选择所要选修的课程、查看成绩、修改个人信息、查看自己所选的学分等；教师可通过系统接受选课的学生，获取学生基本信息，为学生登记成绩，并可通过系统接受所选课的学生，获取学生个人信息，为学生登记成绩并给予学分。不同的用户通过系统完成不同的工作，从而方便了学生选课和查分，方便了教师的教学管理和学生成绩的录入，更为重要的是系统方便了学校的教务管理。

有3类用户需要使用到学生选课及成绩管理系统：教师、学生和教务管理员。

1. 教学管理人员需求

① 增加、修改、查询、删除院系班级、学生、教师信息。

② 对课程进行管理，增加、修改、删除课程的数据。

③ 排课。

④ 查询学生选课情况、教师授课情况等，并且可以打印出查询结果。

⑤ 对选课学生的信息进行统计，可以查看某一课程的学生名单，并具统计功能。也可以将数据以 Excel 的文件格式导出。

⑥ 以各种条件对学生的成绩进行查询，如班级的期末成绩，某个学生的所有成绩，教师所教授课程的成绩等，还能够对成绩进行统计分析，课程信息、平均成绩、及格率、优良率等，将查询结果、统计分析结果打印出来。

2. 教师需求

① 教师可以通过该系统在某一特定时期申请开设课程。

② 可编辑、修改课程相关信息。

③ 在系统指定时间内录入成绩、修改课程的成绩，并打印成绩单。

④ 对成绩和课程进行查询，个人信息进行修改。

⑤ 查看所有选课课程，以及学生网上选课的人数、人员名单、课程的时间和地点。

⑥ 对选课学生的信息进行统计，可以查看所带课程的学生名单，并具统计功能。也可以将数据以 Excel 的文件格式导出。

3. 学生需求

① 查看系统所提供的选课信息进行选课。

② 可以看到截止至选课确认前的选课人数，“确认”后不能更改所选课程。

③ 选课结束后，学生登录系统，能够看到所选课程开设情况。

④ 能够进行成绩和公共信息的查询，如查询自己的所有成绩记录信息，包括必修课成绩和选修课成绩。学生还可以查询具体科目的公共信息，如课程信息、平均成绩、及格率、优良率等。

⑤ 只能查询自身档案的开放信息，例如，姓名、出生年月、政治面貌等，但是不可以查询自身档案的不开放信息。

⑥ 修改个人密码。

4. 安全需求

出于系统的安全考虑，不同的用户应该具有相应的权限控制，重要的数据信息需要加密并备份。当系统出现故障时，应该有相应的应急措施或系统恢复功能。在具备权限的条件下，允许系统的数据有多份备份，但各个备份之间必须维持数据的一致性。

本章小结

计算思维是指人们运用计算机科学的基础概念进行系统设计、问题求解以及人类行为理解等的一系列思维活动。应用计算思维有助于揭示数据管理表象背后的核心问题，从而科学地、规范地实现数据库的设计和系统管理。基于计算思维的问题求解，可以通过简化、嵌入、转化以及仿真等多种方法来将复杂的问题简单化，使困难问题转化为人们熟悉认知的问题，从而可以运用数据库技术搭建数据库系统来解决业务领域数据管理和维护问题。

本章针对计算思维的概念、特点和本质进行了介绍，并通过对数据库技术中的计算思维的讨论，引出了数据管理技术、数据库应用与开发的概念和相关知识。最后本章给出了贯穿全书的教学案例和需求分析。

习题

1. 什么是计算思维？计算思维有哪些特征？
2. 计算思维与问题求解的关系如何？
3. 什么是数据库？为什么要学习数据库技术？
4. 比较数据、数据库、数据库系统、数据库管理系统的概念。
5. 如何将计算思维融合到数据库技术应用中？试举例说明。
6. 谈谈你对计算思维与数据库系统开发的理解。

习题答案：
第 1 章

第 2 章

数据库系统体系结构

当今社会信息资源已经成为各行各业的重要财富，建立一个高效的满足各行业信息处理需求的信息管理系统日趋重要。因此，数据库技术作为信息管理的核心愈来愈得到广泛的应用。而数据库系统体系结构是数据库技术的基础，是数据库系统的总体框架，在设计一个数据库之前必须先了解使用的数据库系统的体系结构，它对数据库设计起着重要的作用。本章主要讨论数据库模型、数据库管理系统及其体系结构、分类。本章知识体系结构如图 2-1 所示。

电子教案：第 2 章 数据库系统体系结构

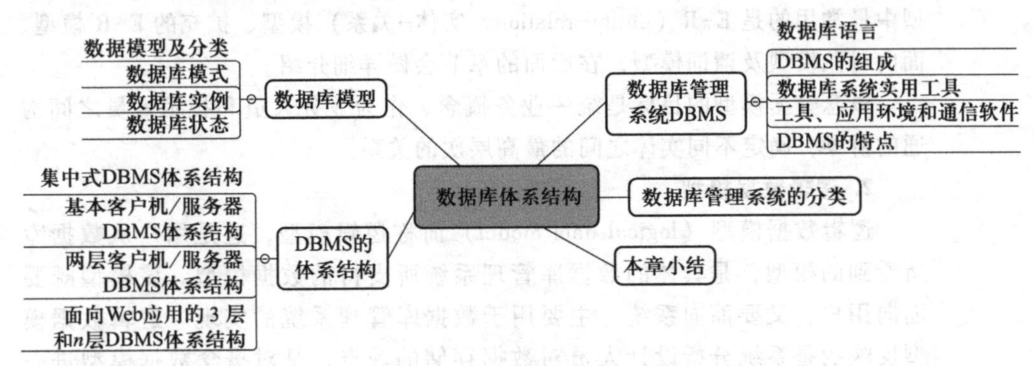

图 2-1 本章知识体系结构

2.1 数据库模型

2.1.1 数据模型及分类

数据（data）是描述事物的符号记录，模型（model）是现实世界的抽象。数据模型（data model）是数据特征的抽象，是数据库系统中用以提供信息表示和操作手段的形式构架。

扩展阅读 2.1：数据库—数据模型

数据模型所描述的内容包括 3 个部分：数据结构、数据操作、数据约束。数据模型中的数据结构主要描述数据的类型、内容、性质以及数据间的联系等，是数据模型的基础，数据操作和约束都建立在数据结构上，不同的数据结构具有不同的操作和约束；数据模型中数据操作主要描述在相应的数据结构上的操作类型和操作方式；数据模型中的数据约束主要描述数据结构内数据间的语法、词义联系、制约和依存关系，以及数据动态变化的规则，以保证数据的正确、有效和相容。

数据模型按不同的应用层次分成 3 种类型：概念数据模型、逻辑数据模型、物理数据模型。

1. 概念数据模型

概念数据模型（conceptual data model）简称概念模型，主要用来描述现实世界的概念化结构，它使数据库的设计人员在设计的初始阶段，摆脱计算机系统及数据库管理系统（database management system，DBMS）的具体技术问题，集中精力分析数据以及数据之间的联系等，与具体的数据库管理系统无关。概念数据模型必须转换成逻辑数据模型，才能在 DBMS 中实现。

概念数据模型是最终用户对数据存储的看法，反映了最终用户综合性的信息需求，它以数据类的方式描述企业级的数据需求，数据类代表了在业务环境中自然聚集成的几个主要类别数据。

概念数据模型的内容包括重要的实体及实体之间的关系。在概念数据模型中最常用的是 E-R（entity-relation，实体-关系）模型、扩充的 E-R 模型、面向对象模型及谓词模型，在后面的章节会做详细介绍。

概念数据模型的目标是统一业务概念，作为业务人员和技术人员之间沟通的桥梁，确定不同实体之间的最高层次的关系。

2. 逻辑数据模型

逻辑数据模型（logical data model）简称逻辑模型，这是用户从数据库所看到的模型，是具体的数据库管理系统所支持的数据模型。该模型既要面向用户，又要面向系统，主要用于数据库管理系统的实现。逻辑数据模型反映的是系统分析设计人员对数据存储的观点，是对概念数据模型进一步的分解和细化。逻辑数据模型是根据业务规则确定的，是关于业务对象、业务对象的数据项及业务对象之间关系的基本蓝图。逻辑数据模型的内容包括所有的实体和关系，确定每个实体的属性，定义每个实体的主键，指定实体的外键，需要进行范式化处理。逻辑数据模型的目标是尽可能详细地描述数据，但并不考虑数据在物理上如何实现。逻辑数据建模不仅会影响数据库设计的方向，还间接影响最终数据库的性能和管理。最常用的逻辑数据模型是层次模型、网状模型、关系模型，其中应用最广泛的是关系模型。

3. 物理数据模型

物理数据模型（physical data model）简称物理模型，是面向计算机物理表示的模型，描述了数据在储存介质上的组织结构，它不但与具体的数据库管理系统有关，而且还与操作系统和硬件有关。每一种逻辑数据模型在实现时都有对应的物理数据模型。数据库管理系统为了保证其独立性与可移植性，大部分物理数据模型的实现工作由系统自动完成，而设计者只设计索引、聚集等特殊结构。

2.1.2　数据库模式、实例与状态

在任何一个数据模型中，将数据库描述和数据库本身加以区别是非常重要的。数据库的描述称为数据库模式（database schema），模式会在数据库设计阶段确定下来，而且一般不会频繁修改。数据库模式是数据库系统中数据结构的一种表现形式，具有不同的层次和结构方式。如图 2-2 所示，数据库系统在其内部具有三级模式（概念模式、内模式、外模式）和两级映射（外模式/概念模式的映射和概念模式/内模式的映射），这构成了数据库系统内

部的抽象结构体系。

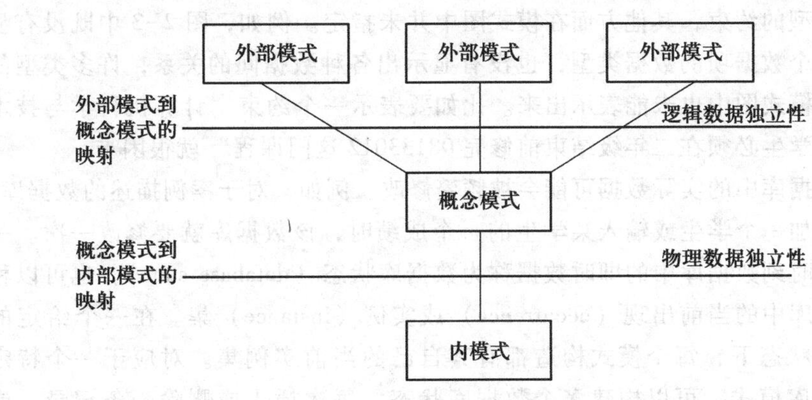

图 2-2 三层模式体系结构

模式的 3 个级别层次分别反映了模式的 3 个不同环境及其不同要求，其中内模式处于最底层，反映了数据在计算机物理结构中的实际存储形式，也称为物理模式；概念模式处于中层，也叫逻辑模式，它反映了设计者的全部逻辑要求，是全体用户公共数据视图；而外模式位于最外层，也称为子模式，它反映了用户对数据的要求，是数据库用户能够看见和使用的局部数据的逻辑结构和特征的描述。

两级映射保证了数据库系统中数据的独立性。概念模式到内模式的映射给出了概念模式中数据的全局逻辑结构到数据的物理存储结构间的对应关系；概念模式是一个全局模式，而外模式是用户的局部模式，一个概念模式中可以定义多个外模式，而每个外模式是概念模式的一个基本视图。

大多数数据模型在以图表形式显示模式时都有一定的惯例，显示出来的模式称为模式图（schema diagram）。如图 2-3 所示的是第 1 章案例所示数据库的模式图。该图显示了每个记录类型的结构，但没有显示实际的记录，通常将模式中的各个对象（如学生或课程）称为一个模式构造（schema construct）。

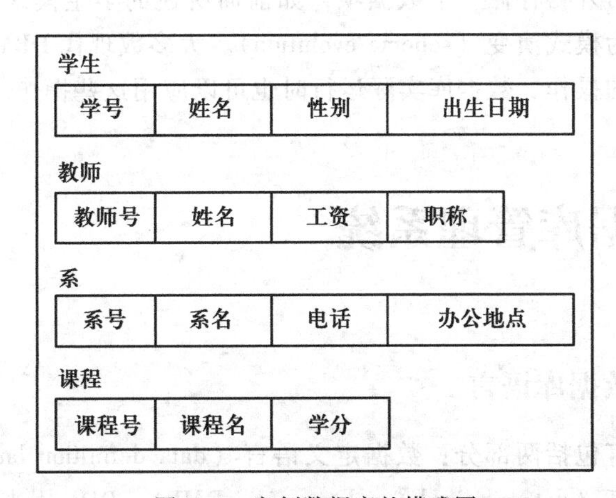

图 2-3 案例数据库的模式图

模式图显示的只是模式的一些方面，如记录类型的名字、数据项，以及某些类型的约束，其他方面在模式图中并未指定。例如，图 2-3 中既没有显示出每个数据项的数据类型，也没有显示出各种数据间的关系，许多类型的约束在模式图中也未能表示出来。比如要表示一个约束“计算机科学与技术专业的学生必须在二年级结束前修完 08133012 这门课程”就很困难。

数据库中的实际数据可能会被频繁修改。例如，对于案例描述的数据库，每次增加一个学生或输入某学生的一个成绩时，该数据库就要修改一次。一个特定时刻数据库中的即时数据称为数据库状态（database state），也可以称为数据库中的当前出现（occurrence）或实例（instance）集。在一个给定的数据库状态下，每个模式构造都有其自己的当前实例集。对应于一个特定的数据库模式，可以构建多个数据库状态。每次插入或删除一条记录，或修改某条记录中的一个数据项值时，都会将数据库从一个状态转换至另一个状态。

了解数据库模式和数据库状态之间的区别非常重要。当定义一个新数据库时，只是将其数据库模式指定给 DBMS，此时，与之相对应的数据库状态为空状态（无数据）。当第一次将初始数据装入或加载到数据库中时，将获得该数据库的初始状态。此后，只要向数据库应用一个更新操作，就会得到另一个数据库状态。在任何一个时刻，数据库都有一个当前状态。DBMS 的一部分职责就是要确保数据库的每个状态都是有效（合法）状态，也就是说，必须是满足模式所指定结构或约束的一个状态。因此，为 DBMS 指定一个正确的模式是至关重要的，而且设计模式时要格外小心。DBMS 在 DBMS 编目中存储了模式构造和约束的描述，这也称为元数据（meta data），从而使 DBMS 软件可以在需要时引用模式，有时也可将模式称为内涵（intension），数据库状态则是模式的一个外延（extension）。

一般情况下，数据库模式不会频繁修改，但是有时由于应用需求的变化，也需要对模式加以修改，这种情况并不鲜见。例如，对于文件中的每一条记录，可能需要另外再存储一个数据项，如前面所述的学生模式增加一个出生日期等，这称为模式演变（schema evolution）。大多数现代 DBMS 都包括一些完成模式演变的操作，数据库实际运行时也可以应用这些操作。

2.2　数据库管理系统

2.2.1　数据库语言

扩展阅读 2.2：数据库管理系统的功能

数据库语言包括两部分：数据定义语言（data definition language，DDL）和数据操作语言（data manipulation language，DML）。DDL 用来说明数据库模式，DML 用来读取和更新数据库。由于它们不包括所有计算所需的成分（如一般高级程序语言提供的条件和循环语句)，因而都被称为数据子语言。许多DBMS支持将子语言嵌入高级语言，如C、C++、Java、Visual Basic等。

1. 数据定义语言（DDL）

数据库模式是用数据定义语言表达的一组定义。DDL可用于定义模式或修改已存在的模式，但不能操作数据。DDL描述的模式，必须由计算机软件进行编译，转换为便于计算机存储、查询和操纵的格式，完成这个转换工作的程序称为模式编译器。DDL的基本操作主要是创建、修改、删除，操作的对象一般是数据库、表、视图和索引。

2. 数据操作语言（DML）

DML提供了一组基本操作以支持对数据库中存储的数据进行各种处理操作。这些处理操作有在数据库中插入新的数据、对数据库中存储的数据进行修改、检索数据库中的数据、删除数据库中的数据等。DML分为两种类型：过程化DML和非过程化DML。前者必须说明如何得到一个DML语句的结果，只能处理单个记录；而后者只需描述希望得到什么样的输出，可以成组处理记录。

SQL（structure query language）语言是常用的数据库语言，最早是IBM的圣约瑟研究实验室为其关系数据库管理系统System R开发的一种查询语言，它的前身是Square语言。SQL语言结构简洁，功能强大，简单易学，所以自从IBM公司1981年推出以来，SQL语言得到了广泛的应用。如今无论是像Oracle、Sybase、Informix、SQL Server这些大型的数据库管理系统，还是像Visual FoxPro、Power Builder这些PC上常用的数据库开发系统，都支持SQL语言作为查询语言。SQL语言是高级的非过程化编程语言，允许用户在高层数据结构上工作。它不要求用户指定对数据的存放方法，也不需要用户了解具体的数据存放方式，所以具有完全不同底层结构的不同数据库系统可以使用相同的SQL语言作为数据输入与管理的接口。

除SQL之外，还演变出了一些其他的数据库语言，如T-SQL，它是微软SQL Server的SQL语句，兼容SQL，并具有SQL Server本身独有的函数、关键字；PL/SQL，它是针对Oracle数据库的第三方工具；K-SQL，它是国内领先ERP厂商金蝶软件自主使用的SQL语言。这些数据库语言都是基于SQL的，兼容SQL，但也有符合自己数据库的特色。通俗地讲，SQL是普通话，而T-SQL、PL/SQL、K-SQL是方言，最常用的数据库语言还是传统的SQL语言。

2.2.2 DBMS的组成

数据库管理系统（database management system，DBMS）是在文件管理系统基础上发展起来的数据管理技术，它建立在操作系统的基础上，对数据操作语句进行统一的管理和控制，并维护数据库的安全性和完整性，是数据库系统的核心组成部分。它是位于用户与操作系统之间的一层数据管理软件，帮助用户开发、使用、维护组织的数据库。它既能将所有数据集成在数据库中，又允许不同的用户应用程序方便地存取相同的数据库。

根据功能和应用需求划分，DBMS 通常由数据库语言和例行程序两大部分组成。

数据库语言是给用户提供的语言，正如上一节介绍的，包括两个子语言：数据定义语言（DDL）和数据操作语言（DML）。

数据库管理系统的例行程序随系统不同而异，一般包括以下几部分。

1. 语言翻译处理程序

语言翻译处理程序包括 DLL 翻译程序、DML 处理程序、终端查询语言解释程序和数据库控制语言的翻译程序等。

2. 系统运行控制程序

系统运行控制程序包括系统的初启程序、文件读写与维护程序、存取路径管理程序、缓冲区管理程序、安全性控制程序、完整性检查程序、并发控制程序事务管理、程序运行日志管理程序和通信控制程序等。

3. 公用程序

公用程序包括定义公用程序和维护公用程序。定义公用程序包括信息格式定义、概念模式定义、外模式定义和保密定义公用程序等；维护公用程序包括数据装入、数据库更新、重组、重构、恢复、统计分析、工作日记转储和打印公用程序等。

按功能划分，DBMS 一般由 6 个部分组成。

① 模式翻译：提供数据定义语言。用它书写的数据库模式被翻译为内部表示。数据库的逻辑结构、完整性约束和物理储存结构保存在内部的数据字典中。数据库的各种数据操作（如查找、修改、插入和删除等）和数据库的维护管理都是以数据库模式为依据的。

② 应用程序的编译：将包含访问数据库语句的应用程序，编译成在 DBMS 支持下可运行的目标程序。

③ 交互式查询：提供易使用的交互式查询语言，如 SQL。DBMS 负责执行查询命令，并将查询结果显示在屏幕上。

④ 数据的组织与存取：提供数据在外围储存设备上的物理组织与存取方法。

⑤ 事务运行管理：提供事务运行管理及运行日志，事务运行的安全性监控和数据完整性检查，事务的并发控制及系统恢复等功能。

⑥ 数据库的维护：为数据库管理员提供软件支持，包括数据安全控制、完整性保障、数据库备份、数据库重组以及性能监控等维护工具。

2.2.3　数据库系统实用工具

扩展阅读 2.3：数据库管理系统的技术特点

大多数 DBMS 提供了一些数据库实用工具，可以帮助数据库管理员（database administrator，DBA）管理数据库系统。常用的实用工具有以下一些功能。

1. 加载

加载工具用于将现有数据文件（如文本文件或序列文件）加载到数据库中。通常要将数据文件的当前（源）格式以及所需（目标）数据库文件结构指定给加载工具，它会自动重新格式化源数据，并将其存储到数据库中。随着 DBMS 的发展与普及，在许多组织中，将一个 DBMS 中的数据传送给另一个 DBMS 已经非常普遍了。在已知现有源数据和目标数据库存储描述（内模式）的情况下，一些开发商还提供了生成适当加载程序的产品，这样的工具也称为转换工具（conversion tool）。

2. 备份

备份工具创建数据库的一个备份副本，通常是通过将整个数据库转储到存储介质上实现的。如果数据库出现灾难性故障，可以用备份副本恢复数据库。增量备份也经常使用，其中只记录上一次备份以来所做的修改。增量备份更加复杂，但是可以节省空间。

3. 文件重组

文件重组工具可以将一个数据库文件重组到另一个文件组织中，以提高性能。

4. 性能监控

这类实用工具可以监控数据库的使用，并向 DBA 提供统计数据。DBA 依据这些统计数据来做决策（如是否重组文件以提高性能）。

此外，还有一些其他实用工具可以用于对文件排序、处理数据压缩、监控用户对数据库的访问、与网络进行交互以及其他功能。

2.2.4 工具、应用环境和通信软件

数据库设计人员、用户、DBA 通常还有其他一些工具可供使用。如 CASE 工具就是用于数据库系统设计阶段的得力工具。另外一个对大型组织非常有用的工具是扩展的数据字典（data dictionary）或数据资料库（data repository）系统。除了存储有关模式和约束的编目信息，数据字典还存储其他一些信息，如设计决策、使用标准、应用程序描述以及用户信息等。这样的系统也称为信息资料库（information repository）。用户或 DBA 在需要的时候可以直接访问这些信息。数据字典工具与 DBMS 编目很相似，但前者包括的信息更多更广，而且主要由用户访问，而不是供 DBMS 软件访问。

应用开发环境（application development environment）现在已经非常普遍了，如 PowerBuilder 或 JBuilder 系统。这些系统为开发数据库应用提供了一个环境，同时还提供了对数据库系统许多方面很有帮助的一些工具，包括数据库设计、GUI 开发、查询与更新以及应用程序开发等。

DBMS 还需要与通信软件交互。通信软件（communication software）的功能是让距离数据库系统很远的用户能够通过计算机终端、工作站或其本地个人计算机来访问数据库。这些用户通过数据通信硬件（如电话线、远程网络、局域网或卫星通信设备）与数据库站点相连。许多商业数据库系统都带

有与 DBMS 一起使用的通信包。集成的 DBMS 和数据通信系统称为 DB/DC 系统。此外，有些分布式 DBMS 物理上分布在多台机器上。对于这种情况，通信网络需要与这些机器相连接。这往往是局域网，但也可能是其他类型的网络。

2.2.5　DBMS 的特点

1. 数据结构化

扩展阅读 2.4：数据库管理系统的层次结构

数据库系统实现了整体数据的结构化，这是数据库最主要的特征之一。这里所说的“整体”结构化是指在数据库中的数据不再仅针对某个应用，而是面向全组织；不仅数据内部是结构化的，而且整体也是结构化的，数据之间有联系。

2. 数据的共享性高，冗余度低，易扩充

因为数据是面向整体的，所以数据可以被多个用户、多个应用程序共享使用，可以大大减少数据冗余，节约存储空间，避免数据之间的不相容性与不一致性。

3. 数据独立性高

数据独立性包括数据的物理独立性和逻辑独立性。物理独立性是指数据在磁盘上的数据库中如何存储是由 DBMS 管理的，用户程序不需要了解，应用程序要处理的只是数据的逻辑结构，这样一来当数据的物理存储结构改变时，用户的程序不用改变。逻辑独立性是指用户的应用程序与数据库的逻辑结构是相互独立的，也就是说，数据的逻辑结构改变了，用户程序也可以不改变。数据与程序的独立，把数据的定义从程序中分离出去，加上存取数据由 DBMS 负责提供，因此简化了应用程序的编制，大大减少了应用程序的维护和修改。

4. 数据由 DBMS 统一管理和控制

数据库的共享是并发共享，即多个用户可以同时存取数据库中的数据，甚至可以同时存取数据库中的同一个数据。DBMS 提供了以下几方面的数据控制功能：数据的安全性保护、数据的完整性检查、数据库的并发访问控制和数据库的故障恢复，实现了数据库中数据的统一管理和控制。

2.3　DBMS 的体系结构

2.3.1　集中式 DBMS 的体系结构

DBMS 体系结构与一般的计算机系统体系结构有着相似的发展趋势。早期的体系结构使用大型机来提供系统所有功能的主处理，包括用户应用程序、用户界面程序以及所有 DBMS 功能。这是因为大多数用户都通过计算机终端来访问这种系统，而终端不具有处理能力，只能提供显示功能。因此，所有处理都要在计算机系统上远程完成，只有显示信息和控制会从计算机发送至显示终端，显示终端则通过各种类型的通信网络与中央计算机连接。这种将DBMS软件、所有用户数据和应用程序放在一台计算机（作为服务器）上，其余计算机作为终端通过通信线路向服务器发出数据库应用请求的系统称为集中式数据库体系结构。图2-4显示了一个集中式DBMS的体系结构。

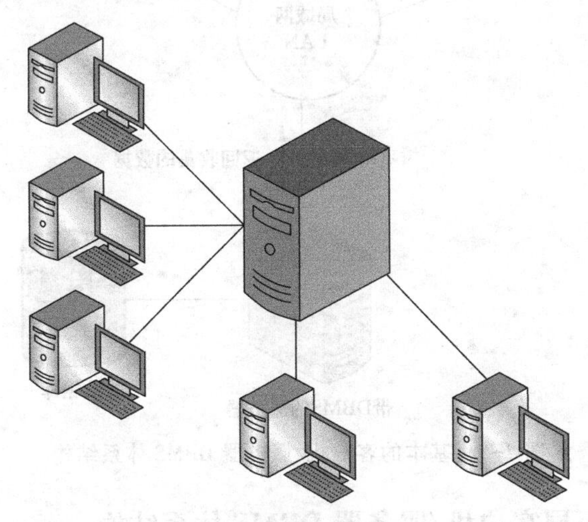

图2-4 集中式DBMS体系结构

然而，这种体系结构给中央计算机带来了很大的压力，中心计算机不仅要运行应用程序和DBMS，还要代替终端执行大量的工作。随着个人计算机和网络性能的提高，逐步出现了以能实现相同功能甚至功能更强的比较经济的个人计算机组成的网络代替昂贵的大型计算机的趋势，这个趋势导致出现了客户机/服务器体系结构。

2.3.2 基本客户机/服务器DBMS体系结构

为了克服集中式体系结构的缺点并且适应日益分散的业务环境，人们提出了客户机/服务器体系结构。它是在客户机/服务器计算机网络上运行DBMS，在这个计算机网络中，有一些计算机扮演客户，另一些计算机扮演服务者（即客户机/服务器）。客户机/服务体系结构的关键在于功能的分布，一些功能放在客户机（前端机）上运行，另一些功能则放在服务器（后端机）上执行。图2-5给出了基本的客户机/服务器体系结构。

这种体系结构中客户端和服务器端之间交互的过程是，客户端接收用户的请求，检查语法并产生用某种数据库语言表达的数据库请求；然后将请求消息传递给服务器，等待回答；得到回答后再将其格式化并传递给终端用户；服务器接收和处理数据库请求，并将结果传给客户端。这个过程包括检查权限、确保完整性、维护系统目录以及执行查询和更新操作。另外，还提供并发和恢复控制。

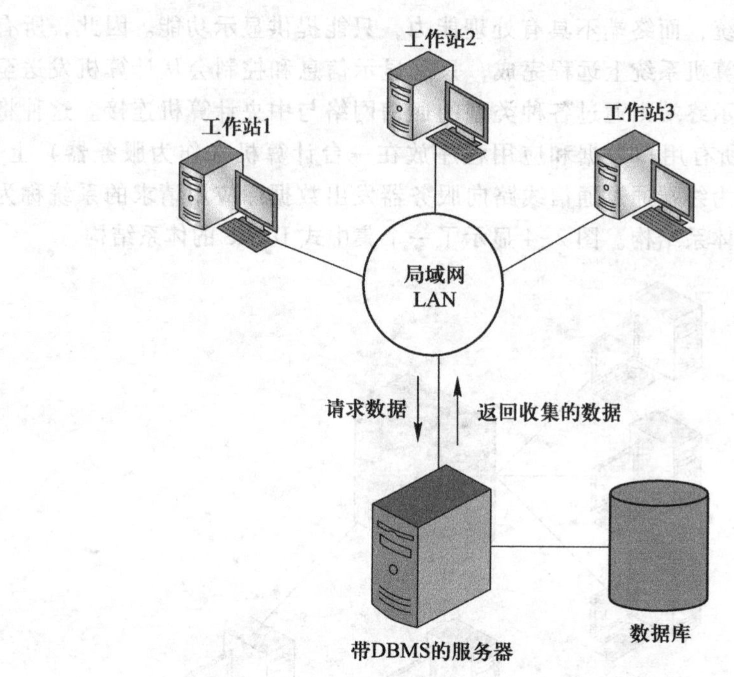

图 2-5　基本的客户机/服务器 DBMS 体系结构

2.3.3　两层客户机/服务器 DBMS 体系结构

数据密集型的业务应用程序一般由 4 个主要部分组成：数据库、事务逻辑、业务及数据应用逻辑和用户界面。两层客户机/服务器结构提供了基本的任务划分。客户端（第 1 层）主要负责用户的数据表示，服务器端（第 2 层）主要负责为客户端提供数据服务，如图 2-6 所示。

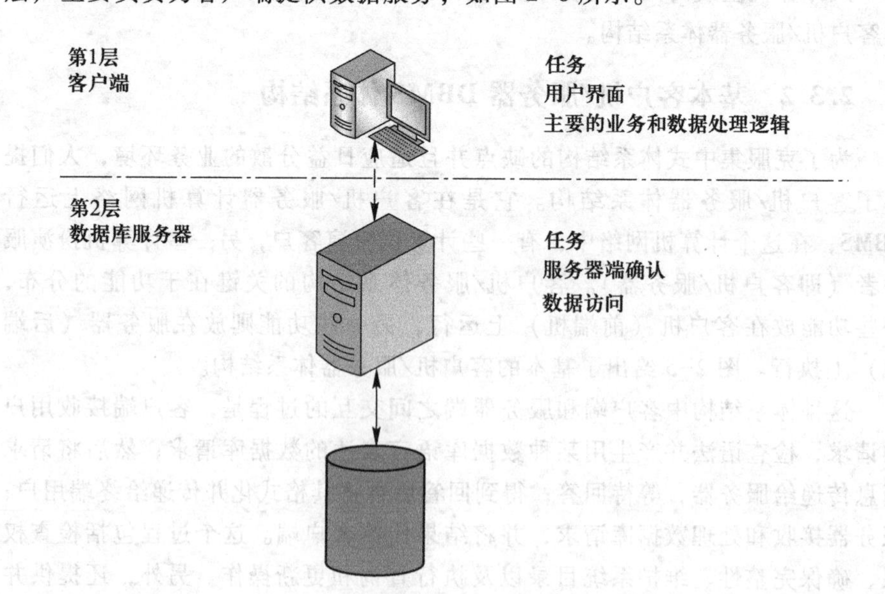

图 2-6　两层客户机/服务器 DBMS 体系结构

这种客户机/服务器体系结构的优点主要有以下几点。

① 广泛支持对现存数据库的访问。

② 增强性能：如果客户端和服务器在不同的计算机上，则不同的 CPU 可以并行处理应用程序。

③ 降低硬件费用：只要求服务器有足够的存储空间和处理能力来存储和管理数据库。

④ 降低通信费用：应用程序在客户端运行了一部分操作，只有数据库访问请求需要通过网络传递，因此在网络中只需要传递很少的数据。

⑤ 增强一致性：服务器可以处理完整性检查，因此只需要在一个位置定义和验证约束，而无须每个应用程序都自行检查。

⑥ 能很好地映射到开放系统结构上。

2.3.4 面向 Web 应用的 3 层和 *n* 层 DBMS 体系结构

许多 Web 应用都使用一种称为 3 层体系结构的 DBMS 结构，如图 2-7 所示。这种体系结构在客户端和数据库服务器间增加了一个中间层。这个中间层根据应用的不同，有时称为应用服务器，有时称为 Web 服务器。这个服务器充当的是一个中间人的角色，它保存了用于访问数据库服务器中数据的业务规则（过程或约束），另外在将一个客户请求转发给数据库服务器之前，这个中间服务器会先检查客户的凭证，以此增强数据库的安全性。客户端包

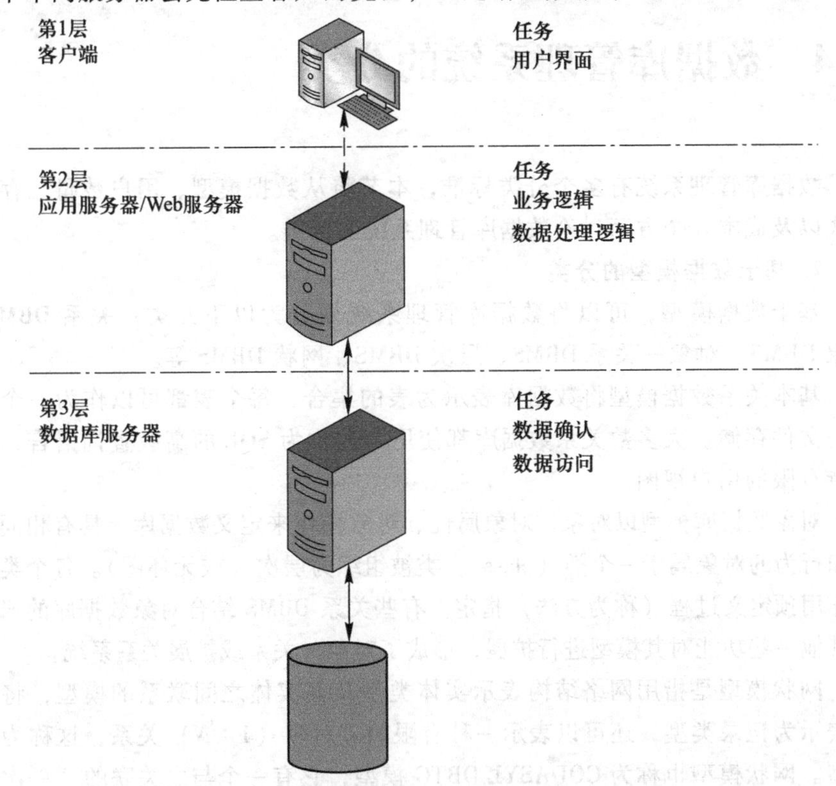

图 2-7 面向 Web 应用的三层 DBMS 体系结构

括GUI界面和另外一些应用专用的业务规则。中间服务器接收来自客户的请求，处理这些请求，并向数据库服务器发送数据库命令，然后作为一个通道将来自数据库服务器的（部分）经过处理的数据传递至客户，在此数据可能会进一步处理和过滤，并以GUI形式提供给客户。因此，用户界面、应用规则和数据访问就构成了3层。

3层设计与传统的两层或基本的客户机/服务器体系结构相比有许多优点，具体如下。

① 客户端降低了对硬件设备的需求。

② 业务逻辑从许多终端用户转移到了单一的应用服务器上，这使得应用程序的维护可以集中进行，消除了两层客户机/服务器模型中重点关注的软件分布问题。

③ 模块化特性使得修改或替换其中一层不会影响到其他层，因而变得更容易。

④ 核心业务逻辑和数据库功能的分离使得负载平衡更容易进行。

3层结构可以扩展为n层结构，通过增加层次可以提供进一步的灵活性和可伸缩性。3层结构中的中间层可以再加以细分，如分为Web服务器和应用服务器。在高通量的环境下，单个Web服务器可由一组Web服务器代替，以获得高效的负载平衡。

2.4 数据库管理系统的分类

数据库管理系统有多个分类标准，本节将从数据模型、用户数量、存储方式以及成本几个方面讨论数据库管理系统的分类。

1. 基于数据模型的分类

基于数据模型，可以将数据库管理系统划分为以下几类：关系DBMS、对象DBMS、对象—关系DBMS、层次DBMS、网状DBMS等。

基本关系数据模型将数据库表示为表的集合，每个表都可以作为一个单独的文件存储。大多数关系数据库都使用一种称为SQL的高级查询语言，并支持有限的用户视图。

对象数据库模型以对象、对象属性、对象操作来定义数据库。具有相同结构和行为的对象属于一个类（class），类被组织为层次（或无环图）。各个类的操作用预定义过程（称为方法）指定。有些关系DBMS结合对象数据库的概念和其他一些功能对其模型进行扩展，形成了对象—关系或扩展关系系统。

网状模型是指用网络结构表示实体类型及其实体之间联系的模型，将数据表示为记录类型，还可以表示一种有限的1对多（1∶N）关系，这称为集类型。网状模型也称为CODASYL DBTG模型，它有一个与之关联的“一次一记录”语言，该语言必须内嵌于宿主程序设计语言中。

层次模型用一棵“有向树”的数据结构来表示各类实体以及实体间的联系，树中每一个节点代表一个记录类型，树状结构表示实体型之间的联系。层次模型是最早用于商品数据库管理系统的数据模型。层次模型将数据表示为层状树结构，每一层表示一些相关的记录。尽管大多数 DBMS 都有“一次一记录”语言，但对于层次模型并没有一个标准语言。

2. 基于用户数量的分类

根据 DBMS 支持的用户数量，可将 DBMS 分为单用户 DBMS 和多用户 DBMS。单用户系统一次只支持一个用户，大多数情况下，这种系统都用在个人计算机上。多用户系统占 DBMS 的大多数，可同时支持多个用户。

3. 基于存储方式的分类

按照 DBMS 的存储方式，可将 DBMS 分为集中式 DBMS 和分布式 DBMS。

如果 DBMS 只位于单一的一台计算机上，那么这个 DBMS 就是集中式的。集中式 DBMS 可以支持多个用户，但 DBMS 和数据库本身完全在一台计算机上。

分布式 DBMS 可以使实际的数据库和 DBMS 软件分布在多个站点上，并通过一个计算机网络相连接。分布式 DBMS 有同构和异构两种。同构分布式 DBMS 在多个站点上使用同样的 DBMS 软件。最近的趋势是开发软件来访问在异构分布式 DBMS 下存储的多个原有自治数据库，在这样的系统里，各 DBMS 是松耦合的，并有一定程度的本地自治性。大多数分布式 DBMS 都使用客户机/服务器体系结构。

4. 基于成本的分类

大多数 DBMS 包的价格都是在 1 万～10 万美元之间。用于微机的单用户低端系统的价格在 100～3 000 美元之间。作为另一个极端，一些精心设计的系统包价格竟达 10 万美元以上。也有部分开源免费的 DBMS，如 MySQL。

本章小结

本章概述了数据模型及其分类、数据库模式、实例和状态，重点阐述了数据库管理系统及其常见的 4 种体系结构，最后介绍了数据库管理系统常见的分类方法。学习这一章应将注意力放在掌握基本概念和基本知识方面，为进一步学习后面的章节打好基础。本章新概念较多，如果是刚开始学习数据库，可在学习后面章节后再回来理解和掌握这些概念。

习题

习题答案：
第 2 章

1. 数据模型的主要分类方法有哪些？

2. 数据库模式与数据库状态之间的区别是什么？

3. 数据库语言包括几种？DDL 的主要功能是什么？过程性 DML 和非过程性 DML 之间有什么区别？

4. 简要说明有哪些类型的数据库实用工具和工具，并阐述其功能。

5. 数据库管理系统由哪几部分组成？各有什么作用？

6. 两层客户机/服务器体系结构与 3 层客户机/服务器体系结构之间有什么区别？各有什么特点？

7. 按数据模型可将 DBMS 分为哪几类？各有什么特点？

第3章

面向问题的信息模型设计

电子教案：
第 3 章　面向问题的信息模型设计

随着信息技术的发展，人们越来越多地使用数据库技术来解决日常工作生活中的各种问题，这需要设计和开发一个数据库系统。

利用数据库技术解决问题时，对于问题的描述、解决问题的方法都要通过数据模型来表示。首先需要把现实世界的问题通过概念模型描述出来，然后转换为面向数据库的问题描述方式，即逻辑模型和物理模型。这是数据库设计的一项主要工作。

数据库设计的目标是根据问题的需求以及计算机的软硬件环境，采用抽象思维方法设计出数据库概念模型、逻辑模型和物理模型，据此建立高效、安全的数据库，为数据库系统的开发和运行提供良好的平台。要达到这一目标，需要掌握一些数据库设计理论和方法。

数据库设计包括需求分析、概念设计、逻辑设计、物理设计、数据库实施、数据库运行和维护 6 个阶段。本章介绍需求分析、概念设计相关的知识，第 4 章将介绍逻辑设计、物理设计相关的知识。本章知识体系结构如图 3-1 所示。

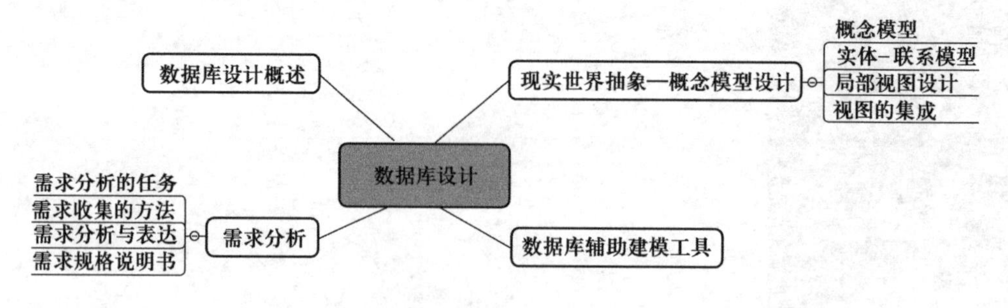

图 3-1　本章知识体系结构

3.1　数据库设计概述

3.1.1　数据库设计的任务

数据库设计是指对于一个给定的应用环境，构造优化的数据库逻辑模式和物理结构，并据此建立数据库及其应用系统，使之能够有效地存储和管理数据，满足各种用户的应用需求，包括信息管理要求、数据处理要求、安全性和完整性等要求。

按照上述数据库设计的定义，数据库设计的任务就是把现实世界中的数据按照用户的要求进行合理的组织，结合计算机系统硬件、操作系统以及 DBMS 特性来建立目标数据库系统，如图 3-2 所示。

数据库设计包括数据库结构设计和数据库行为设计两方面内容。

① 数据库结构设计：根据给定的应用环境，进行数据库各级模式的设计，亦称数据库模式设计。它包括数据库概念结构设计、逻辑结构设计和物

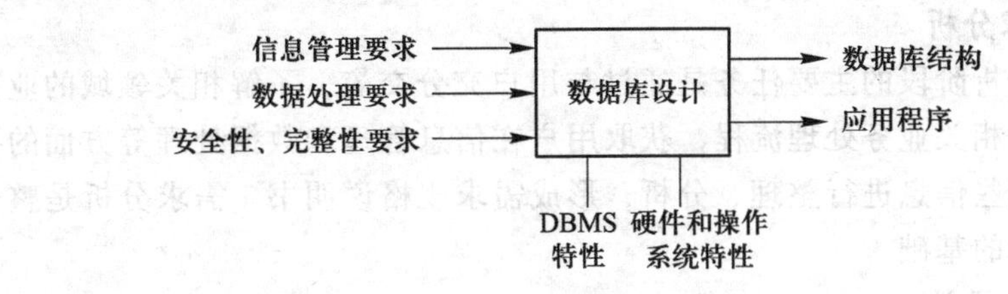

图 3-2 数据库设计的任务

理结构设计。数据库结构是静态的、稳定的，一经形成便不会经常发生变化，所以结构设计又称为静态模型设计。

② 数据库行为设计：确定数据库用户的行为和动作，即对数据库的操作。数据库行为通过应用程序来实现，因此，数据库行为设计就是数据库应用程序的设计。用户的行为是动态的，它使数据库的内容不断发生变化，所以行为设计又称动态模型设计。

3.1.2 数据库设计的步骤

按照数据库规范化设计方法，通常将数据库设计分为6个阶段：需求分析、概念设计、逻辑设计、物理设计、数据库实施、数据库运行和维护，图3-3是数据库设计的步骤及各阶段的主要任务。

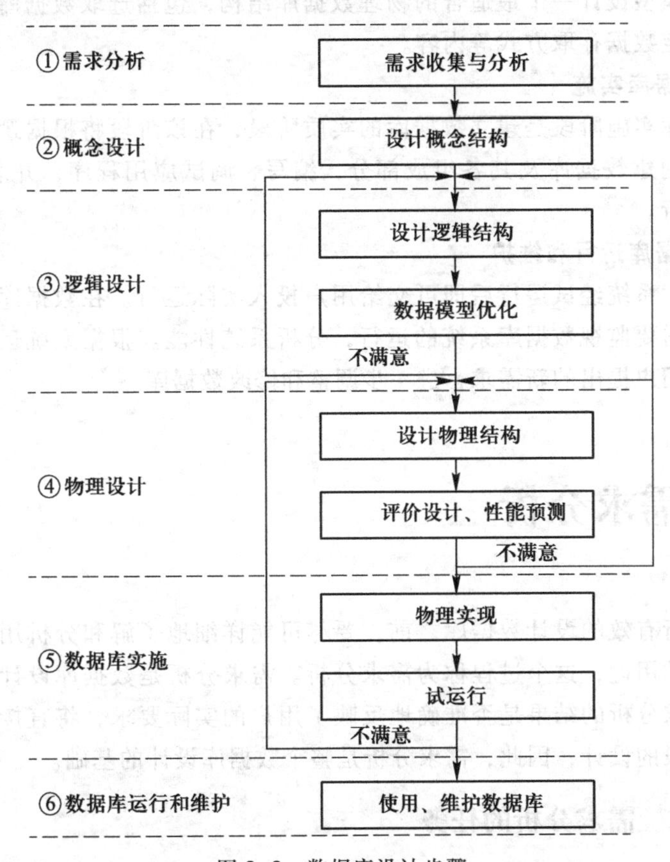

图 3-3 数据库设计步骤

1. 需求分析

需求分析阶段的主要任务是通过与用户充分交流，了解相关领域的业务知识，调查相关业务处理流程，获取用户在信息管理和数据处理等方面的要求，并对这些信息进行整理、分析，形成需求规格说明书。需求分析是整个数据库设计的基础。

2. 概念设计

数据库概念设计阶段的任务是对需求分析阶段收集的信息进行必要的综合、归纳与抽象，设计出系统内各个用户的局部数据视图，并将局部数据视图合并成一个全局数据视图，形成独立于 DBMS 的、能反映用户数据需求的概念模型。

3. 逻辑设计

任何一个 DBMS 都是按特定的逻辑数据模型组织数据，数据库逻辑设计阶段的主要任务是将概念模型转换为目标 DBMS 支持的逻辑数据模型。对于关系数据库管理系统来讲，主要任务是从概念模型导出一组关系模式，并对其进行优化。

4. 物理设计

数据库物理设计阶段的任务是根据 DBMS 的特点和数据处理的需求，为逻辑数据模型设计一个最适合的物理数据库结构，包括选取数据库物理存储位置、确定数据存取方式等内容。

5. 数据库实施

扩展阅读 3.1：数据库设计描述

数据库实施阶段是建立数据库的实质阶段，在该阶段将根据逻辑结构和物理结构创建数据库及其各组成部分，编写、调试应用程序，并装入数据，进行试运行。

6. 数据库运行和维护

扩展阅读 3.2：数据库模式形成

数据库系统经试运行后即可交给用户投入实际运行。在数据库系统运行过程中，需要监视数据库系统的运行，分析系统性能。根据系统运行中出现的问题和用户提出的新需求，进一步调整和修改数据库。

3.2 需求分析

在进行有效的设计数据库之前，要尽可能详细地了解和分析用户的需求和数据库的用途，这个过程称为需求分析。需求分析是数据库设计的第一个阶段，需求分析的结果是否准确地反映了用户的实际要求，将直接影响到后面各个阶段的设计，因此，需求分析是整个数据库设计的基础。

3.2.1 需求分析的任务

需求分析的任务是通过调查现实世界需要处理的对象（组织、部门、企业等)，充分了解用户在原手工或计算机系统中的业务处理流程，逐步明确用户对系统的各种要求，然后在此基础上确定新系统的功能。

需求是要解决用户想要“做什么”的问题，需求分析的工作是围绕“信息”和“处理”来进行。在需求分析的过程中，通过调查、收集和分析，获取用户对数据库的如下要求。

1. 信息要求

信息要求是指用户要求能从数据库获取哪些业务信息。由信息要求可以导出数据要求，即需要在数据库中存储哪些数据。因此，在需求分析过程中，设计人员需要明确在用户业务中包含哪些方面的数据、数据的组成情况，以及数据之间的联系，由此来确定数据库的数据组成。

例如，在一个教务管理系统中，相关的信息包括学生信息、课程信息、选课信息等方面的内容，其中学生信息包括姓名、学号、性别、出生日期、所在系等，课程信息包括课程名称、课程号、学分、任课教师等，选课信息包括学号、课程号、成绩等，这些都是需要存储在数据库中的内容。

2. 处理要求

处理是指对数据库中的业务数据所进行的操作，也称为事务。处理要求是指用户要求具有哪些处理功能。设计人员需要调查用户业务处理的过程，了解每个处理涉及哪些数据，以及处理的特性，包括处理是批处理还是联机处理、处理的响应时间、运行频率等，由此来确定应用程序的功能和数据库结构。

例如，在教务管理系统中，对数据库的基本操作包括数据录入、修改、删除和查询等功能，还应包括考试成绩统计、分析等功能。

3. 安全性与完整性要求

除了信息要求和处理要求，设计人员还应了解数据安全性和完整性等方面的要求。包括允许人员操作哪些数据，哪些数据需要保密，数据或操作是否有特定的约束条件等，由此来确定数据库应采取的保障措施。

例如，在教务管理系统中，教学管理人员可以访问全部信息，教师只能访问考试成绩，学生每门课程的学分累加应等于学生的总学分等要求。

按照需求分析的任务，需求分析的步骤和主要工作包括收集用户的需求，分析用户的需求和撰写用户需求分析说明书。

3.2.2 需求收集

需求收集是指数据库设计人员调查、收集用户需求的过程。一般采用如下步骤。

① 了解组织机构情况。通过调查该组织由哪些部门组成，明确各部门的职责，确定部门的业务是否使用到数据库系统。了解组织的构成，有利于设计人员对组织的业务进行综合和划分。

② 调查各部门的业务活动情况。通过深入调查业务活动，了解清楚各项业务中涉及哪些数据及其处理过程，包括各部门输入和使用哪些数据，如何

加工处理这些数据，产生什么信息，这些输出信息提供到什么部门，输出结果的格式是什么等。这些将作为建立新数据库系统的根本依据。

③ 协助用户明确对新系统的要求。在调查清楚组织机构和各部门的业务活动后，应协助用户明确对新系统的各种要求，以避免遗漏信息或与用户对系统的理解产生歧义。

④ 确定新系统的边界。根据调查结果，进行初步分析后，确定将实现的系统应具备什么功能。其中哪些功能由计算机完成或将来准备让计算机完成，哪些活动由人工完成。

在需求收集过程中，可以根据不同的情况采用不同的调查方法。常用的调查方法有以下几种。

① 面谈。通过会议或工作组让用户参与到数据库设计工作，与用户面对面地交谈获取需求信息。面谈时，设计人员应选择熟悉业务的人员，包括经理、部门主管和负责具体工作的人员，提出一些特定的问题请用户回答。例如，“你负责什么工作?”“你工作中涉及哪些数据?”“数据是如何处理的?”等，从而可以了解、讨论并确认用户需求。

② 实地调查。通过实地观察或跟班作业，亲自参与业务活动，可以很详细地了解用户的业务处理情况，获取更细致的需求信息。特别是当用其他方法收集的信息真实性有疑问而又得不到清晰的解释时，这种方法尤其有效。

③ 查阅文档。业务处理过程中使用到各种原始资料，如票证、单据、报表、计划、合同等，这些文档中包含相关的业务信息。需求收集时应尽量收集这些相关资料，并详细了解其中各数据项的用途、含义、类型、长度等，以及数据是如何处理的。检查与目前系统相关的文档，是一种快速理解原系统的方法。

④ 发放调查表。发放调查表是指以让用户填写调查表的方式获取信息。如果对系统已经有一定的了解，设计人员可设计一些调查表请用户填写，表格内容是需要了解的事情。通过对收回的调查表进行分析，可以收集到一些有用的信息。

⑤ 分析原有系统。如果用户的相关业务已经使用了计算机系统处理，可通过分析原系统来收集新系统相关业务的需求。

收集用户需求是数据库设计人员对业务活动进行调查研究的过程，需要与用户相互交流，逐步取得对新系统的一致认识。但是，确定用户的最终需求是一件很困难的事，因为一方面由于一些用户不了解计算机方面的专业知识，不能确定新系统究竟能为自己做什么，不能做什么，因此往往不能准确地表达自己的需求。另一方面，设计人员不熟悉业务情况，不理解用户的真正需求，甚至误解用户的需求。因此，设计人员必须充分与用户交流，才能逐步确定用户的实际需求。

3.2.3　需求分析与表达

通过调查用户的组织机构情况和各部门业务活动情况，设计人员收集了一大堆的资料和信息，有些是单据、报表等原始资料，有些是谈话记录、调查表等。对于一个大型的数据库应用系统，需要对需求进行分析、整理，借助需求分析规范化技术，把用户需求表示为一个更为结构化的形式，使之转换为后续各设计阶段可用的形式和有力工具，这一过程称需求分析。

用于分析和表达用户需求的需求分析规范化技术有多种。结构化分析方法（structured analysis，SA）是一种常用的需求分析方法。SA 方法从最上层的系统组织机构入手，采用自顶向下、逐层分解的方式分析系统，并使用数据流图（data flow diagram，DFD）、数据字典（data dictionary，DD）等工具描述系统。

1. 使用数据流图描述数据处理

（1）数据流图

数据流图是软件工程中使用的一种用于表示信息在系统中流动和处理过程的图形化工具，它从数据传递和处理的角度，描述了系统的功能、数据在系统内部的流向和处理过程，具有直观、容易理解等特点，是设计人员和用户交流的一种很好的工具。

数据流图包括数据流、数据处理、数据存储、数据来源或数据去向等 4 种基本元素。图 3-4 给出了数据流图中使用的图形符号。其中，数据源点或终点表示数据的始发点或终止点，如一个人或组织部门。数据流表示数据传播的路径，如单据、报表等数据的传递。数据处理表示对数据的加工处理单元，它接收一定的数据输入，对其进行处理，并产生输出。数据存储是处于静止状态的数据，例如报表、账册、台账、计算机文件等。指向数据存储的数据流可以理解为写数据，从数据存储引出的数据流可以理解为读数据，双向数据流可以理解为修改数据。

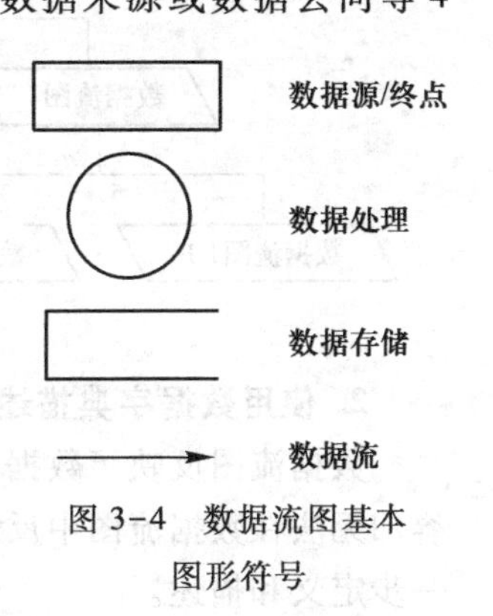

图 3-4　数据流图基本图形符号

（2）数据处理与功能划分

任何一个计算机应用系统都可以看作是把输入数据变换为输出数据的处理过程，可以抽象为如图 3-5 所示的模式。

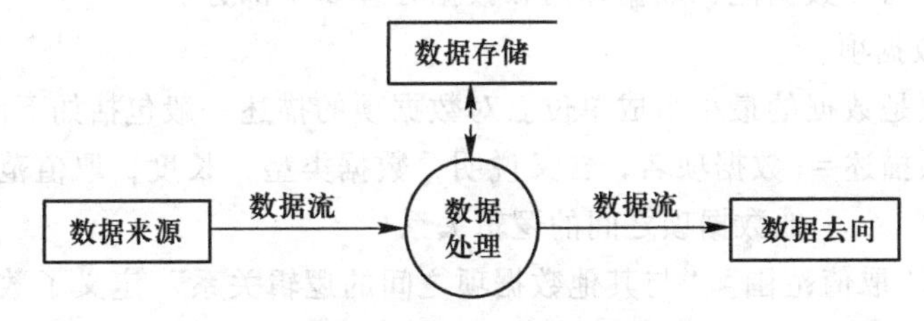

图 3-5　数据处理过程抽象模式

对于一个大型的数据库应用系统，业务涉及多个方面，在对系统进行分析的过程中，可以将其处理功能分解为多个功能相对独立的部分，而每个子功能又可继续分解，直到把系统的工作过程表达清楚为止。这样可把系统功能划分成一个树状的层次结构，如图 3-6 所示。

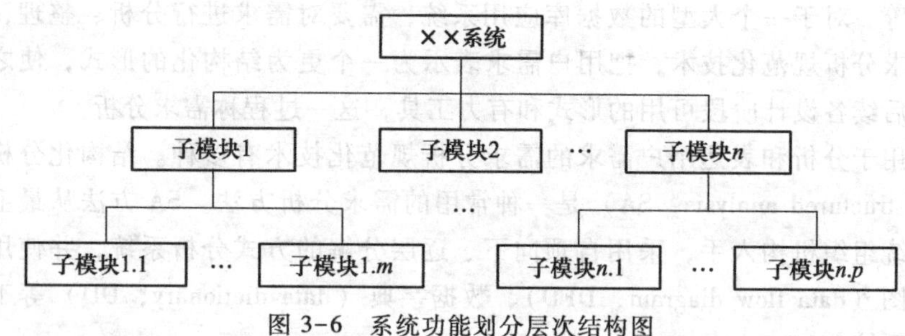

图 3-6 系统功能划分层次结构图

(3) 分层数据流图

在处理功能逐步分解的同时，其所操作的数据也逐级分解，这样描述这些数据处理过程的数据流图同样形成一个树状的层次结构，如图 3-7 所示。其中，上层数据流图是下层数据流图的整体逻辑概貌，下层数据流图是上层数据流图的详细描述，最底层是不需要再分解的数据流图。

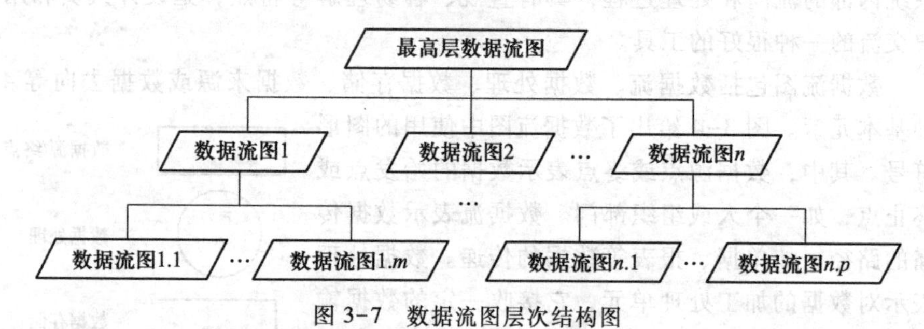

图 3-7 数据流图层次结构图

2. 使用数据字典描述数据

数据流图反映了数据在系统中的流向及处理转换过程，但数据的详细内容却无法在数据流图中反映，需要建立数据字典对数据流图中出现的数据进一步定义和描述。

数据字典是数据库系统中各类数据的定义和描述的集合，是数据库设计的一个重要工具。数据字典贯穿于整个数据库系统设计和运行过程中，在不同的阶段其内容和用途各不相同。在需求分析阶段，数据字典通常包括数据项、数据结构、数据流、数据存储和数据处理 5 个部分。

(1) 数据项

数据项是数据的最小组成单位。对数据项的描述一般包括如下内容。

数据项描述 = {数据项名，含义说明，数据类型，长度，取值范围，与其他数据项之间的逻辑关系}

其中，“取值范围”“与其他数据项之间的逻辑关系”定义了数据的完整性约束条件。

数据字典中，数据项是其他数据对象的基本构成单元，若干个数据项可以组成一个数据结构，通过对数据项和数据结构的定义来描述数据流、数据存储的逻辑内容。

（2）数据结构

将一些逻辑上联系较为紧密的数据项组合在一起，形成有意义的数据项集合，就称为数据结构。数据结构反映了数据之间的组合关系，一个数据结构可以由若干数据项或其他数据结构组成。对数据结构的描述一般包括如下内容。

数据结构描述={数据结构名，含义说明，组成：{数据项或数据结构}}

（3）数据流

数据流是处理过程的输入和输出，表示处理过程中数据在系统内的传输流向。对数据流的描述一般包括如下内容。

数据流描述={数据流名，含义说明，数据流来源，数据流去向，
组成：{数据结构}，平均流量，高峰期流量}

其中，“数据流来源”说明该数据流来自哪里，“数据流去向”说明该数据流将去往什么地方，“平均流量”是指在单位时间（例如天、周、月等）里的传输次数。“高峰期流量”则是指在高峰时期的数据流量。

（4）数据存储

数据存储是在处理过程中数据所停留和保存的地方。数据存储也是数据流的来源和去向之一，它可以是手工凭据、手工文档或计算机文档等。对数据存储的描述一般包括如下内容。

数据存储描述={数据存储名，含义说明，编号，输入数据流，输出数据流，
组成：{数据结构}，存储的数据量，存取频度，存取方式}

其中，“存取频度”指单位时间内存取次数及存取数据量等信息，“存取方式”指数据访问是批处理还是联机处理，是检索还是更新，是顺序检索还是随机检索等。

（5）处理过程

处理过程是对系统内数据处理的简要描述。对处理过程的描述一般包括如下内容。

处理过程描述={处理过程名，含义说明，输入：{数据流}，输出：{数据流}，处理描述：{简要说明}}

其中，“处理描述”简要说明处理过程应具有什么功能和有什么处理要求，无须对处理的详细过程进行描述。

表3-1是一个数据项描述的示例，它描述了一个教务管理系统中包含的一些数据项。

表3-1 数据项描述示例

数据项	说明	类型	长度	取值范围
学号	学生编号	字符	6	160 001~169 999
姓名	学生姓名	字符	10	全体学生姓名
性别	学生性别	字符	2	“男”或“女”

续表

数据项	说明	类型	长度	取值范围
出生日期	学生出生日期	日期	8	1960~2010 年
所在系	学生在哪个系学习	字符	30	全校各系的名称
…	…	…	…	…

基于数据项可以建立对数据结构、数据流、数据存储的描述。例如，图 3-8 是一个数据存储描述的示例。

数据存储：学生名单
说明：存储全部学生的基本情况
流入数据流：学生信息
流出数据流：学生信息
数据结构：学号、姓名、性别、出生日期、所在系
数据量：20 000(学生人数)×50字节(每个记录占用空间)
存取方式：随机存取

图 3-8 数据存储描述示例

上面介绍了数据字典的基本内容，由此可知，数据字典是关于数据库中数据的描述，即元数据，而不是数据本身。数据字典是数据库设计的重要依据，涵盖了数据库中数据对象的所有信息，它在需求分析阶段建立，在数据库设计和运行过程中不断修改、完善。

3.2.4 需求规格说明书

需求规格说明书是在需求分析后建立的文档资料，阐述数据库系统所必须提供的功能和性能要求，以及运行的实际约束条件。需求规格说明书记录用户与开发者所达成的产品需求协议条款，不仅是用户对最终产品的接受基础，也是开发方在进行设计、实现和测试运行的规范和依据。

需求规格说明书的内容包括以下几方面。

① 系统概况，包括系统的目的、背景、范围、现状等。

② 系统功能需求说明。

③ 系统性能的要求，如精度、响应时间等。

④ 运行环境的要求，如硬件、软件、接口等。

⑤ 系统方案的可行性分析、实施方案等。

需求规格说明书使用需求规范说明技术描述新系统，是用户需求的一个更为结构化形式表示，既包括文字说明，还应包括必要的图形、表格等，如数据流图、数据字典、功能结构图、系统配置图等。撰写需求规格说明书是一个不断反复、逐步深入、逐步完善的过程。

需求收集和分析可能是非常耗时的，但对于系统的成功与否至关重要，需求分析中的错误往往导致大量后续工作的返工。所以，需求规格说明书在完成之后要交由用户审查、验证，确定是否符合用户的全部需求。若不符合用户的要求，需要进行修改，直到双方达成一致，才可进入概念设计阶段。

3.3 现实世界抽象—概念模型设计

经过需求分析以后，得到了针对某个应用的需求，系统开发者还需要设计一个概念模型将用户需求描述出来，这一过程称为概念模型设计，也称概念结构设计，简称概念设计。概念模型设计的主要任务就是在需求分析的基础上，通过对用户需求进行综合、归纳与抽象，形成一个独立于 DBMS 的概念模型，它是整个数据库设计的关键阶段。

3.3.1 概念模型

概念设计的目标是生成能够反映用户信息需求的抽象信息结构，即概念结构，也称概念模式。概念数据模型简称概念模型，也称信息模型，它的任务是用一种简单的方式把应用领域中要处理的数据及相关的业务需求准确地表达和描述出来。在数据库概念设计阶段，概念模型用于描述和表示数据库的概念结构。

扩展阅读 3.3：数据抽象方法

概念模型是按照用户的观点对数据库进行建模，它是从现实世界到机器世界的一个中间层次。设计人员在需求分析阶段得到用户需求，在概念设计阶段把用户需求抽象为数据库概念结构，在逻辑设计阶段再将其转换为数据库逻辑结构。概念结构具有如下好处。

① 概念结构使数据库设计人员在设计的初始阶段把注意力从复杂的实现细节中解脱出来，而只集中在最重要的信息组织结构和处理模式上。

② 概念结构以信息抽象方式表达用户需求，不涉及技术层面的内容，更容易被用户理解，因而更有可能准确反映用户的需求。

③ 概念结构避免了系统具体实现的细节，不受特定 DBMS 的限制，因此，具有更大的伸缩性和更高的稳定性。

作为数据库概念设计阶段的表达工具，概念模型具有如下特点。

① 具有丰富的语义表达能力，能真实、充分地反映现实世界，包括事物和事物之间的联系。

② 易于理解，从而可以利用它在设计人员、编程人员和用户之间进行交流，使得用户能积极参与，保证数据库设计的成功。

③ 易于更改，当应用环境和应用要求发生变化时，容易对概念模型进行修改和扩充。

④ 易于向关系、网状、层次等数据模型转换。

目前，数据库概念设计常用的建模方法有实体—联系（entity-relationship）方法、IDEF1X（信息模型化综合定义）、UML（unified modeling language，统一建模语言）等。

3.3.2　实体—联系模型

实体—联系方法（entity-relationship approach）是一种常用的建模方法，它使用实体、属性和联系的概念来描述现实世界中的事物。这种方法建立的模型称为实体—联系模型，简称 E-R 模型。

1. E-R 模型的概念

（1）实体

现实世界是由各种事物组成的，客观存在并可相互区别的事物称为实体（entity）。实体可以是物理存在的对象（例如，一个学生、一台计算机、一辆汽车、一座大楼等），也可以是概念存在的对象（例如，一所大学、一个系、一门课程、一份工作等）。

（2）属性

实体具有各种特性，属性（attribute）用来描述实体所具有的某一特性。一个实体通常具有众多的属性，用一个概念名称唯一标识某个属性，称为属性名。例如，学生的学号、姓名、性别、出生日期、所在系等都是学生的属性。特定实体的每个属性用一个数据表示，称为属性值。例如，某一同学的姓名是高峰，“姓名”是属性名，而“高峰”是该属性的属性值。描述每个实体的属性值是存储在数据库中数据的主要部分。

域（domain）是一组具有相同数据类型的值的集合。属性的取值范围来自某个域。例如，学号的域为 8 位整数的集合，姓名的域为字符串集合，性别的域为{男，女}，出生日期的域为日期。

（3）实体类型

实体按类型进行分类，实体类型（entity type）描述和定义了具有共同属性的一组实体。一个建模对象中可能包含很多类型的实体，用一个概念名称标识不同的实体类型。例如，学校中有“学生”“教师”“课程”等类型的实体。

同一实体类型的实体组成的集合称为实体集（entity set）。实体集也用一个名称标识，实体集的一个元素称实体集的一个实例（instance）。例如，一个学校的全体学生组成的集合称为“学生”实体集。一般情况下，实体集和实体类型使用相同的名称。

通常，用实体类型名称和一组属性名来抽象和描述不同类型的实体，基本格式如下。

实体类型名称（属性名 1，属性名 2，……，属性名 n）

例如，学生（学号、姓名、性别、出生日期、所在系）表示一个实体类型，用于描述（或定义）“学生”类型的实体。每个学生都使用学号、姓名、性别、出生日期、所在系这几个属性来描述。该实体类型的一个值（160001，高峰，男，1998.02.10，计算机系），用于抽象表示一个学生实体。

图 3-9 中显示的是“学生”实体类型、学生实体集以及实体集的一些学生实例，“●”表示一个实体，S_i是实体的唯一标识，代表某一个学生，括号

内为该实体的属性值。

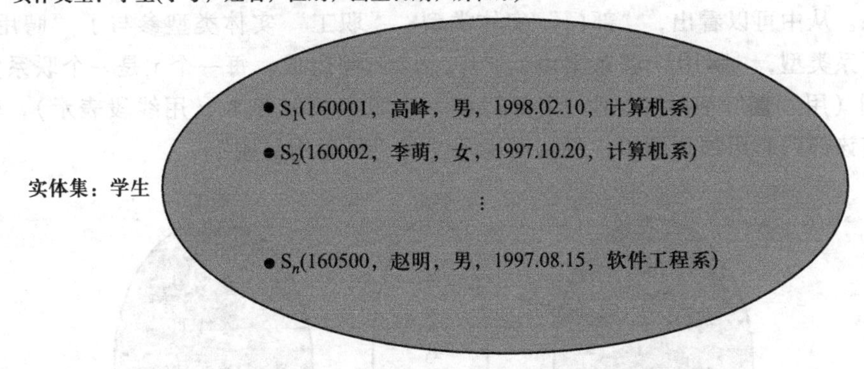

图 3-9 “学生”实体类型、实体集以及实体实例示意图

实体类型和实体集都是对相同类型实体的描述，实体类型描述了共享相同结构的实体集的模式或内涵，某个特定实体类型的实体组成的实体集，称为该实体类型的外延。本书使用了“实体类型”“实体集”两个术语，然而在没有歧义时，也常用“实体”这个术语。

(4) 码

每个实体都具有唯一标识。一个实体类型通常具有一个属性或多个属性，这些属性的值对于实体集内每个单独的实体都不相同，这样的属性组称为码(key)，也称关键字。码是能唯一标识实体的属性集。例如，学号是“学生”实体类型的码，学号的值可以唯一地标识一个学生实体。

码是一种约束，可以防止任何时刻实体集内的两个实体具有相同的码值。

(5) 联系

现实世界中，事物与事物之间存在相互关联。概念模型中，多个实体间的相互关联称为联系（relationship)。一个建模对象中可能包含多种联系，例如，学校“聘用”老师，学生“选修”课程等。与实体类型类似，使用联系类型标识和描述不同的联系。

n 个实体类型间的联系类型（relationship type）R 在这些实体类型的实体之间定义了一个关联的集合，称为联系集（relationship set)，联系集的元素称为联系实例（relationship instance)。联系类型的联系集通常用相同的名称 R 表示。用数学语言表述，如果 E_1，E_2，⋯，E_n是 n 个实体类型，联系类型 R 定义的联系集是实体类型的笛卡儿积 $E_1 \times E_2 \times \cdots \times E_n$的一个子集，即：

$$\{(e_1, e_2, \cdots, e_n) \mid e_1 \in E_1, e_2 \in E_2, \cdots, e_n \in E_n\}$$

的一个子集。其中，我们说实体类型 E_1，E_2，⋯，E_n 参与了联系 R，$r_i = (e_1, e_2, \cdots, e_n)$ 为一个联系实例，将 e_1，e_2，⋯，e_n关联起来，也可以说，e_1，e_2，⋯，e_n参与了联系实例 r_i。

参与联系的实体类型的个数 n 称为联系的度，$n=2$ 时，称该联系为二元联系，$n=3$ 时，称三元联系。本书使用了“联系类型”“联系集”“联系实例”术语来描述联系，然而在没有歧义时，也常用“联系”这个术语。

图 3-10 的示意图中，一个企业中各部门组成了“部门”实体集，所有职工组成了“职工”实体集，“部门”与“职工”之间存在一种“聘用”联系。从中可以看出，“部门”实体类型、“职工”实体类型参与了“聘用”联系类型，“聘用”联系集由 r_1、r_2、r_3、r_4等组成，每一个 r_i是一个联系实例（用“■”表示），把一个部门和一个职工关联起来（用线段表示），代表该部门聘用哪个职工，例如 r_1表示“材料科聘用赵刚”。

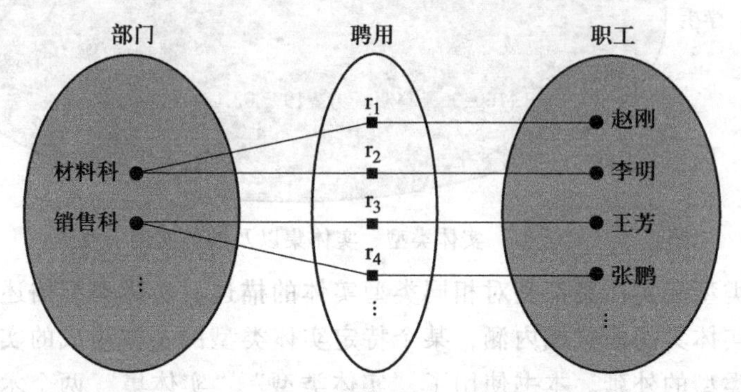

图 3-10　“聘用”联系集、联系实例示意图

2. 实体之间的联系

按照实体集中一个实体能参与联系实例的最大个数（也称基数比），联系可归纳为 3 种：一对一联系、一对多联系和多对多联系。

（1）两个实体集之间的联系

① 一对一联系（1∶1）。如果对于实体集 A 中的每一个实体，实体集 B 中至多有一个（也可以没有）实体与之联系。反之亦然，则称实体集 A 与实体集 B 具有一对一联系，记为 1∶1。

例如，在学校里的所有班长构成了一个“班长”实体集，所有班构成了一个“班级”实体集，若假设一个班只有一个班长，而一个人只能在一个班担任班长，则“班长”与“班级”之间存在一对一的“管理”联系，该联系集的一个联系实例表示“某人管理某个班”，如图 3-11 所示。其中，“班长”中的任何一个人，在“班级”中至多可以找到一个班与之关联，也就是至多只能参与一次“管理”联系。反之，“班级”中的成员也遵循同样的约束。

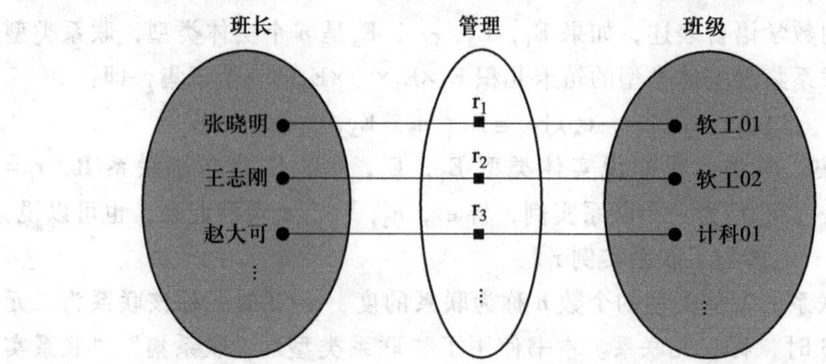

图 3-11　一个 1∶1 联系示意图

② 一对多联系（1∶n）。如果对于实体集 A 中的每一个实体，实体集 B 中有 n 个实体（$n \geqslant 0$）与之联系。反之，对于实体集 B 中的每一个实体，实体集 A 中至多只有一个实体与之联系，则称实体集 A 与实体集 B 具有一对多联系，记为 1∶n。

例如，一个班中有若干名学生，而每个学生只在一个班学习，则实体集“班级”与“学生”之间存在一对多的“包含”联系，该联系集的一个联系实例表示“某个班包含某个同学”，如图 3-12 所示。其中，“班级”中的任何一个班，在“学生”中可以找到多个学生与之关联，也就是可以参与多次“包含”联系。反之，“学生”中的任何一名学生，至多可以找到“班级”中的一个班与之关联，也就是至多只能参与一次“包含”联系。

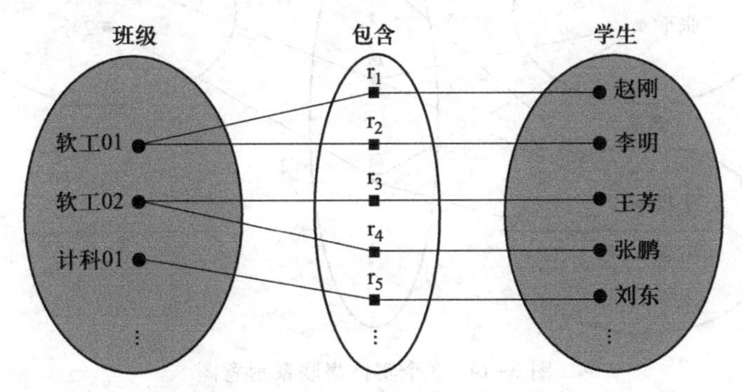

图 3-12 一个 1∶n 联系示意图

③ 多对多联系（m∶n）。如果对于实体集 A 中的每一个实体，实体集 B 中有 n 个实体（$n \geqslant 0$）与之联系。反之，对于实体集 B 中的每一个实体，实体集 A 中也有 m 个实体（$m \geqslant 0$）与之联系，则称实体集 A 与实体集 B 具有多对多联系，记为 m∶n。

例如，在学校选课时，一个学生可以选修多门课程，一门课程有若干个学生选修，则实体集“学生”与“课程”之间存在多对多“选修”联系，该联系集的一个联系实例表示“某个学生选修某门课程”，如图 3-13 所示。其中，“学生”中的任何一名学生，在“课程”中可以找到多个课程与之关联，也就是可以参与多次“选修”联系。同样，“课程”中的任何一门课程，在“学生”中可以找到多个学生与之关联，也就是可以参与多次“选修”联系。

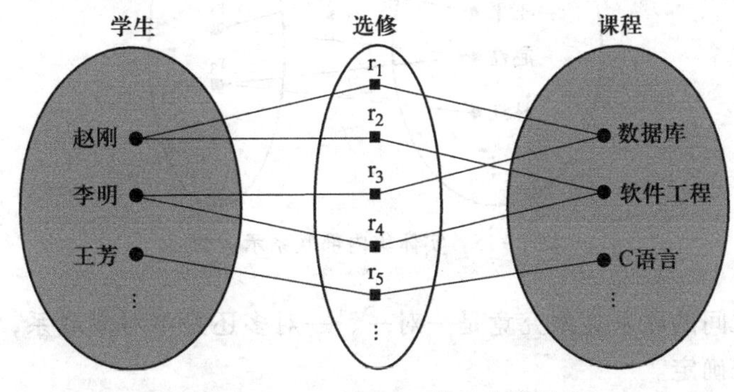

图 3-13 一个 m∶n 联系示意图

实际上，一对一联系是一对多联系的特例，又是多对多联系的特例。

(2) 两个以上实体集之间的联系

两个以上实体集之间也存在一对一、一对多和多对多的联系。例如，在超市购物时，超市有多个售货员，顾客多次去购物，每次购买多种商品，“售货员”“顾客”和“商品”3 个实体集之间存在多对多的“购物”联系，该联系集的一个联系表示“某顾客通过某售货员购买某商品”，如图 3-14 所示。

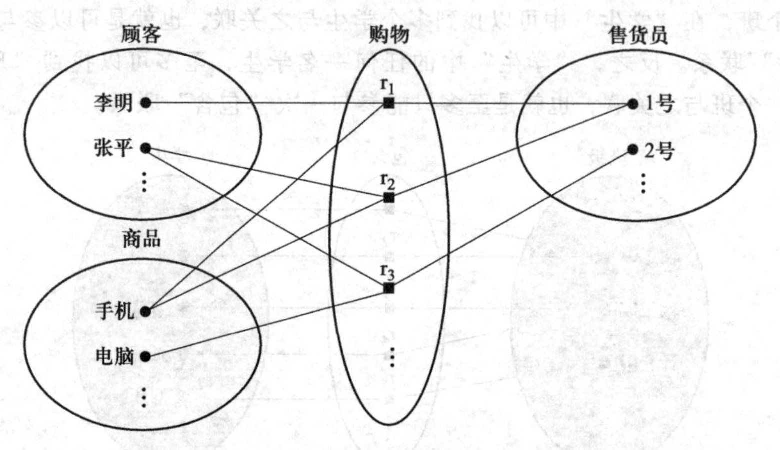

图 3-14　3 个实体集联系示意图

(3) 同一实体集内的联系

同一实体集内的实体之间也存在一对一、一对多和多对多联系（这时可以把一个实体集逻辑看成两个与原来一样的实体集），这样的联系也称递归联系。例如，在一个单位的职工中，既有普通的职员，也有干部，干部与职员之间存在领导与被领导的关系。假设一个干部可直接领导多个职员，而每个职员只接受一个干部的直接领导，那么在“职工”实体集内部存在一对多的“领导”联系，如图 3-15 所示。

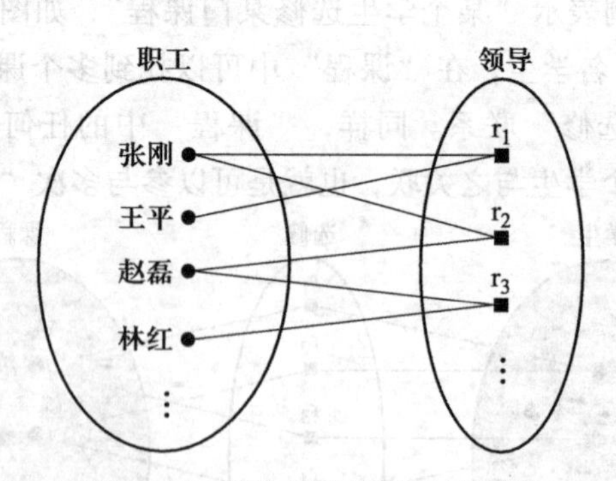

图 3-15　实体集内部联系示意图

实体之间的联系类型究竟是一对一、一对多还是多对多联系，需要根据实际情况来确定。

3. E-R 模型的表示

E-R 模型通常使用图形表示，E-R 模型也称为 E-R 图。E-R 图由代表实体、属性和联系相关概念的图形元素构成，基本表示方法如下。

扩展阅读 3.4：E-R 模型表示法

① 实体类型：用矩形表示，矩形框内注明实体类型的名称。

② 属性：用椭圆形表示，属性名放在椭圆框内，并用线段将属性和所属的实体类型连接起来。实体类型的码在属性名下面用下画线标出。

例如，学生实体类型有学号、姓名、性别、出生日期、所在系等属性，指定学号为码，E-R 图表示如图 3-16 所示。

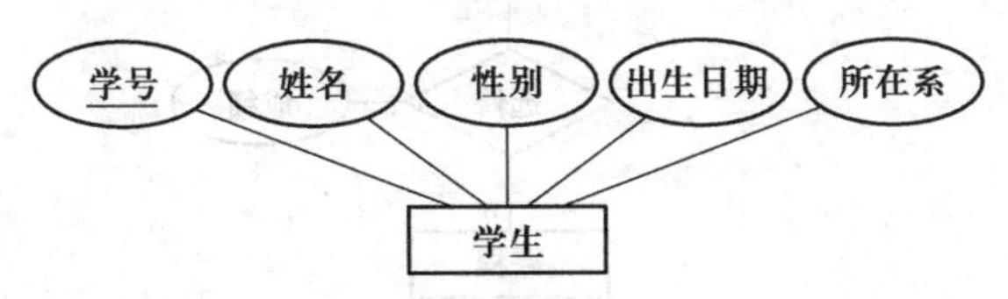

图 3-16　学生实体类型及其属性 E-R 图表示

③ 联系类型：用菱形表示，菱形框内注明联系类型名称，并用线段把菱形与参与联系的实体类型相连，同时在连线旁标上联系的约束（1∶1、1∶n 或 m∶n）。注意，在同一个 E-R 图中，实体类型和联系类型的名称应该唯一。

按照参与联系的实体类型的数目不同，常见的 E-R 图包括如下几种形式。

① 对于两个实体类型之间的联系，用 E-R 图表示如图 3-17 所示。

② 对于两个以上实体类型之间的联系，用 E-R 图表示如图 3-18 所示。

③ 对于同一实体类型的实体之间的联系，用 E-R 图表示如图 3-19 所示。

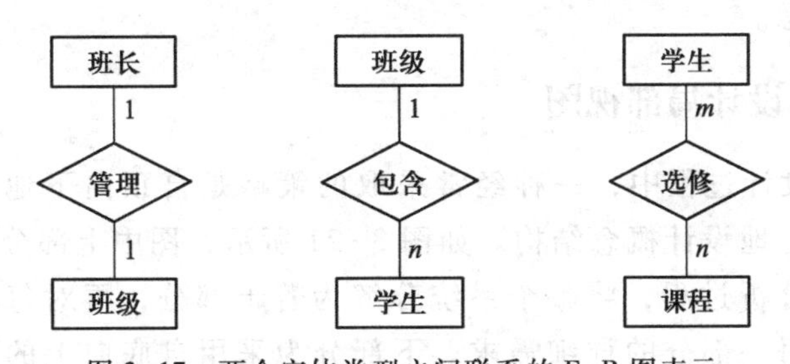

图 3-17　两个实体类型之间联系的 E-R 图表示

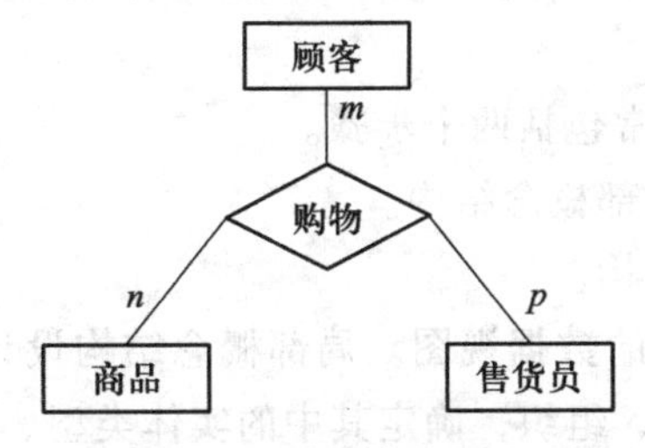

图 3-18　3 个实体类型之间联系的 E-R 图表示

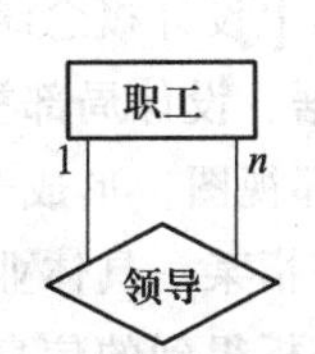

图 3-19　实体类型内部联系的 E-R 图表示

联系类型也可以有属性，这些属性用于描述联系。如果存在用于描述联系的属性，用线段把这些属性与所描述的联系类型相连。

例如，在“学生”与“课程”之间存在 $m:n$ 选修联系，可用“成绩”描述该联系，表示一个学生选修了某一门课程后的成绩，如图 3-20 所示。

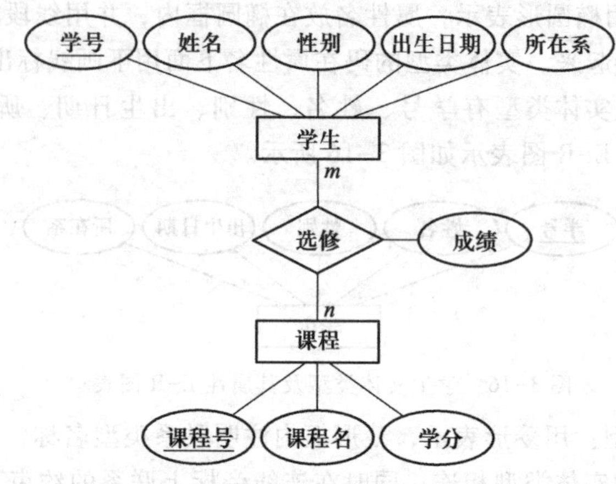

图 3-20　描述学生选课系统的 E-R 图

基本 E-R 图中只有 3 种基本的元素，具有简单、直观、语义丰富的特点。它描述了某个特定组织所关心的事物及其联系的信息结构，也就是说，从 E-R 图就可以确定在数据库中需要存储哪些类型的数据。但它不涉及数据在数据库内组织、处理和存储。因此，E-R 图独立于 DBMS，只有转换成某一 DBMS 所支持的数据模型才能在计算机上实现。采用概念模型有助于数据库设计人员在设计的开始阶段，把主要精力用于了解和描述现实世界，而把设计 DBMS 的一些技术性的问题推迟到后继的设计阶段去考虑。

3.3.3　设计局部视图

扩展阅读 3.5：扩展 E-R 图

在概念设计过程中，一种经常采取的策略是自顶向下地进行需求分析，自底向上地设计概念结构。如图 3-21 所示，图中上部分为采用自顶向下的需求分析过程，将整个系统分解为若干部分，再对每一部分逐层细化，获得每一部分的详细需求。下部分为采用自底向上的概念结构设计过程，针对底层的每一个详细需求，首先设计对应的局部概念结构，然后进行集成。

采用自底向上设计概念结构时，通常包括两个步骤。

① 抽象数据、设计局部视图，即局部概念结构。

② 集成局部视图，形成全局概念结构。

局部视图是指某一具体业务或用户的数据视图。局部概念结构设计的任务就是将需求分析得到的信息进行分类、组织，确定其中的实体类型、属性、实体之间的联系类型。若使用 E-R 模型，每个局部视图可用一个 E-R 图表示。

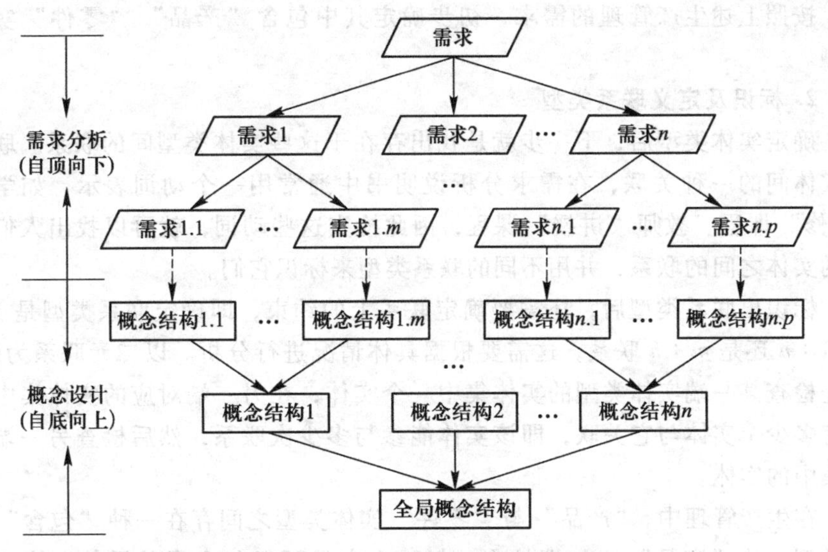

图 3-21 自底向上设计概念结构

设计一个局部 E-R 模型的主要步骤包括以下几点。

① 标识及定义实体类型。

② 标识及定义联系类型。

③ 确定属性。

④ 确定实体类型的码。

⑤ 绘制局部 E-R 图。

下面结合一个实例介绍概念结构设计过程。假定某工厂要设计一个数据库系统，系统由生产管理和材料管理两个子系统组成，为每个子系统组成了开发小组。经过需求分析，明确了基本需求，具体如下。

① 生产管理：每种产品包含多种零件，要记录产品的产品号、产品名、数量，零件的零件号、零件名、型号、制作该零件的材料名、材料用量，以及每种产品包含的各种零件的零件数。

② 材料管理：每种产品使用了多种材料，要记录材料的材料号、材料名、单价、存放仓库、库存量，能查询出每种产品使用的各种材料的用量。

先以生产管理的局部 E-R 图为例，介绍 E-R 模型的设计步骤。

1. 标识及定义实体类型

创建 E-R 模型的第一步是定义用户关心的主要对象，这些对象就是实体类型。确定实体类型常用的一种方法是审查需求分析说明书，找出相关的名词。例如学生、学号、姓名、专业、课程、课程名、学分、教师、教师编号、职称等，然后从这些名词中找出主要的名词作为实体类型，例如“学生”“课程”“教师”等，排除那些仅仅用来描述对象性质的名词。标识实体类型的名词通常是一个概念名词，代表某一类型的实体，它可以被其他的对象描述。

确定实体类型的另一种方法是查找那些客观存在的对象，将其按不同的特征进行分类，将每种类型的对象定义为一个实体类型。

按照上述生产管理的需求，初步确定其中包含“产品”“零件”实体类型。

2. 标识及定义联系类型

确定实体类型后，下一步就是找出存在于这些实体类型间的联系。联系是实体间的一种关联，在需求分析说明书中通常用一个动词表示，如学生“选修”课程、教师“讲授”课程，因此检查这些动词，就可以找出人们关心的实体之间的联系，并用不同的联系类型来标识它们。

标识出联系类型后，还需要确定联系上的约束，即确定联系类型是 1∶1、1∶n 还是 m∶n 联系，这需要根据具体情况进行分析。以二元联系为例，首先检查某一端实体类型的实体集中一个实体，在另一端对应的实体集中可以有多少个实体与它关联，即该实体能参与多少次联系，然后检查另一端实体集中的实体。

在生产管理中，“产品”与“零件”实体类型之间存在一种“包含”联系类型。从“产品”这一端检查，每一个产品可以包含多种零件，从“零件”这一端检查，每种零件可能用于多个产品中，因此，这种联系是一种 m∶n 的联系。

3. 确定属性

确定实体类型和联系类型后，下一步就是确定描述它们的属性。与标识实体类型类似，在需求说明书中继续寻找相关的名词，如果这些名词是描述实体或联系的性质、特征或标识时，即可确定为属性。以后随着数据库设计的不断精确、完善，属性需不断地进行调整。

按照需求分析的描述，描述“产品”的属性有产品号、产品名、数量，描述“零件”的属性有零件号、零件名、型号、材料名、材料用量，描述“包含”的属性有零件数。

4. 确定实体类型的码

用于描述实体类型的属性确定后，还需要确定实体类型的码。码需要根据具体情况确定，应确保在实体集中该属性的值唯一。若一个属性不能唯一标识实体，考虑使用多个属性组成的属性集作为码。许多情况下，在实体的属性中都有一个用于唯一编号的属性，可将此属性作为实体的码。

在“产品”的属性中，“产品号”用于代表不同的产品，具有唯一性，“产品号”是一个码。在“零件”的属性中，“零件号”用于区分不同的零件，每一种零件一个编号，它是“零件”的码。

5. 绘制局部 E-R 图

当确定了局部应用中的实体类型、联系类型、属性、实体类型的码后，就可以设计出该局部应用的 E-R 图。

例 3-1　设计工厂数据库系统的局部 E-R 图。

根据上述的设计过程，绘制出生产管理 E-R 图，如图 3-22 所示。同样可以设计出材料管理 E-R 图，如图 3-23 所示。

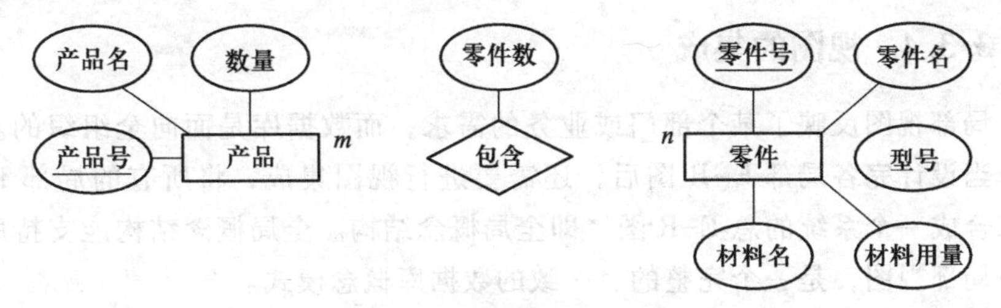

图 3-22 生产管理 E-R 图

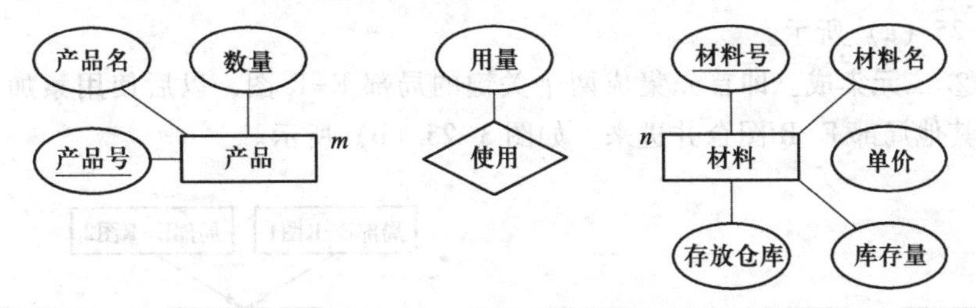

图 3-23 材料管理 E-R 图（1）

在设计 E-R 模型时，实体、属性、联系是相对而言的，有时某一事物究竟建模为哪一种类型，需要根据具体情况而定。在确定实体、属性和联系时，一般遵循如下原则。

① 属性是不可分的数据项，属性不能有描述信息。如果属性还有属性对其进行描述，则考虑把它转换为实体类型。

② 联系只能出现在两个实体类型之间。如果描述实体的属性是另一个实体类型的实体，这时需要将其转换为联系。

③ 如果一个属性出现在多个实体类型中，可将其提升为一个实体类型。

图 3-23 中，“存放仓库”是指存放材料的仓库，如果材料存放在多个仓库中，或者需要仓库位置、面积等属性描述仓库，则需要把该属性升级为“仓库”实体类型，而将材料的存放情况通过“存放”联系来体现，并通过“存放量”表示材料在该仓库的库存量，调整后的 E-R 图如图 3-24 所示。

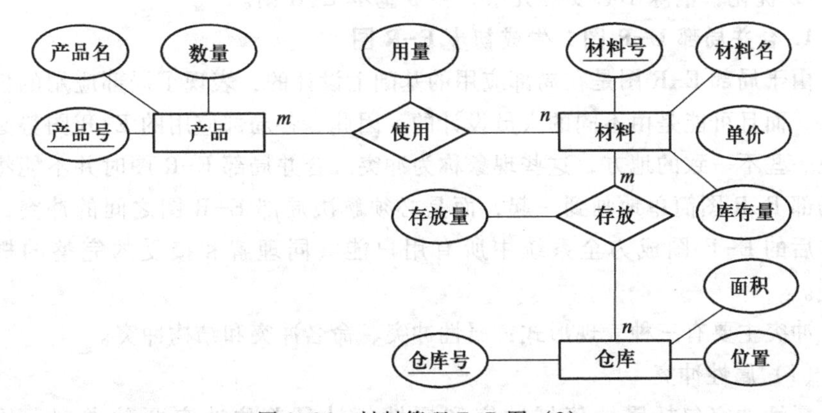

图 3-24 材料管理 E-R 图（2）

3.3.4　视图的集成

局部视图反映了某个部门或业务的需求，而数据库是面向全组织的。因此，当设计完各局部 E-R 图后，还需要进行视图集成，将所有的局部 E-R 图综合成一个系统的总 E-R 图，即全局概念结构。全局概念结构能支持所有用户局部视图，是一个完整的、一致的数据库概念模式。

一般说来，可以采用两种方法进行视图的集成。

① 一次集成。即一次性把多个局部 E-R 图合并为一个全局 E-R 图，如图 3-25（a）所示。

② 二元集成。即首先集成两个关键的局部 E-R 图，以后使用累加的方式将其他局部 E-R 图合并进来，如图 3-25（b）所示。

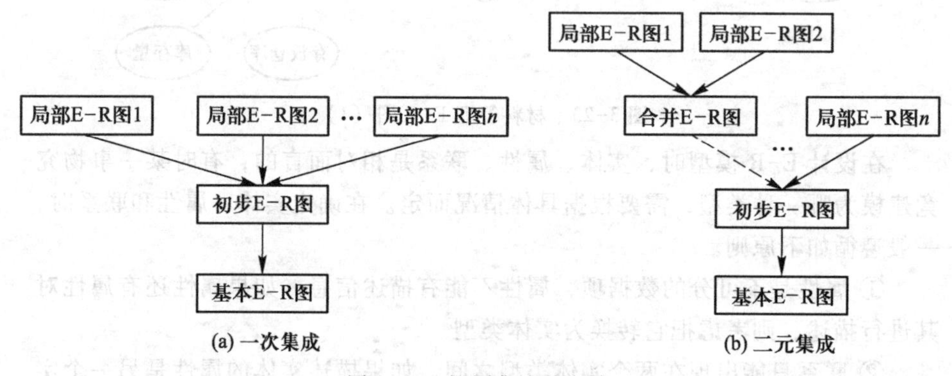

图 3-25　视图集成的方式

在实际应用中，应根据具体情况选择使用集成方法。其中第①种方法在局部 E-R 图较多时，实现起来难度较大。第②种方法每次只集成两个局部 E-R 图，可以降低复杂度。

集成局部 E-R 图，可以按两步实施。

① 合并：消除冲突，合并局部 E-R 图，生成初步 E-R 图。

② 优化：消除不必要的冗余，生成基本 E-R 图。

1. 合并局部 E-R 图，生成初步 E-R 图

由于局部 E-R 图是在局部应用的基础上设计的，表现了局部应用的信息需求，而且可能是由不同的人员设计的。因此，各局部应用的 E-R 图势必会存在一些不一致的地方，这些现象称为冲突。合并局部 E-R 图时并不能将各个局部 E-R 图简单地画到一起，而是必须解决局部 E-R 图之间的冲突，使合并后的 E-R 图成为全系统中所有用户能共同理解和接受的完整的概念模型。

冲突主要有三种表现形式：属性冲突、命名冲突和结构冲突。

（1）属性冲突

属性冲突包括属性值域冲突和属性值计量单位冲突两种类型，具体如下。

① 属性值域冲突指属性值的类型、取值范围或取值集合在不同的局部应用不同。例如，对于“编号”这个属性，可能有的地方定义为整数，而有的地方定义为字符类型。

② 属性值计量单位冲突指属性在不同的场合使用不同的计量单位。例如，对于质量单位，有时使用“吨”，而有时使用“公斤”。

属性冲突属于用户业务上的约定，可通过与用户讨论、协商等方式加以解决。

(2) 命名冲突

命名冲突是指在实体类型、属性或联系类型在命名上存在不一致的地方。命名冲突存在同名异义和异名同义两种情况。

① 同名异义指不同意义的对象在不同的局部应用中具有相同的名字。例如，“单位”有时指某一组织机构，有时指重量、长度等计量单位。

② 异名同义指同一意义的对象在不同的局部应用中具有不同的命名。例如，科研项目在财务处称为“项目”，科研处称为“课题”。

命名冲突可通过概念重命名解决。对于同名异义的对象，使用不同的名称。对异名同义的对象，采用统一的名称。

(3) 结构冲突

结构冲突是指在实体类型、属性、联系类型等方面导致概念结构不一致的地方，包括如下几种情况。

① 同一实体类型在不同应用中所包含的属性不同，可能是属性个数或属性次序不完全相同。这是很常见的一类冲突，原因是不同的局部应用所关心的实体属性不同。解决方法是使该实体类型的属性取各局部 E-R 图属性的并集，再适当调整属性的次序。

② 同一对象在不同应用中抽象为不同的类型。例如，仓库在生产管理中抽象为属性，而在材料管理中则抽象为实体类型。解决的方法是把属性转换为实体类型。

③ 同一联系在不同应用中约束不一致。例如，某个联系在一个局部 E-R 图中是 1 : n，在另一个中是 m : n。解决的方法是根据语义进行综合调整。

通过发现并消除各局部 E-R 图中的冲突后，可将局部 E-R 图进行合并，形成一个完整的 E-R 图，称其为初步 E-R 图。

例 3-2　生成工厂数据库系统的初步 E-R 图。

将图 3-22 和图 3-24 的 E-R 图按共同项“产品”进行合并，形成该数据库系统的初步 E-R 图，如图 3-26 所示。其中，图 3-22 中“零件”的“材料名”调整为与“材料”的联系，“材料用量”调整为“消耗”联系的属性“消耗量”。

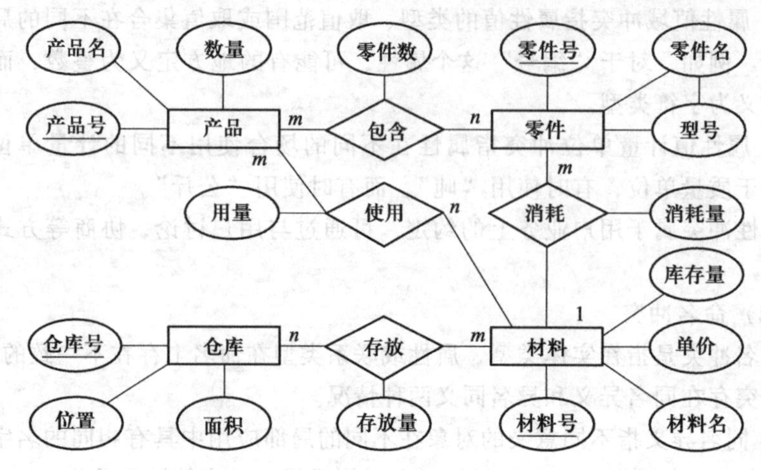

图 3-26 工厂数据库系统的初步 E-R 图

2. 消除冗余，生成基本 E-R 图

经过合并局部 E-R 图生成了初步 E-R 图，这时 E-R 图中可能会存在冗余，包括冗余数据和冗余联系。冗余数据是指可由基本数据导出的数据，冗余联系是指可由其他联系导出的联系。

冗余会破坏数据库的完整性，增加数据库维护难度，视图集成时应尽量消除这些冗余。消除不必要冗余后的初步 E-R 图称为基本 E-R 图。

消除冗余可采用分析方法和规范化理论方法。对于规范化理论方法，在此不做介绍。采用分析方法消除冗余时，其主要依据是需求规范说明中关于数据的描述（如数据字典、数据流图等），通过分析数据项之间的逻辑关系来消除冗余。

例 3-3 生成工厂数据库系统的基本 E-R 图。

图 3-26 中，由于每个产品使用材料的“用量”可以通过“零件数”×“消耗量”得出，“使用”联系是冗余的，可以去除。材料的“库存量”是每个仓库的“存放量”之和，“库存量”是冗余的，也可以去除。去除冗余后的基本 E-R 图如图 3-27 所示。

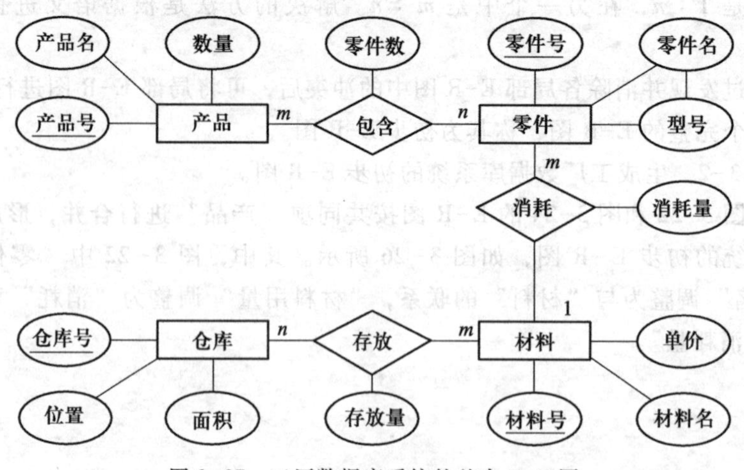

图 3-27 工厂数据库系统的基本 E-R 图

并不是所有的冗余都必须加以消除，有时为了提高查询效率，不得不以信息冗余作为代价。例如，为了能快速查询出每种材料的库存量，应保留“库存量”属性；而当任何一个仓库的“存放量”发生变化时，应及时修改“库存量”的值，否则会破坏数据的完整性。因此，在设计数据库概念结构时，哪些冗余信息必须消除，哪些冗余信息允许存在，需要根据用户的整体需求来确定。

最终得到的基本 E-R 图是全局概念模型，它代表了用户的信息要求，也决定了数据库的逻辑结构，是成功建立数据库的关键。因此，设计人员必须和用户一起，对这一模型进行反复的讨论，在确认模型已正确无误地反映了用户的需求后，才能进入下一阶段的设计。

3.4 引例的需求分析

教学管理是高校的一项重要管理工作，某高校为了提高教学管理水平和工作效率，希望开发一个教学管理信息系统，利用数据库技术对教学过程中的相关信息进行管理，本期实施的内容主要包括学生选课和排课管理两方面的工作。

3.4.1 引例需求收集

通过调查教学管理的业务流程，收集到如下的需求。

1. 信息要求

教学管理过程中涉及的信息包括学生信息、课程信息、选课信息、教师信息、系信息等。

① 学生信息包括学生姓名、学号、性别、出生日期、所在系、总学分等。

② 课程信息包括课程名称、课程号、学分、先修课程、任课教师等。

③ 选课信息包括学号、课程号、成绩等。

④ 教师信息包括教师号、姓名、职称、工资、所在系等。

⑤ 系信息包括系号、系名、系主任、办公地点、电话等。

⑥ 其他相关的基础信息。

这些信息是未来数据库需要保存的主要内容。

2. 处理要求

对于存储在数据库中的各类信息，要求系统能提供给教学管理人员、教师和学生如下访问数据库的操作。

① 教学管理人员录入、修改、删除、查询学生信息、课程信息、教师信息、系信息等。

② 教学管理人员进行排课。

③ 学生查询开设课程，输入选修课程进行选课。

④ 教学管理人员查询选课信息，打印选课情况表。

⑤ 任课教师查询选课名单，输入课程的考试成绩，打印成绩单。

⑥ 教学管理人员统计、查询考试成绩，打印统计报表。

⑦ 学生查询选修课程的成绩、学分，查询总学分。

3. 安全性与完整性要求

为保证数据的正确性和一致性，对于数据库中的数据有如下要求。

① 教务管理人员统一维护学生信息、教师信息、课程信息和系信息等基本信息。

② 任课教师只能查询自己讲授课程的选课名单，可以修改成绩。

③ 学生只能查询自己的个人信息、各门课程的成绩等。

④ 所有的课程成绩实行百分制。

⑤ 教务管理员对系统进行备份，以及其他要求。

3.4.2 引例需求分析

采用 SA（structured analysis）方法对教学管理系统进行需求分析。首先对系统功能进行分解，将教学管理系统划分为选课管理和排课管理两个相对独立的部分，拟实现的功能如图 3-28 所示。

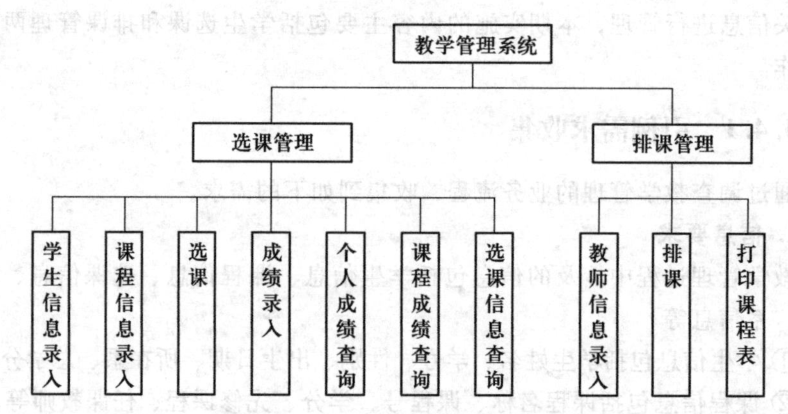

图 3-28 教学管理系统功能分解

教学管理系统可以用如图 3-29 所示的数据流图描述其处理过程。该图只是对整个教学管理的概述，不能反映处理的详细情况。图 3-30 是对图 3-29 的进一步分解和细化，其中包括选课管理和排课管理两个处理过程。

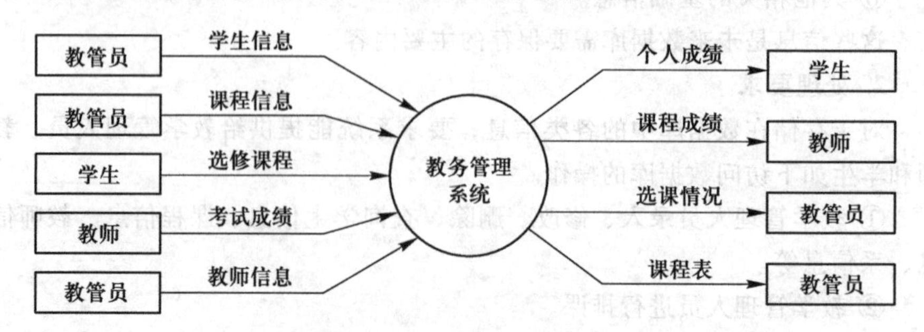

图 3-29 教学管理顶层数据流图

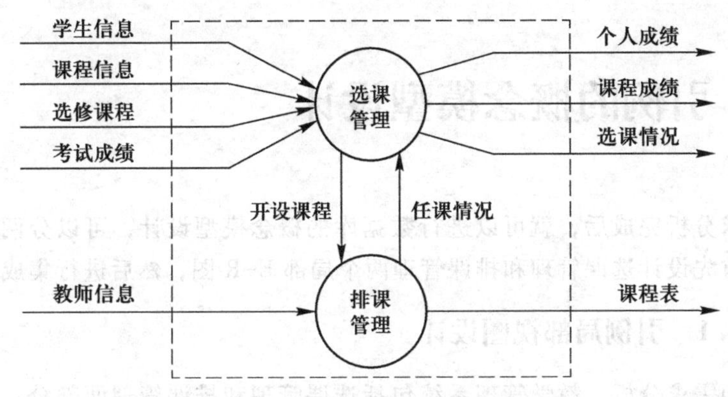

图 3-30　教学管理系统 0 层数据流图

对于其中的选课管理和排课管理两个处理功能，还需要进一步描述，形成下一层次的数据流图，如图 3-31 和图 3-32 所示。

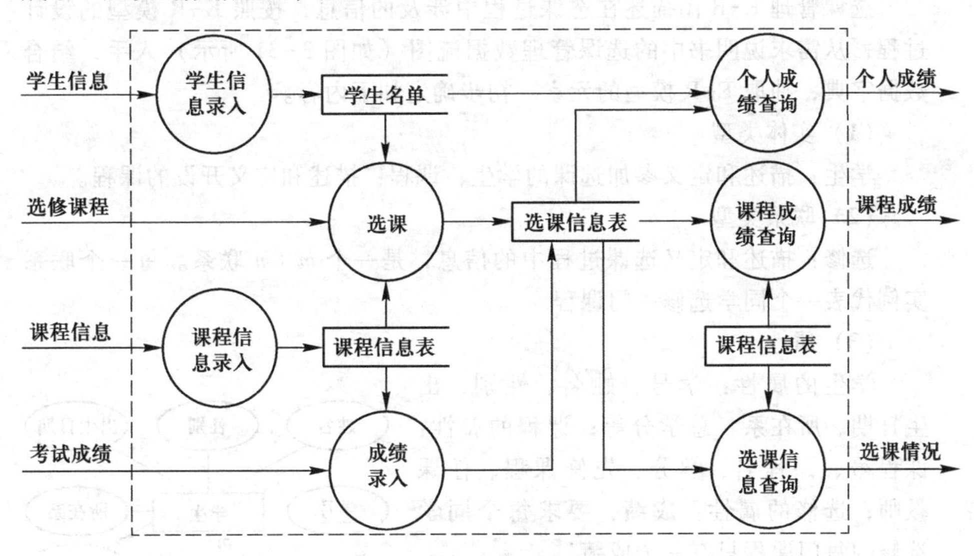

图 3-31　选课管理数据流图

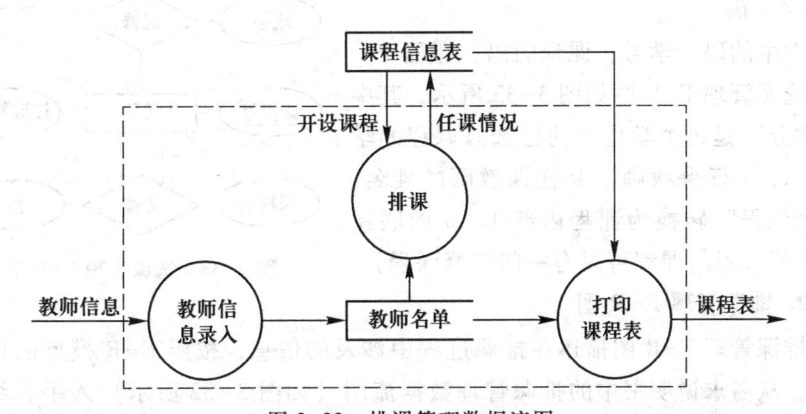

图 3-32　排课管理数据流图

需求分析最后一步工作是撰写该教务管理系统的需求分析说明书，用需求规范说明技术把需求详细、结构化地描述出来，作为下一个阶段的依据。

3.5　引例的概念模型设计

需求分析完成后，就可以进行数据库的概念模型设计，可以分两个阶段进行，首先设计选课管理和排课管理两个局部 E-R 图，然后进行集成。

3.5.1　引例局部视图设计

按照需求分析，教学管理系统包括选课管理和排课管理两部分，概念设计采用自底向上的方式进行设计，先设计局部概念结构。

1. 选课管理 E-R 图

选课管理 E-R 图描述在选课过程中涉及的信息，按照 E-R 模型的设计过程，从需求说明书中的选课管理数据流图（如图 3-31 所示）入手，结合数据字典，抽取 E-R 模型的元素。初步确定如下内容。

（1）实体类型

学生：描述和定义参加选课的学生；课程：描述和定义开设的课程。

（2）联系类型

选修：描述和定义选课过程中的信息，是一个 $m:n$ 联系。每一个联系实例代表一个同学选修一门课程。

（3）属性

学生的属性：学号、姓名、性别、出生日期、所在系、总学分等；课程的属性：课程号、课程名、学分、先修课程、任课教师；选修的属性：成绩，要求每个同学选修的每门课程只有一个成绩。

（4）码

学生的码：学号；课程的码：课程号。

选课管理 E-R 图如图 3-33 所示，其中“总学分”是每个学生当前已选修课程的学分之和，“任课教师”是任课教师的姓名。“先修课程”转换为课程内部 $1:n$ 的联系（这里假设每门课程可以有一门先修课程）。

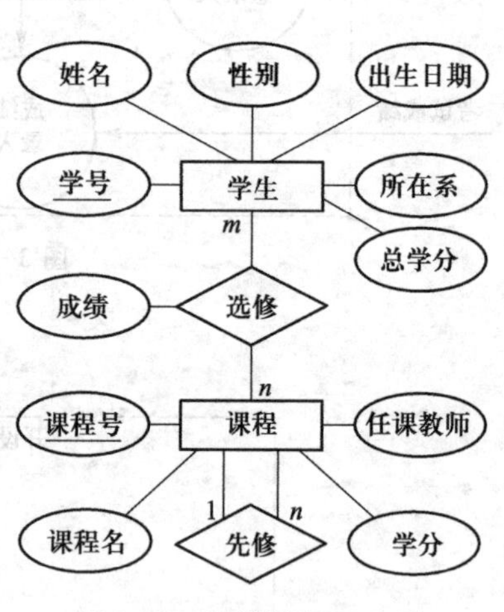

图 3-33　选课管理 E-R 图

2. 排课管理 E-R 图

排课管理 E-R 图描述在排课过程中涉及的信息，按照 E-R 模型的设计过程，从需求说明书中的排课管理数据流图（如图 3-32 所示）入手，结合数据字典，抽取 E-R 模型的元素。初步确定如下内容。

（1）实体类型

教师：描述和定义教师；课程：描述和定义开设的课程；系：描述和定

义系。

(2) 联系类型

讲授：描述和定义排课情况，是一个 $m:n$ 联系。每一个联系实例代表一个教师讲授一门课程。

聘任：描述和定义系聘任教师的情况，是一个 $1:n$ 联系。

(3) 属性

教师的属性：教师号、姓名、工资、职称等；课程的属性：课程号、课程名、开课系等；系的属性：系号、系名、系主任、办公地点、电话等。

(4) 码

教师的码：教师号；课程的码：课程号；系的码：系号。

排课管理 E-R 图如图 3-34 所示，其中，“开课系”代表该课程是由哪个系的老师讲授，将其转换为系与课程之间的 $1:n$ “开设”联系；由于“系主任”是由教师担任，把“系主任”转换为系与教师之间的 $1:1$ “管理”联系。

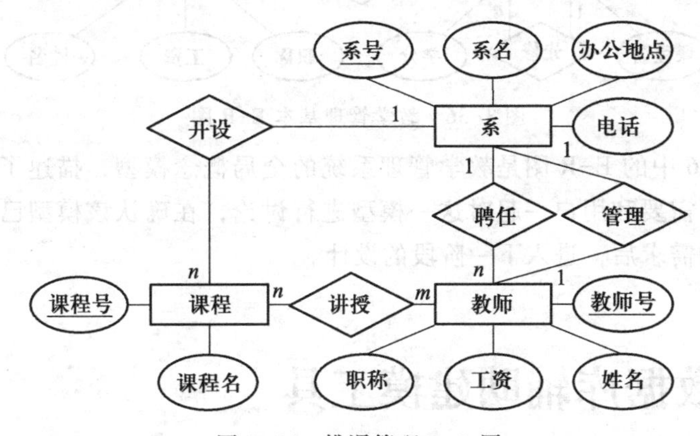

图 3-34 排课管理 E-R 图

3.5.2 引例视图的集成

1. 合并局部 E-R 图

将选课管理 E-R 图和排课管理 E-R 图进行合并，得到教学管理初步 E-R 图，如图 3-35 所示。

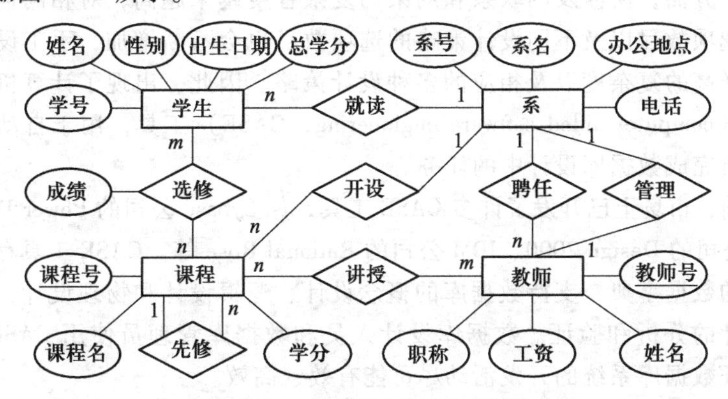

图 3-35 教学管理初步 E-R 图

2. 消除冗余

在图 3-35 中，学生的“总学分”可以通过选修课程的“学分”计算出来，所以它是冗余数据，可以去除。当要查询每个系开设了哪些课程时，可以通过“聘任”和“讲授”两个联系推导出来，所以“开设”是冗余联系。消除冗余数据和冗余联系后，得到基本 E-R 图，如图 3-36 所示。

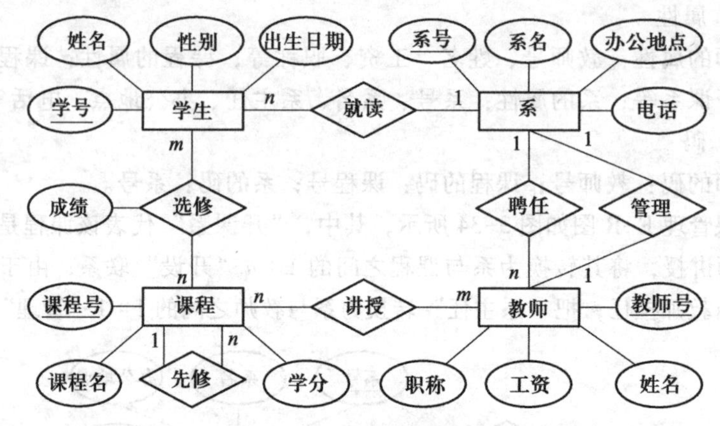

图 3-36 教学管理基本 E-R 图

图 3-36 中的 E-R 图是教学管理系统的全局概念模型，描述了数据库的概念模式。需要和用户一起对这一模型进行讨论，在确认该模型已准确地反映了用户的需求后，进入下一阶段的设计。

3.6 数据库辅助建模工具

在数据库技术诞生初期，大部分的数据库设计工作是由专门的设计人员手工完成的，在设计过程中，设计人员充分地融入了个人经验和专业知识。现今的数据库系统正在向新的趋势发展，一方面，某些数据库的规模会很大，涉及数百个实体类型和联系类型，这使得对设计进行手工管理几乎是不可能的；另一方面，所涉及的联系和约束的复杂程度越来越高，对相同信息进行建模的选项数目以及不同设计策略的选项数目也会不断增加，手工设计很难应对这样高的复杂度以及相应的多种设计策略。因此，出现了计算机辅助软件工程（computer aided software engineering，CASE）工具，用于自动或辅助设计人员完成数据库设计中的任务。

目前，市场上已开发了许多 CASE 工具，如 Sybase 公司的 Power Designer、Oracle 公司的 Design 2000、IBM 公司的 Rational Rose 等。CASE 工具存储数据库系统的数据字典，支持数据库的概念设计、逻辑设计和物理设计，支持数据库设计的分析和验证。数据库设计人员和数据库管理员使用 CASE 工具，可以保证数据库系统的开发活动尽可能有效、高效。

CASE 工具通常具有如下的功能。

① 图形表示：数据库设计人员可以使用 CASE 工具交互式绘制图形化的概念模式，CASE 工具提供了表示实体类型、联系类型、属性、码、约束等概念的图形元素，这些图形作为概念模型而被内部存储，供日后修改使用，或其他用途。

② 模型映射：有些 CASE 工具可以将概念模型自动转换为关系模式，针对具体的关系数据库系统，可以生成用 SQL 数据定义语言表示的关系模式。

③ 设计规范化：一些 CASE 工具还可以依据关系模式的函数依赖集，通过一些分解算法，将现有的关系分解为属于更高范式的关系。

本章小结

数据库系统设计是实现数据库应用系统的一个重要过程，数据库系统设计的内容包括数据库结构（模式）设计和应用程序设计。按照规范化设计方法，数据库系统设计和实施的步骤包括需求分析、概念设计、逻辑设计、物理设计、数据库实施、数据库运行和维护。

本章介绍了数据设计中需求分析和数据库的概念设计阶段的相关知识。需求分析是收集、分析用户需求的过程，是整个数据库设计的基础。E-R 图是基于实体、属性和联系的概念建立的概念模型，概念模型设计的主要任务绘制 E-R 图，难点在于如何从需求中抽取实体、属性及联系。概念设计是整个数据库设计的关键阶段。

习题

习题答案：第 3 章

1. 简述数据库设计的任务和步骤。

2. 简述需求分析的任务和步骤。

3. 什么是概念模型？概念模型的用途是什么？

4. 定义并理解下列概念和术语。

实体，实体类型，实体集，属性，码，联系类型，联系集，联系实例，实体-联系模型，E-R 图。

5. 什么是局部视图（局部概念结构）？试述设计局部 E-R 图的主要步骤。

6. 什么是冲突？视图集成时可能存在哪些类型的冲突？

7. 某图书销售系统涉及下列信息：出版社信息、图书信息、图书作者信息、客户信息。数据之间存在如下约束。

① 一个出版社可以出版多本图书，一本图书只能由一个出版社出版。

② 一本图书可以由多个客户购买，每个客户可以购买多本图书。

③ 一个作者可撰写多本图书，每本图书仅有一个第一作者，且系统只登记第一作者的信息。

这个数据库至少支持下面的查询操作要求。

① 查询出版社的名称、所在城市、电话、负责人。

② 查询图书的书号、书名、出版时间、出版社的信息。

③ 查询第一作者的姓名、性别、职业、单位、曾经撰写图书的信息。

④ 查询客户的姓名、性别、电话、职业、所购图书名、购书时间和购书数量。

试根据以上需求设计这个系统的 E-R 图。

8. 某一公司数据库描述如下。

该公司包括许多部门，每个部门有唯一的编号、名称、办公地点，并且有一个特定的雇员来负责管理这个部门，需要记录他开始管理这个部门的日期；一个部门可以承揽多个项目，每个项目有唯一的编号、名称、场所；需要记录每个雇员的唯一编号、姓名、出生日期。每个雇员只属于一个部门，但可以参与多个项目。另外，需要记录每个雇员在每个项目上的工作时间，并记录每个雇员的直接管理者（是另一名雇员）。

试根据以上描述设计出数据库的 E-R 图。

第 4 章
面向信息的数据库模型设计

电子教案：
第 4 章　面向信息的数据库模型设计

数据库结构设计包括概念模型设计、逻辑模型设计和物理模型设计。第 3 章介绍了数据库概念模型设计，概念模型只是对现实世界问题的抽象描述，并没有反映利用数据库技术解决问题的方法，还需要给出问题在数据库的逻辑组织方式和物理存储结构。数据库的逻辑模型设计是将概念模型转换为某一 DBMS 所支持的数据库逻辑模型，物理模型设计是为逻辑模型选取一个最适合的数据库物理结构。

本章介绍数据库逻辑模型设计和物理模型设计相关的知识，知识结构如图 4-1 所示。

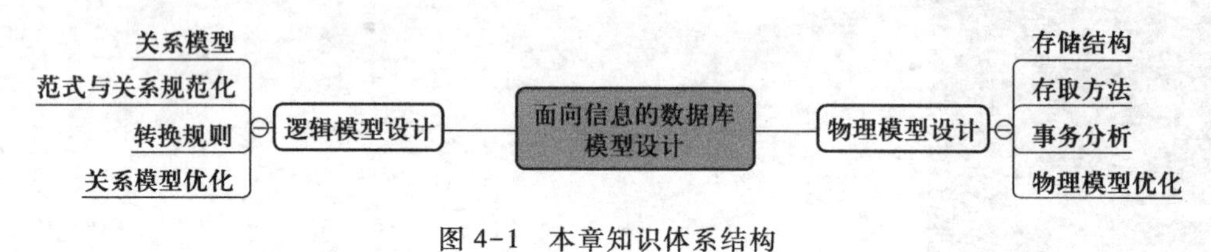

图 4-1　本章知识体系结构

4.1　关系模型

在当前使用的数据处理软件中，关系数据库管理系统（relational database management system，RDBMS）占据了主导地位，关系数据库系统采用关系数据模型（relation data model，简称关系模型）作为数据的组织方式。目前主流的数据库系统（如 Oracle、SQL Server、DB2、Sybase、Informix、MySQL、Access、dBase 等）都支持关系数据模型，该模型由于其易用性得到广泛的应用。

按照数据模型的三个要素，关系模型由关系的数据结构、关系的操作和关系的数据完整性约束三部分组成，下面将从这三个方面介绍关系模型。

4.1.1　关系模型的数据结构

在关系模型中，用关系（relation）来描述和表示现实世界的事物以及事物之间的联系，即用关系来存储数据库所描述的对象。从用户的角度看，关系中数据的逻辑结构是一张二维表，所有数据逻辑上都要被组织成二维表的形式保存在数据库中。在实际的关系数据库系统中，关系也称为表（table）。

图 4-2 是一个用关系模型存储数据的示例数据库，其中包含 3 个表，每个表表示一个关系，表的上方是表名，表的第一行是表头，包含若干列标题，表示该表的列组成。表头的下方是表中的数据，每一行有若干个数据项组成，代表某一事物或事物之间的联系。结合这三个表，下面介绍关系模型的相关概念。

学生

学号	姓名	性别	出生日期
20160001	李明	男	1997.10.20
20160002	张萍	女	1998.05.10
20160003	王辉	男	1998.08.15

课程

课程号	课程名	学分
01	C语言	2
02	数据库应用	3
03	高等数学	3

选课

学号	课程号	成绩
20160001	01	90
20160001	02	80
20160002	01	85

图 4-2 关系数据库中关系示例

1. 关系概念

关系是由行和列组成的表，每个关系用一个唯一名称进行标识和区分，称为关系（表）名。如“学生”“课程”“成绩”等。关系是关系数据库的基本构成，关系模型中，关系使用如下的概念和术语进行描述和表示。

扩展阅读 4.1：关系的数学定义

（1）属性

关系中的每一列称为关系的一个属性（attribute），给每个属性起一个名称，称为属性名（即列标题），用于唯一标识和区分关系中的列。关系模型中，关系的结构用属性描述，如“学生”关系中包含“学号”“姓名”“性别”“出生日期”4 个属性，表示该关系由 4 列组成，每个属性名代表一列。

（2）元组

关系中的行称为元组（tuple）。关系是由若干元组组成的，每个元组表示和描述现实世界中的一个对象（事物或联系），例如，一个学生、一门课程、一次选课等。关系中元组的个数称为基数。

对于给定关系，一个元组的每个属性都有一个属性值，称为分量。分量通常是原子值。例如，学生关系中第一个元组（20160001，李明，男，1997.10.20）代表一个学生，分别对应学号、姓名、性别和出生日期四个属性的属性值。

关系模型要求关系中每一列中的属性值来自同一个域。域（domain）是一组具有相同数据类型的值的集合，例如，学号的域为 8 位整数的集合，姓名的域为字符串集合，性别的域为｛男，女｝，出生日期的域为日期。

（3）码

现实世界中的事物是独立存在、可区分的，体现在关系中，一个关系中的元组应是可区分的，我们必须有能区分给定关系中不同元组的方法。元组是由属性值组成的，区分元组只能通过元组中的属性值来完成。也就是说，一个关系中没有两个元组的属性值都相同。因此，可以指定关系中的一个或多个属性，用于唯一标识关系中的每个元组，这样的属性组称为码（key），又称关键字。

若关系中的一个属性或属性组的值能唯一地标识一个元组，则称为关系的超码（super key），例如，“学生”关系中的学号可以区分不同的学生，学号是一个超码；学号和姓名也可以区分不同的学生，也是一个超码，但其中的姓名是无关紧要的。超码中可能包含一些无关紧要的属性。

候选码（candidate key）是最小超码，它们的任意真子集都不能成为超码。通常情况下候选码只包含一个属性，例如，“学生”关系中的学号、“课程”关系中的课程号。如果没有这样的单个属性，则需要多个属性的组合来唯一标识元组，例如，“选课”关系中的候选码为学号和课程号的组合。

从候选码中选定一个用于标识关系中的元组，称为主码（primary key）。

2. 关系模式

扩展阅读 4.2：关系的特性

关系模式（relation schema）是对关系的描述，它需要指出关系的结构（即关系由哪些属性组成），每个属性取值的域，以及施加在关系上的数据约束等。

关系模式的习惯表示法是，给出关系名，并在后面的圆括号内列出关系的属性名，用下画线标出主码。即

$R(\underline{A_1}, A_2, \cdots, A_n)$

其中，R 是关系的名称，A_1，A_2，…，A_n 是关系的属性，A_1 是关系的主码，关系属性的个数 n 称为关系的度（或称元）。

例如，图 4-2 中学生关系的关系模式：学生（学号，姓名，性别，出生日期），学号是该关系的主码；课程关系的关系模式：课程（课程号，课程名，学分），课程号是该关系模式的主码；选课关系的关系模式：选课（学号，课程号，成绩），学号和课程号的组合为该关系的主码。

3. 关系数据库

在一个给定的应用领域，所有关系的集合构成一个关系数据库。描述每个关系的关系模式组成的集合称为关系数据库模式。图 4-2 中的关系数据库模式如下。

学生（学号，姓名，性别，出生日期）

课程（课程号，课程名，学分）

选课（学号，课程号，成绩）

4.1.2 关系模型的数据操作

关系模型的数据操作是指对关系中数据的操作，可分为查询和更新两类。

1. 更新

更新操作将改变数据库中的数据，会改变数据库的状态，更新包括三种基本操作：插入、删除和修改。

（1）插入（insert）：用于在关系中加入一个或多个新元组。

（2）删除（delete）：用于从关系中删除一个或多个元组。

（3）修改（update）：用于改变关系中一个或多个元组中的属性值。

2. 查询

查询（query）操作用于从数据库中检索数据，常用的操作包括投影、选择、连接等。

（1）投影：从关系中选择若干属性，生成一个新关系。

（2）选择：从关系中选择若干行，生成一个新关系。

（3）连接：从多个关系中检索数据，生成一个关系。

关系的操作可用 SQL 语言、关系代数、关系演算等方式来表示，将在第 6 章结合 SQL 语言详细介绍各种操作。

4.1.3 关系模型的数据约束

在关系数据库中，为了保证数据的正确和一致性，需要对数据库中的数据设置一些约束，也称完整性约束。通常，数据库的数据约束按照其表现形式可以分为三类。

（1）数据模型固有的约束。这类约束是指关系模型中规定的关系应满足的基本条件，例如，关系模型规定属性的值应取自同一个域。

（2）可以在关系模式中直接表示的约束。指在数据定义语言（DDL，将在第 6 章介绍）中可以直接定义的约束。例如，主码约束、唯一约束等。下一节将对这一类约束进行介绍。

（3）不能在关系模式中表示，因此只能通过应用程序表示和执行。这些约束通常是应用领域的一些复杂约束或业务规则。例如，通过客户端程序实现完整性检查，通过触发器实现约束等。

4.2 完整性约束

关系的完整性约束是数据库管理系统为了防止不符合语义的或不满足条件的数据载入数据库，对数据库数据的正确性、有效性进行检查和控制的一种机制。完整性约束是数据库模式的一部分，通常在定义关系模式时可以声明完整性约束，DBMS 会在用户对关系进行插入、修改或删除操作时检查数据是否满足定义的约束条件。关系模型的约束按其用途可以分为实体完整性（entity integrity）、参照完整性（referential integrity）和用户定义的完整性（user-defined integrity）。

4.2.1 实体完整性

实体完整性规则：若属性 A 是基本关系 R 的主码属性，则属性 A 不能取空值。

空值（NULL）是数据库中的一个重要的概念，是指关系的属性值没有填入任何内容，通常可表示某个元组中该属性的值“不存在”“不知道”或

“不需要”。

实体完整性是对主码的约束。如前所述，现实世界的事物是可区分的，它们具有唯一标识。相应地，关系中的每个元组都是可区分的，主码用于标识一个关系的元组，主码的属性值通常代表某一（些）事物。如果主码的属性为空，就不能标识元组及事物。

例如，学生（学号，姓名，性别，出生日期）关系中，设学号为主码，则学号不能为空值。如果关系的主码是由多个属性组合而成，则所有这些属性的值都不能为空，例如，选课（学号，课程号，成绩）关系中，主码是学号和课程号两个属性的组合，则这两个属性都不能为空值，任何一个取空值该元组都是无意义的。

4.2.2 参照完整性

现实世界中的事物之间往往存在一些联系，关系模型中事物与事物之间的联系都是通过关系来描述的，联系在关系中是通过属性间的参照来体现的。

1. 关系之间的参照

图 4-2 中，选课关系与学生关系的属性之间存在一种对应关系，选课关系的“学号”属性参照了学生关系，即出现在选课关系中学号的属性值必须是存在于学生关系中学生的学号。也就是说，选课关系中“学号”的取值需要参照学生关系中的属性值，如图 4-3 所示，同样，选课关系的“课程号”属性也参照了课程关系。

不仅两个关系之间可能存在参照关系，同一个关系内部的属性也可能存在参照关系。例如，职工（职工号，姓名，部门，领导职工号）关系中，“领导职工号”参照了本关系的“职工号”，即职工的领导一定是确实存在的一名职工，如图 4-4 所示。

学生

学号	姓名	性别	出生日期
20160001	李明	男	1997.10.20
20160002	张萍	女	1998.05.10
20160003	王辉	男	1998.08.15

选课

学号	课程号	成绩
20160001	01	90
20160001	02	80
20160002	01	85

图 4-3 两个关系之间的参照

职工

职工号	姓名	部门	领导职工号
1001	梁京亮	销售部	1001
1002	王力	销售部	001
1003	张良	销售部	001

图 4-4 同一关系内部的参照

2. 外码

外码是关系的一个属性，通过外码可建立关系属性之间的参照，下面首先给出外码的定义。

如果基本关系 R 的一个属性（或属性组）F 与基本关系 S 的主码 Ks 相对应，则称 F 是基本关系 R 的外码（foreign key）。在这种情况下，称 R 参照（reference，也称引用）了 S，R 称为参照关系（referencing relation），S 称为被参照关系（referenced relation）。

显然，F 应和 Ks 应具有相同的域，通常情况下是基本关系 R 中含有与 Ks 相同的属性。

图 4-3 中，选课关系参照了学生关系，通过选课关系中的“学号”与学生中的“学号”建立元组之间的关联，定义选课关系的“学号”为外码，选课关系是参照关系，学生关系是被参照关系。同样，选课关系也参照了课程关系，也定义选课关系的“课程号”为外码。图 4-4 中，职工关系的“领导职工号”与“职工号”相对应，建立了关系内部的参照关系，定义“领导职工号”为外码。

3. 参照完整性规则

参照完整性规则：若属性（或属性组）F 是基本关系 R 的外码，它与基本关系 S 的主码 Ks 相对应（基本关系 R 和 S 不一定是不同的关系），则对于 R 中每个元组在 F 上的值必须为：

① 或者取空值（F 的每个属性值均为空值）。

② 或者等于 S 中某个元组的主码值。

参照完整性规则定义了外码与参照的主码之间的参照规则，一方面，外码的取值受到限制。例如，职工关系中，“领导职工号”可以为空值，表示该职工目前没有领导；否则，只能为该关系中已存在职工的职工号。

在选课关系中，外码“学号”和“课程号”可以取空值。但它们同是主码属性，按实体完整性规则，不能取空值。因此，“学号”只能取学生关系中已存在学生的学号，“课程号”只能取课程关系中已存在课程的课程号。

另一方面，对于被参照的元组，主码的修改或删除也受到制约。

① 或不允许修改和删除。

② 或允许修改和删除，但同时对参照关系的元组做相应的修改或删除。

例如，某同学在选课关系中还没有选课记录时，可以修改学生关系中该同学的信息；一旦该同学的某一课程选课记录存在选课关系后，就不可以修改该同学的学号；如果想要修改学生关系中的学号或删除元组，必须对选课关系中的元组作相应的修改或删除。否则，会破坏数据的完整性。

4.2.3 用户定义的完整性

除了实体完整性和参照完整性外，数据库中有时还需要指定一些完整性规则，以约束数据库中的数据。例如，学生名单中姓名不能为空，课程成绩在 0~100 之间，每个人的身份证不能重复等，类似这样的完整性规则，称为用户定义的完整性。

用户定义的完整性是针对具体应用的数据必须满足的语义约束，目前的关系数据库系统都提供定义和检验这类完整性的机制。在关系模式中，指定主码即定义了实体完整性，指定外码即定义了参照完整性，除此之外，在关系模式中还应包含用户定义的完整性约束。常用的用户定义的完整性约束有非空约束、码约束、域约束等，将在第 7 章介绍关系完整性的实施。

4.3　逻辑模型设计

概念模型是在不考虑任何物理因素的情况下构建的数据模型，它独立于诸如目标 DBMS、应用程序、编程语言、硬件平台、性能问题或其他物理因素等实现细节。而任何一个 DBMS 中，数据的组织、操作、管理都是基于某一种逻辑数据模型的，因此，数据库设计时需要把概念模型转换为目标 DBMS 所支持的逻辑数据模型，这一步骤称逻辑模型设计，也称逻辑结构设计，简称逻辑设计。

目前大多数应用系统都选用支持关系模型的 DBMS。逻辑模型设计的任务是首先利用转换规则把概念模型映射为一组关系模式，然后利用规范化理论对关系模式进行优化，形成合理的全局逻辑数据模型，即数据库模式，并设计出用户子模式。

4.3.1　规范化理论

关系数据库在设计时应遵循数据库的规范化设计，规范化是生成一组优化关系的技术，规范化的目的是确定一组合适的关系以支持企业数据需求。

1. 关系模式设计中的问题

在数据库设计过程中，设计人员需要解决的问题是针对一个具体应用，应该如何构造一个数据库模式，即应该构造几个关系，每个关系由哪些属性组成。进一步讲，这些关系能不能满足用户的数据需求、操作需求以及完整性约束等需求。

首先通过一个实例，分析一下关系模式设计中的一些问题以及解决的方法。

例 4-1　建立一个用于存储学生选课成绩的数据库，要求包括学生的学号、姓名、性别、出生日期，开设课程的课程号、课程名、学分，以及学生选修的每门课程的成绩。这里使用了 8 个属性，这些属性分别代表了三种类型的信息：学生信息、课程信息及学生选课信息。

一种最简单的方法是建立一个“教务”关系存储所有信息，关系模式为：

教务（学号，姓名，性别，出生日期，课程号，课程名，学分，成绩）

通过分析可知关系的主码是学号和课程号的组合，表 4-1 列出了该关系的部分示例数据。

表 4-1 “教务”关系模式及示例数据

学号	姓名	性别	出生日期	课程号	课程名	学分	成绩
20160001	李明	男	1997.10.20	01	C语言	2	90
20160001	李明	男	1997.10.20	02	数据库应用	3	80
20160002	张萍	女	1998.05.10	01	C语言	2	85
20160002	张萍	女	1998.05.10	02	数据库应用	3	70
2016003	王辉	男	1998.08.15	03	高等数学	3	95

但是，这个关系存在如下的问题。

(1) 数据冗余

数据冗余是指某一信息在系统中多处存储。例如，学生信息中的姓名、性别、出生日期，该学生选修了多少门课程就存储了多少次。课程信息中的课程名、学分，有多少学生选修该课程就存储多少次。数据冗余不仅会浪费大量的存储空间，更重要的是会导致下面的更新异常。

(2) 更新异常

由于数据冗余，在对数据进行操作时将会引起操作异常。

① 插入异常。当插入某一种信息时，由于主码等约束，使得不能把该信息插入到关系中，这种现象称为插入异常。例如，向关系中增加一门新课程(04，Java语言，2)，此时还没有学生选修该课程，这样，学生信息就会出现空值，由于学号是主码属性，违反了实体完整性约束，因此，这门新课的信息是不能插入到关系中的。

② 删除异常。当删除某一种信息时，可能把其他信息同时删除，这种现象称为删除异常。例如，删除“高等数学”课程时，把选修该课程的学生信息同时删除了。

③ 修改异常。由于数据冗余，当修改同一数据时会出现有的地方修改，有的地方没有修改，从而出现数据不一致，破坏了数据完整性，这种现象称为更新异常。例如，将“C语言”的学分改为3，要将所有含有“C语言”的元组上的学分都修改为3，否则会出现数据不一致现象。

至此，可以得出这样一个结论：该“教务”关系模式不是一个好的模式。究其原因，直观上讲，是将不同类型的数据放在了一个关系模式中，造成了关系的语义不清；从规范化理论角度讲，是由于在关系中存在的某些数据依赖引起的。

由此，我们得出关系模式设计的目标：减小数据冗余，不会发生插入异常、删除异常、更新异常。实现这一目标的方法是：采用一事一地的原则，将一个关系分解为几个关系，使每个关系的语义单纯化，也就是说，把数据分类存放在不同的关系中。

将一个“教务”关系分解为几个关系有多种方法，下面是一种分解。

学生（<u>学号</u>，姓名，性别，出生日期）

课程（课程号，课程名，学分）

选课（学号，课程号，成绩）

这组关系就是图 4-2 中的关系，从中可以看出，每个关系存储一种类型的信息，消除了数据冗余，不存在更新异常。

关系规范化理论是基于函数依赖和码的概念，下面介绍关系模式的函数依赖和码的概念。

2. 函数依赖

函数依赖（function dependency）是关系模式设计理论中的一个重要概念，函数依赖描述了一个关系中属性之间的联系。

函数依赖：设 R(U) 是属性集 U 上的关系模式，X 和 Y 是 U 的子集。若对于 R(U) 的任意一个可能的关系 r，r 中不可能存在两个元组在 X 上的属性值相等，而在 Y 上的属性值不等，则称 X 函数确定 Y 或 Y 函数依赖于 X，记作 $X \to Y$。

也就是说，如果存在函数依赖 $X \to Y$，那么 X 和 Y 的属性值之间存在一个函数关系：$Y = f(X)$，对于关系的任一元组 t，X 属性值决定了 Y 属性值，即每个 X 属性值对应的 Y 属性值是唯一的。所以称 X 为决定因素，或决定方。

如果不存在这样的关联，记作 $X \nrightarrow Y$。如果 $X \to Y$，但 Y 不是 X 的子集，称为非平凡的函数依赖，否则称为平凡的函数依赖，平凡的函数依赖总是成立的。

函数依赖是属性在关系中的一种语义特征，该语义特征表明了属性与属性之间是如何关联的。数据库设计人员按照他们对关系属性的语义理解，来确定函数依赖。

在例 4-1 的“教务”模式中，每个同学有唯一学号，对于给定的一个学号，这个学生的姓名、性别、出生日期是确定的，因此，存在学号→姓名、学号→性别、学号→出生日期，同理，存在课程号→课程名、课程号→学分。由于一个学生选修一门课程只能有一个成绩，所以存在（学号，课程号）→成绩。

当存在某一函数依赖时，这个依赖就视为属性之间的一种约束。数据库设计人员也可以对现实世界作一些强制性规定。例如，若规定姓名→出生日期，则要求不能出现重名的学生。

完全函数依赖：在 R（U）中，如果 $X \to Y$，并且对于 X 的任何一个真子集 X'，都不存在 $X' \to Y$，则称 Y 完全函数依赖于 X，记作 $X \xrightarrow{F} Y$。否则称 Y 部分函数依赖于 X，记作 $X \xrightarrow{P} Y$。

例如，“教务”关系中，由于学号 $\nrightarrow$ 成绩，且课程号 $\nrightarrow$ 成绩，所以有（学号，课程号）$\xrightarrow{F}$成绩。由于学号→姓名，所以（学号，课程号）$\xrightarrow{P}$姓名。

传递函数依赖：在 R(U) 中，如果 $X \to Y$，$Y \nrightarrow X$，$Y \to Z$，则称 Z 传递函数依赖于 X，记作 $X \xrightarrow{T} Y$（这里 $X \to Y$ 和 $Y \to Z$ 都是非平凡的函数依赖）。

3. 码

码是关系模式中的一个重要概念，4.1 节已经给出了码的定义，这里用函数依赖的概念来定义码。

在 R(U) 中，K 为 U 的子集，若 $K \xrightarrow{F} U$，则 K 为 R 的候选码（candidate key）。若 $K \xrightarrow{P} U$，则称 K 为超码（super key）。候选码是最小的超码，即 K 的任意一个真子集都不是超码。从候选码中选一个作为关系模式的主码（primary key）。

包含在候选码中的属性称为主属性（primary attribute）；不包含在任何候选码中的属性称为非主属性（non primary attribute）。

例如，“教务”关系中，（学号，课程号）$\xrightarrow{F}$U，即（学号，课程号）$\xrightarrow{F}$ {学号，姓名，性别，出生日期，课程号，课程名，学分，成绩}，所以（学号，课程号）是该关系的候选码，学号和课程号是主属性，其他为非主属性。

关系模式 R 中属性或属性组 X 并非 R 的码，但 X 是另一个关系模式的码，则称 X 是 R 的外码（foreign key）。例如，图 4-2 的选课关系中，学号和课程号是该关系的两个外码。主码与外码一起提供了表示关系间联系的手段。

4.3.2 关系模型的规范化

规范化是一种依靠关系的码和函数依赖对关系进行检验的形式化技术。关系模型的规范化可以看作这样一个过程，它根据关系模式的函数依赖和码，对给定的关系模式进行检验，以达到所期望的特性：最小的数据冗余和最少的更新异常。如果关系模式不能达到令人满意的程度，将关系模式按属性进行分解，分解成更小的关系模式。在分解的过程中，对关系模式的满意程度通过范式来衡量。

1. 范式

范式（normal form，NF）是指该关系能够满足的最高的范式条件，是关系的衡量标准，它表明了关系规范化的程度。

范式的概念最初由 E. F. Codd 提出，最初的三个范式为第一范式（1NF）、第二范式（2NF）和第三范式（3NF），后来，R. Boyce 和 E. F. Codd 又提出了 Boyce-Codd 范式（BCNF），除了第一范式外，这些范式都是基于属性间的函数依赖的。随后 Fagin 又提出了第四范式（4NF），后来又有人提出了第五范式（5NF）。

范式是关系应满足的条件，第一范式是关系必须满足的，每一范式都是在前一级的基础上增加了更为严格的条件，各种范式之间存在联系：$1NF \supset 2NF \supset 3NF \supset BCNF \supset 4NF \supset 5NF$。

一个低一级范式的关系模式，通过模式分解可以转换为若干个高一级范式的关系模式的集合，这个过程就叫规范化。若某一关系模式 R 为第 n 范式，简记为 $R \in n$NF。

通常，关系模式达到3NF基本就可以满足应用要求，下面是3个范式的定义。

(1) 第一范式 (1NF)：若R的所有属性均为原子属性，即每个属性都是不可再分的，则称R属于第一范式。

(2) 第二范式 (2NF)：若R∈1NF，且每一个非主属性都完全依赖于任何一个候选码，则称R属于第二范式。

(3) 第三范式 (3NF)：若R∈2NF，且每一个非主属性都不传递依赖于任何一个候选码，则称R属于第三范式。

2. 关系模式规范化步骤

规范化是一种自上而下的模式分解技术，从一个基本的关系模式开始，逐层分解，分解的方法是逐步消除决定因素不是候选码的函数依赖，每一步都向着更高一级范式迈进，直至分解后的每一个关系模式都满足要求为止。

随着规范化的进行，关系的个数逐渐增多，关系的形式也逐渐受限（结构越来越好），也就越来越不容易出现更新异常。

下面结合一个示例，介绍规范化到3NF的步骤。

(1) 分析函数依赖，确定码

在关系模式规范化之前，首要工作是逐一检查关系模式的属性，了解每个属性的含义，分析属性之间的联系，找出属性之间的函数依赖，并区分出完全函数依赖、部分函数依赖、传递函数依赖。

在此基础上，确定关系模式的候选码。这些信息是规范化的基础，我们将利用这些信息来验证一个关系是否满足了指定范式的要求。

例4-2 将关系模式：R（学号，姓名，系，学院，课程，成绩）规范化到3NF。R的属性分别是学生的学号、姓名、所在系、系所在的学院，以及学生选修课程的课程名和成绩，现假设系和课程都没有重名。

按照语义，每个学生有唯一的学号，R中存在函数依赖：学号→姓名，学号→系；每个系属于一个学院，对应的函数依赖：系→学院；每个同学选修一门课程只能有一个成绩。对应的函数依赖：（学号，课程）→成绩。

得到函数依赖后，就可以找出R的候选码。由于有（学号，课程）→学号、（学号，课程）→课程（平凡的函数依赖），同时也存在（学号，课程）→姓名、（学号，课程）→系、（学号，课程）→学院（由传递依赖得出），以及（学号，课程）→成绩。所以（学号，课程）可以确定所有的属性，即（学号，课程）$\xrightarrow{F}${学号，姓名，系，学院，课程，成绩}。

因此，候选码为：（学号，课程），主属性有学号、课程；非主属性有姓名、系、学院、成绩。

(2) 消除部分函数依赖，规范化到2NF

第二范式基于完全函数依赖的概念，第二范式适用于具有组合码的关系，即码由两个或以上的属性构成，码仅包含一个属性的关系已经至少是2NF。不是2NF的关系包含部分函数依赖，可能会存在更新异常。

将1NF关系规范化为2NF关系需要消除部分函数依赖。如果存在部分函数依赖，就要将部分依赖码的属性从原关系移出，移到一个新的关系中，同时将这些属性的决定因素也复制到新关系中。

例 4-2 的 R 中存在数据冗余，由此会引起插入异常、删除异常和更新异常。这是因为 R 中存在学号→姓名、学号→系、学号→学院，它们属于非主属性依赖于部分码的函数依赖。为了消除这些部分函数依赖达到 2NF，需要把姓名、系、学院三个部分依赖于码的属性从关系中移出，放到一个新关系 Student 中，并将它们完全依赖的那部分主属性“学号”也移到该关系中，相关的函数依赖也应该一并移过去，R 中剩余的属性形成一个新的关系 SC。这样，R 分解成两个关系模式：

Student（学号，姓名，系，学院），函数依赖：学号→姓名，学号→系，系→学院；

SC（学号，课程，成绩），函数依赖：（学号，课程）→成绩；

这两个关系模式都达到 2NF。

（3）消除传递函数依赖，规范化到 3NF

尽管 2NF 关系比 1NF 关系降低了冗余度，但是仍然存在更新异常问题。这些异常可能是存在传递函数依赖引起的。

将 2NF 关系规范化为 3NF 需要消除传递依赖。如果存在传递依赖，就将这些传递依赖的属性移到一个新的关系中，并将这些属性的决定因素也复制到该关系中。

在 Student 中，仍然存在数据冗余，这是由于存在传递依赖关系：学号→学院（学号→系、系→学院）。为了消除该传递依赖，达到 3NF，需要把传递依赖于码的属性“学院”从关系中移出，连同它的决定因素“系”放到一个新关系 Dept（系，学院）中，Dept 也达到 3NF。

这样，最初的关系模式 R 被分解为达到 3NF 的三个关系模式。

Student（学号，姓名，系），函数依赖：学号→姓名，学号→系；

SC（学号，课程，成绩），函数依赖：（学号，课程）→成绩；

Dept（系，学院），函数依赖：系→学院；

对于关系模型，应该认识到建立关系时要满足第一范式是必需的，而后的范式是可选的。究竟应规范化到哪一级范式，需要根据具体情况而定。

扩展阅读 4.3：BC 范式

4.3.3 概念模型到关系模型的映射

概念模型是用户需求的抽象描述，通常使用实体、属性和联系来表达用户需求，它描述了数据库中数据的构成。关系数据库采用一组关系来组织信息，概念模型反映的信息最终要存储在关系中。所以将概念模型映射为关系模型实际上就是将实体类型、属性和联系类型转换为关系模式的对应组成部分。下面介绍将 E-R 图转换为关系模式的规则。

1. 实体类型到关系模式的转换

转换规则 1：一个实体类型转换为一个关系模式。实体类型名称作为关系名称，实体类型的属性转换为关系的属性，选择实体类型的一个候选码作为关系的主码。

例 4-1　将一个学生实体类型转换为一个关系模式。关系的名称仍使用“学生”，其属性来自学生实体类型中的属性，学号作为关系的主码，用下画线标出，如图 4-5 所示。

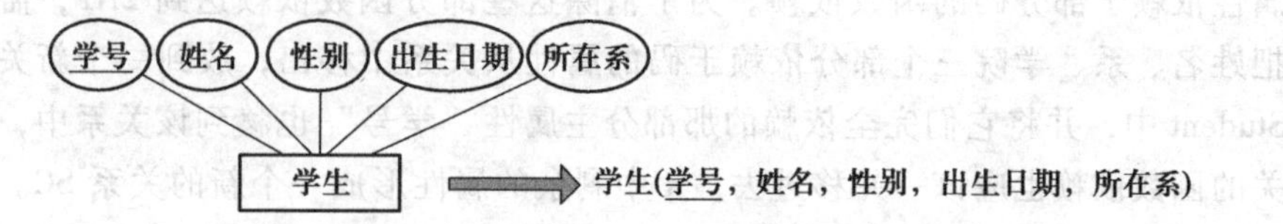

图 4-5　实体类型到关系模式的转换

将一个实体类型转换为一个关系模式的含义是指：将 E-R 图中实体类型定义的一个实体集保存在关系数据库的一个关系中，这个通过转换实体类型得到的关系也称为实体关系。关系中每一元组（行）代表一个实体，每个实体通过主码来标识。在图 4-5 中，有关学生的信息将保存到一个学生关系中，每一元组代表一个学生，学号作为唯一标识。

2. 联系类型到关系模式的转换

转换规则 2：一个联系类型转换为一个关系模式。联系类型名称作为关系名称，每个表示实体类型的实体关系的主码及联系的属性转换为关系的属性，各实体关系的主码形成关系的码，每个由实体关系的主码构成的属性定义为关系的外码。

如图 4-6 所示，E_1、E_2、…、E_n 是 n 个参与联系类型 R 的实体类型，a_1、a_2、…、a_n 是实体类型 E_1、E_2、…、E_n 的码，b_1、b_2、…、b_m 是 R 的属性。转换时，每个实体类型 E_i 转换为一个实体关系 E_i（称作表示实体类型的实体关系），a_1、a_2、…、a_n 也是这些实体关系 E_i 的主码，主码属性集 $\{a_1, a_2, \cdots, a_n\}$ 形成关系 R 的码（也可能是超码），同时定义 a_1、a_2、…、a_n 为 R 的外码，分别参照实体关系 E_1、E_2、…、E_n。

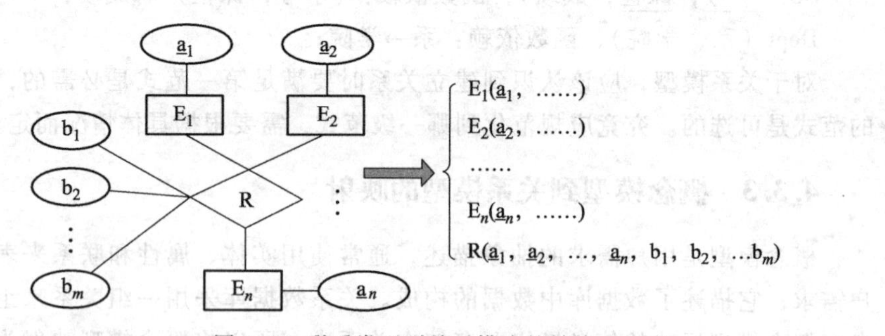

图 4-6　联系类型到关系模式的转换

将一个联系转换为一个关系模式，其含义是需要将 E-R 图中一个联系类型所定义的联系集保存在关系数据库中的一个关系中，这个通过转换联系类型得到的关系也称为联系关系。关系中的每一元组（行）代表实体之间的一个关联，它通过实体关系主码的组合来唯一标识。

按照上述通用规则，将联系类型转换为关系模式后，一些关系的码中可能包含冗余属性。另外，一些类型的联系也可以保存在相关实体关系中。因此，不同的联系类型有不同的转换方式。

(1) 一对一的二元联系

一个一对一（1∶1）二元联系有两种转换方式。

① 将 1∶1 联系转换为一个独立的关系模式。联系名称作为关系的名称，两个表示实体类型的实体关系的主码以及联系的属性作为关系的属性，每个实体关系的主码都可以作为该关系的候选码。

② 将 1∶1 联系与任意一端的实体关系合并。在一端的实体关系中加入另一端实体关系的主码和联系的属性。

例 4-3　将“班长”与“班级”之间的 1∶1“管理”联系转换为关系模式。

可采用两种方式转换，如图 4-7 所示。第一种方式创建一个单独的“管理”关系用于保存联系，其属性由“班长编号”和“班级编号”组成，任何一个属性都是候选码，这里选“班长编号”为主码。同时，定义两个属性均为外码，分别参照“班长”和“班级”关系的主码。第二种方式，将“管理”联系并入任一端的关系中。这里将联系并入到“班级”中，只需在“班级”中增加“班长编号”属性，并将其定义为外码，参照“班长”关系的主码。

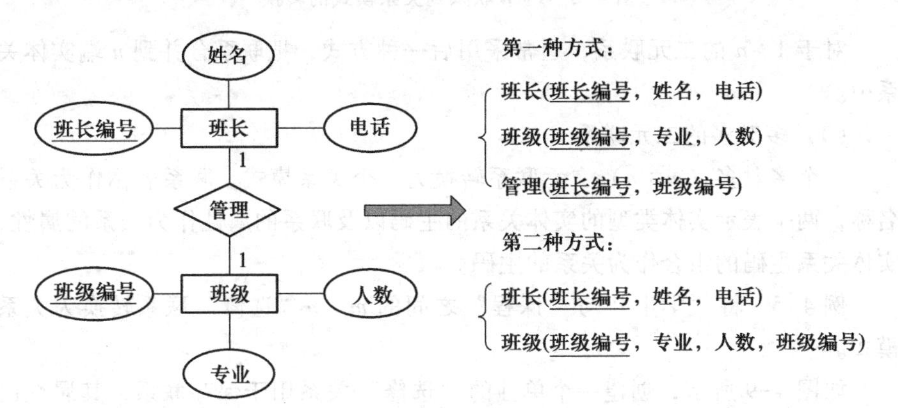

图 4-7　1∶1 联系到关系模式的转换

在实际设计中究竟采用哪种方式更合适，应根据具体情况确定。对于 1∶1 的二元联系，一般采用后一种方式，把联系合并到实体关系中，可以减少一个关系。

(2) 一对多的二元联系

一个一对多（1∶n）二元联系有两种转换方式。

① 将 1∶n 联系转换为一个独立的关系模式。联系名称作为关系的名称，两个表示实体类型的实体关系的主码以及联系的属性作为关系的属性，n 端的实体关系的主码作为关系的主码。

② 将 1∶n 联系与 n 端的实体关系合并。将 1 端的实体关系的主码及联系的属性并入 n 端的实体关系中。

例 4-4　将“班级”与“学生”之间的 1∶n“包含”联系转换为关系

模式。

可采用两种方式转换，如图 4-8 所示。第一种方式创建一个单独的“包含”关系用于保存联系，其属性由“学号”和“班级编号”组成，选“学号”作为主码。同时，定义两个属性均为外码，分别参照“学生”和“班级”关系的主码。第二种方式，将“包含”联系并入 n 端的关系中，只需在“学生”关系中增加“班级编号”属性，并定义为外码，参照“班级”关系的主码。

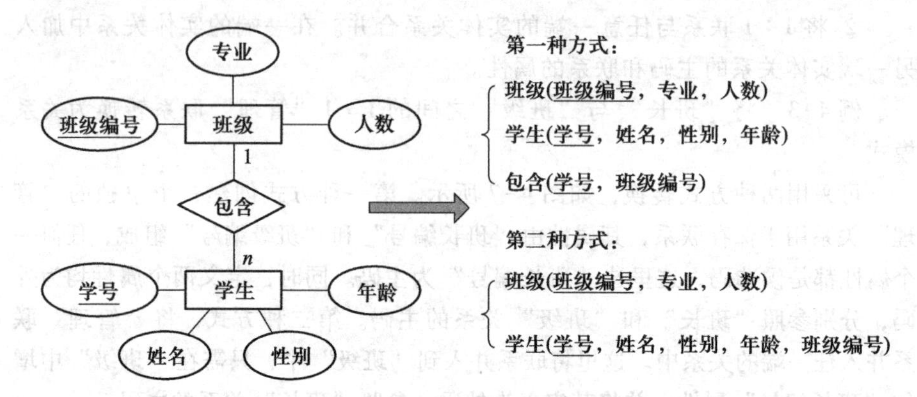

图 4-8　1：n 联系到关系模式的转换

对于 1：n 的二元联系，通常采用后一种方式，把联系合并到 n 端实体关系中。

(3) 多对多的二元联系

一个多对多（m：n）二元联系转换为一个关系模式。联系名称作为关系名称，两个表示实体类型的实体关系的主码以及联系的属性作为关系的属性，实体关系主码的组合作为关系的主码。

例 4-5　将“学生”与“课程”之间的 m：n“选修”联系转换为关系模式。

如图 4-9 所示，创建一个单独的“选修”关系用于保存联系，其属性由两个实体关系的主码“学号”“课程号”以及联系的属性“成绩”组成。关系的主码由“学号”和“课程号”两个属性组成。同时定义“学号”和“课程号”为外码，分别参照“学生”关系和“课程”关系的主码。

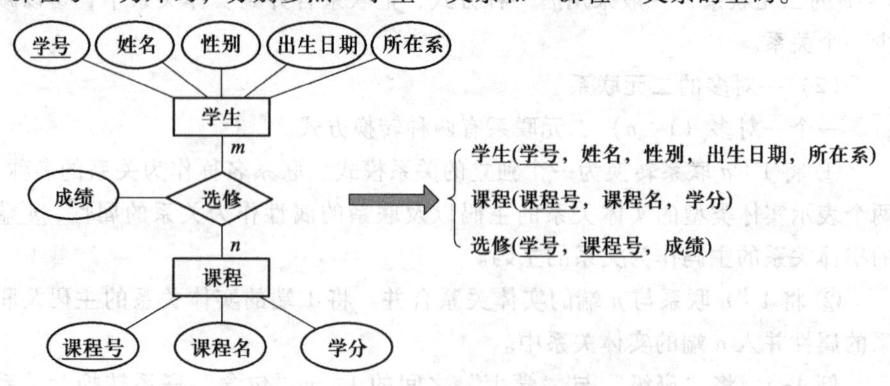

图 4-9　m：n 联系到关系模式的转换

(4) 实体类型内部的二元联系

根据同一个实体类型的实体集内部的二元联系，可将该实体集拆分为互相联系的两个子集，按其不同的联系类型（1∶1，1∶n，m∶n）进行处理。

例 4-6 将“职工”实体类型内部一对多的“领导”联系转换为关系模式。

如图 4-10 所示，联系中“职工”两次参与“领导”联系，可以按二元 1∶n 联系进行转换，把 1 端实体关系的主码“职工号”放到 n 端。由于与 n 端关系的属性重名，将其改为“领导职工号”，同时，将其定义为外码，参照同一关系的“职工号”。

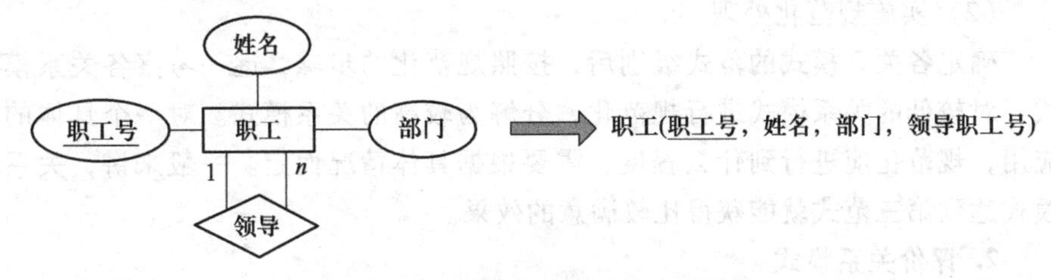

图 4-10 一元联系到关系模式的转换

(5) 多元联系

三个或三个以上实体类型间的多元联系转换为一个关系模式。联系名称作为关系的名称，所有表示实体类型的实体关系的主码以及联系的属性作为关系的属性，所有实体关系主码的组合作为关系的主码。

例 4-7 售货员、顾客和商品之间的“购物”联系是一个三元的多对多联系，创建一个独立的关系保存购物信息，如图 4-11 所示。关系的主码由“员工号”“顾客号”和“商品号”组成，三个主码属性同时又是外码，分别参照对应实体关系的主码。

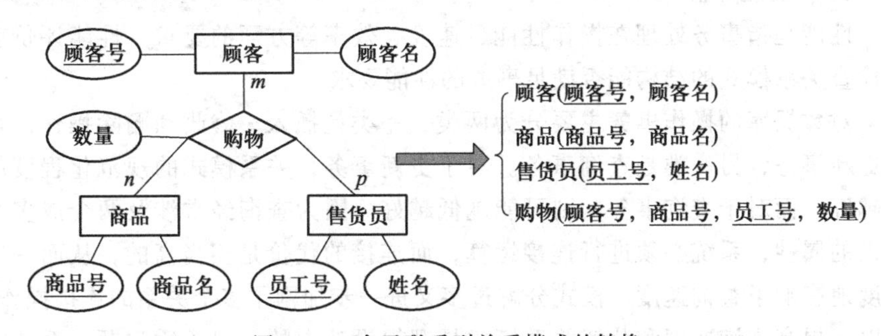

图 4-11 多元联系到关系模式的转换

4.3.4 关系模型的优化

数据库逻辑设计的结果不是唯一的。按照转换规则或其他方式初步得到一组关系模式集后，还应该适当地修改、调整关系模式的结构，以进一步提高数据库应用系统的性能，这个过程称为关系模型的优化。关系模型的优化通常以规范化理论为指导，包括以下步骤。

1. 关系模式规范化

初步得到的关系数据库模式很可能其规范化程度参差不齐。较低范式的关系模式存在数据冗余，从而导致插入、修改、删除异常，容易破坏数据库的完整性，给数据库维护带来很多负担。因此，应首先对关系模式进行规范化。

（1）确定关系模式的范式级别

根据需求分析阶段得到的数据语义，写出关系模式属性之间的函数依赖。然后，对关系模式逐一进行分析，检查是否存在部分函数依赖、传递函数依赖等，确定各关系模式的范式。

（2）实施规范化处理

确定各关系模式的范式级别后，按照规范化的步骤，逐一考察各关系模式，对较低的关系模式进行规范化，分解为较高的关系模式。对一个具体的应用，规范化应进行到什么程度，需要根据具体情况而定。一般来讲，关系模式达到第三范式就能获得比较满意的效果。

2. 评价关系模式

针对用户的每个事务处理，检查当前的关系模式是否满足在数据需求、性能等方面的要求。

（1）检查数据需求

每个事务涉及一组相关的数据，数据库设计人员需要对这些数据需求逐项检查，以确保这些数据在一个或多个关系模式中存在。如果这些数据存在于多个关系模式中，则应检查这些关系模式能否通过主码、外码机制连接起来。如果发现数据不被或不被完全支持，很可能是数据模型丢失了一个实体、属性或联系，应改进关系模式。

（2）性能评价

性能是指事务处理在操作性能、速度、效率等方面的要求。性能评价就是检查关系模式的结构能否满足事务的性能要求。

对数据库的操作事务主要分为两类，一类是插入、修改和删除操作，称为更新事务，另一类是查询事务。对于更新事务，关系模式的规范化程度越高越好。而对于查询事务，则可能越低越好。因为查询经常涉及两个或多个关系的属性，系统必须进行连接运算，而连接的代价是相当高的，从而一定程度地影响了查询速度。模式分解过多又进一步加剧了多个关系的连接操作。所以，提高查询速度和分解关系模式是逻辑设计中的一对矛盾问题。系统需要对各事务的性能要求进行综合、平衡。最后确定是否需要对关系模式进行合并或分解。

3. 改进关系模式

根据模式评价的结果，针对不满足要求的处理，系统需要对相关的关系模式进行修改、调整。如果是因为在需求分析阶段、概念设计阶段的疏忽而丢失了相关的数据，则应增加相应的属性、实体或联系。如果是因为事务性能达不到要求，则可以对关系模式进行合并或分解。

(1) 合并

为了提高查询的效率，有时需要将关联的多个关系模式进行合并。可以把一个关系模式完全合并到另一个模式中，也可以把一个关系模式的部分列复制到另一个模式中。合并后的模式可能比原模式的范式低，减少了连接运算，提高了查询效率，却降低了更新效率。

一种经常用到的提高查询速度的方法，是将所要查询的数据放在一个关系中。例如，要查询学生的学号、姓名、系名称，所要查询的信息分布在以下两个关系中。

学生（学号，姓名，性别，出生日期，系代码）

系（系号，系名称，电话，办公地点）

这样的查询需要进行两个关系的连接。如果将“系名称”复制到学生中，将关系模式修改为：学生（学号，姓名，性别，出生日期，系代码，系名称），这样，查询结果就只需从一个关系中提取。然而，当修改了系关系中的系名称时，就需要同时修改学生关系中相应的系名称。否则，就会破坏数据的完整性。

(2) 分解

常用的两种分解方法是水平分解和垂直分解。

① 水平分解。水平分解是把一个关系的元组分为若干个子集合，定义每个子集合为一个关系。对于一个含有大量数据而又经常进行分类查询的关系，可进行水平分解，以减少查询所访问的元组数量，提高查询速度。

一般情况下，如果一个关系中有多个事务，而且事务之间存取的数据不相交，则可以将关系分解为多个子关系，使每个事务存取的数据对应一个关系。例如，若把全校学生的数据放在一个关系中，则对全校范围内的查询要方便一点，但是，实际应用中常常按院系查询，这种设计肯定不利于这样的查询。因为关系太大，从而造成查询速度降低。因此，可以按各个院系建立数据，分别存放在不同的关系中，从而提高院系的查询速度。

② 垂直分解。垂直分解是把一个关系模式的属性分解为若干子集合，形成子关系模式。垂直分解的原则是，把经常在一起使用的属性从关系模式分解出来，形成一个子关系模式。

例如，有关系为学生（学号，姓名，性别，出生日期，所在系，简历，入学成绩，学籍异动，奖惩情况），而经常只查询前五项，则可以将关系模式垂直分解为以下两个子模式。

学生基本信息（学号，姓名，性别，出生日期，系代码）

学生其他信息（学号，简历，入学成绩，学籍异动，奖惩情况）

垂直分解将数据分别存在不同的关系中，可以提高某些事务的效率，但也可能使另一些事务不得不进行连接操作。

4.3.5 用户子模式设计

子模式是对用户所使用到的那部分数据的描述，也称外模式或用户模式，是用户的应用程序对应的数据库视图。不同的用户有自己的子模式，用户通过子模式访问数据库的数据。

设计好全局逻辑模型后，还应根据局部应用需求，针对不同的用户设计用户的子模式。

在图 4-2 中，关系数据库模式包括 3 个关系模式，它容纳了全部用户的数据需求。为简化对数据库的访问和管理，可分别为不同的用户设计子模式。例如，学生只能访问自己的相关信息，为其定义以下子模式。

学生信息（学号，姓名，性别，出生日期）

成绩单（学号，课程号，课程名，成绩，学分）

子模式的作用主要如下。

（1）屏蔽数据库的复杂性

一个大型的数据库结构可能很复杂，而一个用户不必了解所有数据，也不想了解那么多的数据，只希望数据库提供他所关心的数据。通过子模式，用户可以不必考虑数据库的复杂结构，而可只看到所关心的数据。

（2）使用更符合用户习惯的名称

视图集成时，消除了命名冲突，对同一对象使用统一的名称，这对于设计全局的数据库模式是必要的。统一后的名称与局部用户的习惯不一致将影响用户的工作。设计用户的子模式时可以重新定义某些对象名称，使其与用户习惯一致。

（3）提供一定的数据逻辑独立性

数据库的关系模式会随着应用不断地扩充、修改和重构。关系模式变了，使用这些关系模式的应用程序必须做相应的修改。有了子模式这一级后，尽管关系模式变了，仍可以通过子模式使用户看到的数据视图不变。因此，用户在一定程度上不受关系模式变化的影响。

在数据库系统中，子模式用视图（view）定义，通过视图机制将子模式映射到关系模式的对应属性，建立起子模式与模式的联系。视图的定义将在第 6 章介绍。

4.4　物理模型设计

数据库最终要存储在物理（磁盘）设备上，数据库在物理设备上的存储结构与存取方法称为数据库的物理结构。完成数据库的逻辑设计之后，则进入数据库的物理设计阶段。为一个给定的逻辑数据模型选取一个最适合应用环境的物理结构的过程称为数据库的物理模型设计，又称物理结构设计，简称物理设计。数据库物理设计就是数据库内模式设计。

4.4.1 数据库物理设计的内容和方法

在数据库物理结构中，数据的基本存取单位是存储记录。关系模型描述了数据库的逻辑构成，表中的每一行数据都要以记录为单位存储在构成物理数据库的操作系统文件中。物理设计就是为逻辑模型中描述的数据在存储设备上设计存储结构与访问方法。

物理数据模型描述数据是如何存储在计算机中以及如何访问的，涉及记录的结构、记录逻辑顺序、物理存储顺序、访问路径、物理存储设备的分配等信息。

设计数据库存储结构时，需要考虑三个方面的内容。

(1) 数据库的文件组成

一个数据库是由若干个操作系统文件组成的，也就是说数据库中的各种数据最终都要存储到这些文件中。不同 DBMS 的数据库文件组织方式不同，例如，SQL Server 数据库是由一个或若干个数据文件组成的。物理设计时需要确定所设计的数据库由哪些文件组成。

扩展阅读 4.4：SQL Server 文件

(2) 数据库中记录的存储结构

在数据库中，逻辑上看到的数据行，存储到物理数据库时需要设计它的存储记录结构（也就是数据在磁盘设备上的存储安排），包括数据项的组成、类型、长度，以及数据行到存储记录的映射。对于选定的 DBMS，当给定数据的逻辑结构后，记录的存储结构是由 DBMS 确定的，因此，不需要设计人员过多地考虑。

(3) 数据库中记录的存储顺序

表是行的集合，表中的行在数据库中存储时可按顺序存储，也可以无序存储。物理设计时需要确定记录的存储顺序。

一般来说，当选定了 DBMS 后，数据库的存储结构框架基本上就确定了。对于数据库设计人员来讲，数据库物理设计的任务主要包括两个内容：① 确定数据的存储结构。② 确定数据的存取方法。

数据库是大量有结构的数据集合，数据库物理设计要解决的问题是如何将这样一个庞大的数据集合组织起来存放在存储设备上，并且达到一方面存储效率高、节省存储空间，另一方面存取速度快、代价小的目标。要达到这一目标，就必须很好地理解运行在数据库上的事务（操作）。因此，在进行设计前，应对所运行的每个事务进行详细的分析，获取影响事务运行效率的相关因素。

对于每个事务，数据库设计人员需要了解以下几个方面的信息。

① 事务访问哪些表、哪些列以及访问类型，也就是事务是插入、修改、删除还是查询。

② 查询条件中使用到哪些列。

③ 对于数据更新事务，修改操作要改变的列值。

④ 事务运行的预期频率。例如，联机事务处理每小时 30 次。

⑤ 事务的性能要求。例如，事务的响应时间不应超过 5 秒。

另外，还需了解事务运行的网络环境、数据量、并发用户数、存储设备等方面的相关因素。这些内容是确定数据库物理结构的依据，系统在此基础上确定数据的存储结构和存储方法。

4.4.2　数据存储顺序设计

通常，数据库中表的数据行可按两种方式存储在数据库文件中。

(1) 堆

表中的数据行在物理数据库中不按特殊顺序存储。这种情况下，数据行一般按照输入的先后顺序存放在数据库文件中。

(2) 聚集表

建有聚集索引的表，表中的数据行基于聚集索引键值按顺序存储数据行。例如，一个存放学生基本信息的表：学生（学号，姓名，性别，出生日期），若在表上按学号建立聚集索引，表中的数据行将按照学号的顺序依次存放在数据库文件中。

了解了事务的特征和基本要求后，就可以考虑对于事务中所访问到的表，如何存储表中的数据行。综合考虑所有事务的要求，确定哪些表按堆存储，哪些表则需要按聚集表存储。

4.4.3　数据存取方法设计

关系数据库中，根据表有无索引，对表中数据行的访问可分为两种方法。

(1) 扫描表

在没有建立索引的表内进行数据访问时，通过扫描表来获取数据。通过这种方式访问表时，需要将表中的所有行从数据库中提取出来，逐一检查行中是否包含所要访问的数据。其缺点是当数据量大时，响应时间过长。

(2) 使用索引

在建有索引的表内进行数据访问时，通过索引来获取数据。使用索引访问表时，查找在索引中进行，通过索引定位数据行，然后按索引中提供的地址直接提取数据行。这样可以大大减少访问磁盘的次数，提高检索速度。另外，索引是有序的，有序查找可以大大加快访问速度。

数据存入表后，若按扫描方式访问表，当表中数据量不大时，响应时间很短，一般基本可以满足事务处理的要求。然而对于包含大量数据的表来讲，响应时间可能很长，甚至难以忍受，这种情况下需要考虑为表提供快速存取方法。

存取方法是为存取物理设备上的数据而提供的存储和检索的方法。数据库物理设计的任务之一就是要确定存取方法，提供多条访问数据的路径，以满足用户的需求。DBMS 一般提供多种快速存取方法：索引、聚集、HASH 方法等。

索引是一种常用的数据快速访问技术。系统可以根据事务处理需求，对表中数据行按某（些）列值建立索引，提供快速访问路径。例如，按经常查询的数据项建立索引，按经常排序的数据项建立索引。然而，索引的存储需要占用数据库存储空间，对索引的维护也需要大量的系统开销，特别是影响到表的更新操作，所以，系统应综合考虑需要建立哪些索引。

扩展阅读 4.5：SQL Server 索引

聚集索引作为一种特殊的索引，要求表中的数据行按索引键值顺序存储，其物理存储顺序与逻辑顺序一致，可以大大提高查询事务的速度。然而，由于需要保持这种顺序，势必增加了对表修改事务的负担，例如，当插入数据行时，不仅需要调整存储位置，以保持按序存储，而且需要维护索引的有序性。

对于图 4-2 包含的学生表，考虑到每个学生入学后学号保持不变，且系统经常按学号进行查询，可以按学号建立聚集索引，依次存放表中数据。而选课记录是不断变化的，不宜建立聚集索引，但可以考虑建立非聚集索引。

每个表上可以建立多个非聚集索引，学号、姓名、课程号、课程名等都可以作为索引键值建立索引，其他列则不适宜建立索引。

4.4.4 数据存储位置设计

数据库的用途是存放用户的数据，用户的数据保存在表中，为了访问和保护表中的数据，数据库中还有索引、日志、备份等辅助数据，数据库物理设计任务之一是要确定这些数据的存放位置。

确定数据的存放位置应考虑提高系统的性能，满足事务的处理要求。在系统拥有多个磁盘的情况下，可将表和索引分别放在不同的磁盘上，或将较大的表分布在不同的磁盘上，这样可以充分利用磁盘的并行性能。对于数据库的备份，则可以存放到光盘等设备上。

对于一个大型的 SQL Server 数据库，可以设置若干数据文件，将这些文件分布在不同的磁盘上，并把它们按照文件组组合起来进行管理。这样，创建数据库的表和索引时，可以指定将它们存放在哪个文件组，从而可以使它们分布在不同的磁盘上。

扩展阅读 4.6：SQL Server 文件组

4.4.5 系统配置设计

DBMS 一般都提供一些系统配置参数，供数据库管理人员对系统进行设置、优化。例如，SQL Server 中提供的配置参数包括：数据库的大小、填充因子、增长率、最大并发连接数、同时打开的数据库对象数、使用的缓冲区长度和个数、时间片大小等，这些参数影响到数据存取时间和存储空间的分配。

初始情况下，系统都为这些参数赋予了合理的缺省值。在物理设计时，设计人员可根据具体情况给这些参数指定合理的值，以优化系统性能。

4.4.6　物理模型优化

物理模型设计的目标是不仅能提供适当的数据存储结构和存取方法，还要有合适的方式保证良好的性能。通常，对一个逻辑数据模型，根据用户需求和 DBMS 提供的物理环境、存储结构、存取方法等因素，在物理设计过程中往往会有多种选择。数据库设计人员可从存储空间、存取时间和维护代价等方面进行性能预测，对每种设计方案做出评价，从中选择出一个较合理的物理结构。如果所选择的物理结构不符合用户的要求，则需要修改设计，直到满足用户要求，才能进入数据库实施阶段。

4.5　引例的数据库模型设计

在 3.5 节中，我们得到了教学管理系统的概念模型，如图 3-36 所示，下一步就可以设计系统的逻辑模型和物理模型。

4.5.1　引例的逻辑模型设计

按照 E-R 图到关系模式的转换规则，从教学管理的概念模型就可以生成关系模型。

1. 转换实体类型

把每个实体类型转换为一个关系模式。4 个实体类型转换后得到 4 个关系模式。

学生（学号，姓名，性别，出生日期）

课程（课程号，课程名称，学分）

教师（教师号，姓名，工资，职称）

系（系号，系名，办公地点，电话）

2. 转换 $m:n$ 联系

每个 $m:n$ 联系类型转换为一个独立的关系模式。两个 $m:n$ 联系类型转换后得到两个关系模式。

选课（学号，课程号，成绩），其中学号和课程号定义为外码，分别参照学生和课程关系。

讲授（教师号，课程号），其中教师号和课程号定义为外码，分别参照教师和课程关系。

3. 转换 $1:n$ 联系

每个 $1:n$ 联系类型有两种转换方式。一种方式是将 $1:n$ 联系类型转换为一个独立的关系模式，这种方式得到的关系模式语义单纯化，每个元组对应一个联系，但关系数据库多一个关系。这里采用第二种方式，将联系类型并入多端的实体关系中，这样这个关系中既有实体的信息，还有与之发生的联系信息，优点是数据库少一个关系。

将 1 : n “就读” 联系类型并入学生关系模式，将其修改为：

学生（学号，姓名，性别，出生日期，系代码），其中系代码定义为外码，参照系关系。

将 1 : n “聘任” 联系类型并入教师关系模式，将其修改为：

教师（教师号，姓名，工资，职称，系代码），其中系代码定义为外码，参照系关系。

将1 : n “先修” 联系类型并入课程关系模式，用属性 “先修课” 表示先修课程的课程号，将 “课程” 关系模式修改为：

课程（课程号，课程名，学分，先修课），其中先修课为外码，参照本关系的课程号。

4. 转换 1 : 1 联系

每个 1 : 1 联系类型与 1 : n 联系类型类似，有两种可转换方式。这里采用第二种方式，将 1 : 1 “管理” 联系类型并入系关系模式，合并时将教师号改为 “系主任”，将系关系模式修改为：

系（系号，系名，办公地点，电话，系主任），其中系主任为外码，参照教师关系。

最后，由教务管理系统的 E-R 图转换得到的关系数据库模式共 6 个关系模式：

学生（学号，姓名，性别，出生日期，系代码）

课程（课程号，课程名称，学分）

教师（教师号，姓名，工资，职称，系代码）

系（系号，系名，办公地点，电话，系主任）

选课（学号，课程号，成绩）

讲授（教师号，课程号）

这 6 个关系模式都达到 3NF，不存在数据冗余和更新异常。

4.5.2 引例的物理模型设计

按照数据库物理设计的内容和过程，下面给出本书引例的物理结构设计。

1. 表的组织方式

（1）聚集表

由于学生关系、课程关系、教师关系、系关系中的数据是相对稳定的，把这 4 个关系设计为聚集表，分别按学号、课程号、教师号和系号的顺序存储。

（2）堆

选课关系和讲授关系的数据不断地进行变化，把这两个关系设计为堆存储。

2. 存取方法

每个聚集表包含一个聚集索引，可以按聚集索引键值访问表中的数据。

除此之外，为提高查询速度，可增加相关的非聚集索引。初步考虑建立如下索引。

① 学生：按“姓名”建立索引。

② 教师：按“姓名”建立索引。

③ 选课：按“学号”、“课程号”分别建立索引。

④ 讲授：按“教师号”、“课程号”分别建立索引。

3. 数据库文件

SQL Server 数据库文件需有一个主数据文件，辅助数据文件是可选的，另外还有一个日志文件。以一个 10 万名学生的学校为例，首先估算出所需的容量，如表 4-2 所示。该数据库容量不是太大，因此，示例数据库设置一个主数据文件，一个日志文件。

表 4-2 数据库预估容量

表名	行长度（字节）	行数	数据量（M）
学生	40	100 000	4
课程	60	2 500	0.2
教师	40	3 000	0.2
系	60	150	0.1
选修	30	5 000 000	143
讲授	20	15 000	0.3

该示例数据库规模较小，按照上述设计过程生成的数据库基本可以满足实用要求。对于一个大型的数据库系统，需要数据库设计人员充分了解系统的实际应用环境，特别是数据处理的要求，熟悉所使用的 DBMS 的功能和特征以及计算机系统的配置情况，对数据库进行更精确的设计。

至此，我们介绍了数据库概念模型设计、逻辑模型设计和物理模型设计，下一步工作就是按照设计结果实施数据库系统。

数据库的实施是指根据逻辑设计和物理设计的结果，在计算机上建立实际数据库应用系统的过程，包括创建数据库结构、编写和调试应用程序、载入相关数据等工作。我们将在第 6 章介绍创建数据库结构，在第 8、9 章介绍应用程序设计。

整个数据库系统开发完成后，不应立即投入实际运行，而是进入试运行阶段。在这一阶段的目的之一是在实际环境中进一步检验系统。一方面检验系统的功能是不是满足实际要求，若不满足，及时调整、补充，直到满足用户要求。另一方面是测试系统性能指标是否达到要求，因为影响事务性能的一些因素只有在实际环境中才能反映出来。

数据库系统经过一段时间的试运行合格后，即可交给用户投入正式运行了。在此期间，数据库管理人员需要经常做一些维护工作，包括数据备份、系统性能监测、数据库结构调整等，以保证数据库系统的正常运行。

本章小结

数据库结构设计包括三个主要的阶段：概念模型设计、逻辑模型设计和物理模型设计，本章介绍了后两个阶段的设计过程以及相关的知识。关系模型是目前主流 DBMS 支持的数据模型，关系模型是对关系的描述，包括关系的数据结构、关系的操作和关系的数据约束三个方面。关系模式规范化是按照函数依赖把一个低一级范式的关系模式转换为高一级范式关系模式的过程。逻辑模型设计的任务是通过一组转换规则把概念模型转换为一组关系模式。物理模型设计的任务是结合具体的事务，分析事务的特点和要求，为数据设计存储结构和存取方法。学习这一章要重点掌握关系模型、关系规范化，以及概念模型到关系模型的转换规则。

习题

习题答案：第 4 章

1. 什么是关系模型？试述关系模型的三个组成部分。

2. 定义并理解下列概念和术语：关系，属性，域，元组，超码，候选码，主码，关系模式，关系数据库，关系数据库模式。

3. 什么是关系模型的完整性约束？完整性约束有哪几类？

4. 什么是外码？外码的用途是什么？

5. 定义并理解下列概念和术语：函数依赖，平凡函数依赖，非平凡函数依赖，部分函数依赖，完全函数依赖，传递函数依赖。

6. 什么是范式？试述 1NF、2NF 和 3NF 的定义。

7. 什么是关系模型的规范化？试述关系模型的规范化步骤。

8. 试述 E-R 图到关系模式的映射规则。

9. 试述数据库物理设计的内容。

10. 现有关系模式：

教务（学号，学生姓名，学生年龄，课程号，课程名称，成绩，教师编号，教师姓名）

假设一门课程只有一个教师讲授；每个同学选修的每门课程只有一个成绩。

（1）写出“教务”关系模式中的基本函数依赖和关系的候选码；

（2）分析该关系模式最高属于第几范式？为什么？

（3）该关系模式是否存在数据冗余和更新异常？

（4）如果该关系模式不属于 3NF，将其分解为 3NF 模式集。

11. 将第 3 章的习题 7、8 中设计的 E-R 图转换为关系模式。

12. 某销售公司的基本业务描述如下。

① 公司从生产厂家购进商品，每次购进商品要填写一个“订货单”，记录商品编号、商品名称、单价、数量、金额，以及订货单编号、订购日期、生产厂家等信息。

② 公司销售商品给顾客，每次需要填写“销售单”，记录销售商品的商品编号、商品名称、单价、数量、金额，以及销售单号、顾客姓名、销售日期、金额合计等信息。

现使用数据库系统管理相关信息，要求至少支持如下的查询。

① 查询生产厂家的编号、名称、地址、联系电话等。

② 查询顾客的编号、姓名、地址、联系电话等。

③ 查询每种商品的商品编号、商品名称、当前的库存数量、金额等。

④ 按订单号、厂家或订购日期查询每个订货单的详细信息。

⑤ 按销售单号、顾客或销售日期查询每个销售单的详细情况。

试根据以上需求，完成以下的设计。

① 设计出这个系统的 E-R 图。

② 将 E-R 图转换为关系模式。

③ 检查每个关系模式达到第几范式，并将每个关系模式规范化到第三范式。

④ 设计出该数据库的存储结构和存取方法。

第5章
数据库管理系统与可视化操作

电子教案：第 5 章　数据库管理系统与可视化操作

为了能更好地理解及使用数据库，本章就数据库管理系统中的几种常见的软件及 SQL Server 2014 进行简单介绍。本章知识体系结构如图 5-1 所示。

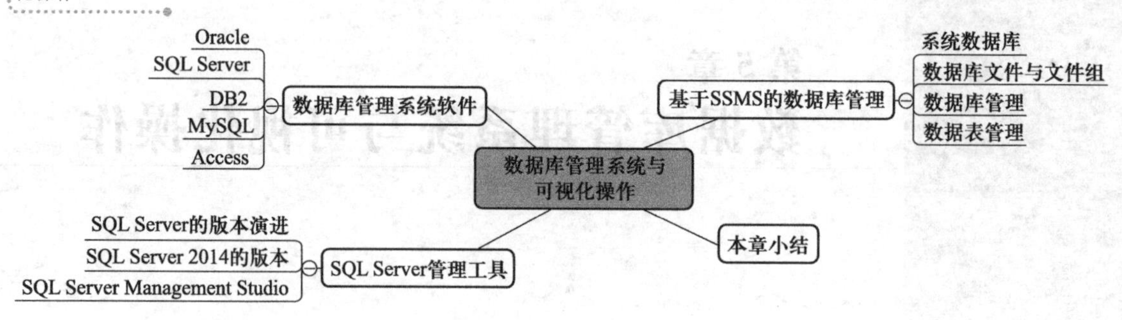

图 5-1　知识体系结构图

5.1　数据库管理系统软件

目前有许多数据库产品，如 Oracle、SQL Server、DB2、MySQL、Access 等产品，各以自己特有的功能在数据库市场上占有一席之地。下面简要介绍几种常用的数据库管理系统。

5.1.1　Oracle

Oracle 是 1983 年推出的世界上第一个开放式商品化关系型数据库管理系统，也是应用广泛、功能强大的数据库管理系统。它采用标准 SQL 结构化查询语言，支持多种数据类型，提供面向对象存储的数据支持，具有第 4 代语言开发工具，支持 UNIX、Windows NT、OS/2、Novell 等多种平台。Oracle 作为一个通用的数据库管理系统，不仅具有完整的数据管理功能，还具有分布式数据库系统，支持各种分布式功能，特别是支持 Internet 应用。除此之外，它还具有很好的并行处理功能。

Oracle 产品主要由 Oracle 服务器产品、Oracle 开发工具、Oracle 应用软件组成，也有基于计算机的数据库产品。作为一个应用开发环境，Oracle 提供了一套界面友好、功能齐全的数据库开发工具。Oracle 使用 PL/SQL 语言执行各种操作，具有可开放性、可移植性、可伸缩性等功能，主要满足对银行、金融、保险等企业、事业开发大型数据库的需求。2007 年 11 月 Oracle 11g 正式发布，Oracle 11g 是甲骨文公司发布的最重要的数据库版本，根据用户的需求实现了信息生命周期管理（information lifecycle management）等多项创新。Oracle 11g 扩展了 Oracle 特有的网格计算提供能力，在基础架构网格，包括可管理性、高可用性和性能等功能；信息管理，包括内容管理、信息集成、安全性、信息生命周期管理以及数据仓库/商务智能等功能；应用程序开发，PL/SQL、Java、.NET 和 Windows、PHP、SQL Developer、Application Express和 BI Publisher 等功能上进行了增强。

Oracle 数据库物理上由控制文件、数据文件、重做日志文件、参数文件、归档文件、口令文件等组成，逻辑上包括表空间、段、区、块等概念及组成关系。

5.1.2 SQL Server

SQL Server 是 Microsoft 公司开发的大型关系型数据库系统，是 Microsoft 关系数据库领域的旗舰产品，也是目前在 Windows 平台上安装数量最多的数据库产品。它最早出现在 1988 年，当时只能在 OS/2 操作系统上运行。1992 年，SQL Server 移植到了 Windows NT 平台上。2000 年 12 月发布了 SQL Server 2000，该软件可以运行于 Windows NT/2000/XP 等多种操作系统之上，是支持客户机/服务器（C/S）体系结构的数据库管理系统。此后 Microsoft 公司又陆续发布了 SQL Server 2005、SQL Server 2008、SQL Server 2012、SQL Server 2014 等版本。

SQL Server 的功能比较全面，效率高，可以作为大、中型企业或单位的数据库平台。SQL Server 在可伸缩性与可靠性方面做了许多工作，近年来在许多企业的高端服务器上得到了广泛应用。同时，该产品继承了 Microsoft 公司产品界面友好、易学易用的特点，与其他大型数据库产品相比，在操作性和交互性方面独树一帜。SQL Server 可以与 Windows 操作系统紧密集成，能充分利用操作系统所提供的特性，因此应用程序的开发速度和系统事务处理运行速度都能得到较大提升。另外，SQL Server 可以借助浏览器实现数据库查询功能，并支持内容丰富的可扩展标记语言（XML），提供了全面支持 Web 功能的数据库解决方案。对于在 Windows 平台上开发的各种企业级信息管理系统来说，不论是客户机/服务器（C/S）体系结构还是浏览器/服务器（B/S）体系结构，SQL Server 都是一个很好的选择。SQL Server 的缺点是只能在 Windows 系统下运行。

5.1.3 DB2

DB2 是 IBM 公司的关系型数据库管理系统产品，主要应用于大型应用系统，具有较好的可伸缩性，可支持从大型机到单用户环境，应用于 OS/2、UNIX、Windows 等平台下。各种平台上的 DB2 有共同的应用程序接口，运行在一种平台上的程序可以很容易地移植到其他平台。DB2 提供了高层次的数据利用性、完整性、安全性、可恢复性，以及小规模到大规模应用程序的执行能力，具有与平台无关的基本功能和 SQL 命令。DB2 采用了数据分级技术，能够使大型机数据很方便地下载到 LAN 数据库服务器，使得客户机/服务器用户和基于 LAN 的应用程序可以访问大型机数据，并使数据库本地化及远程连接透明化。DB2 以拥有一个非常完备的查询优化器而著称，其外部连接改善了查询性能，并支持多任务并行查询。DB2 具有很好的网络支持能力，每个子系统可以连接十几万个分布式用户，可同时激活上千个活动线程，对大型分布式应用系统尤为适用。

DB2 的一个非常重要的优势在于基于 DB2 的成熟应用非常丰富，有众多的应用软件开发商围绕在 IBM 公司周围。2001 年，IBM 公司兼并了世界排名第四的著名数据库公司 Informix，并将其所拥有的先进特性融入 DB2 当中，使 DB2 系统的性能和功能有了进一步提高。

DB2 是非常优秀关系型数据库，在企业级的应用十分广泛。目前全球 DB2 系统用户超过 6 000 万，分布于约 40 万家公司，主要应用在金融、商业、铁路、航空、医院、旅游等领域。

5.1.4　MySQL

MySQL 是一个开放源码的小型关系数据库管理系统，开发者为瑞典 MySQL AB 公司。自 1996 年开始，从一个简单的 SQL 工具到当前“世界上最受欢迎的开放源代码数据库”的地位，MySQL 已经走过了一段很长的路。根据 MySQL AB 公司发布的信息，到 2010 年，MySQL 的装机量在全世界已经超过 1 000 万台。MySQL 为 Internet 网站、搜索引擎、嵌入式应用程序、大容量存储和数据仓库提供了数据存储和程序运行的源动力。MySQL 的主要目标是快捷、健壮和易用。MySQL 能够胜任一般中小型，甚至大型应用。

MySQL 具有很多引人之处。

① 速度。MySQL 运行速度很快。开发者声称 MySQL 可能是目前所能得到的最快的数据库。

② 容易使用。MySQL 是一个高性能且相对简单的数据库系统，与一些更大系统的设置管理相比，其复杂程度较低。

③ 价格。MySQL 对多数个人用户来说是免费的，可以在 Internet 上免费下载。

④ 支持查询语言。MySQL 可以使用 SQL（结构化查询语言），SQL 是一种所有现代数据库系统都选用的语言；MySQL 也可以通过 ODBC（开放式数据库连接）与应用程序相连。

⑤ 性能。许多客户机可同时连接到服务器，也可同时使用多个数据库。可使用多种交互方式访问 MySQL，包括命令行客户机程序、Web 浏览器或 Windows 客户端程序以及使用各种语言（如 C、Perl、Java、PHP 和 Python）编写的程序。

⑥ 连接性和安全性。MySQL 是完全网络化的，其数据库可在因特网上的任何地方访问，而且 MySQL 还能控制哪些人不能看到用户的数据。

⑦ 可移植性。MySQL 可运行在各种版本的 UNIX 以及其他非 UNIX 的系统（如 Windows 和 OS/2）上。MySQL 可运行在从家用 PC 到高级的服务器上。

MySQL 被广泛地应用在 Internet 上的中小型网站中。

5.1.5　Access

Access 是在 Windows 操作系统下工作的一种功能强大、采用事件驱动、关系型的桌面数据库管理系统，是 Microsoft Office 套件产品之一；是数据库技术与面向对象程序设计方法相结合的一个初级产物。它采用了 Windows 程序设计理念，以 Windows 特有的技术设计查询、用户界面、报表等数据对象，内嵌了 VBA（visual basic application）程序设计语言，具有集成的开发环境。从 Access 1.0 的诞生到目前 Access 2016 的广泛使用，历经多次升级改版，其功能越来越强大，但操作反而更加简单。尤其是 Access 与 Office 的高度集成，熟悉的界面使得初学者更容易学习。Access 的强大功能足以应付一般的数据管理及处理需要，适用于中小型企业数据管理的需求。但是，在数据定义、数据安全可靠、数据有效控制等方面，Access 比前面几种数据库产品要逊色不少。

Access 将全部功能应用对象来实现，不同的对象有不同的功能，不同对象的组合就可建立一套数据库系统。同时，Access 又是一个典型的开放式的数据库管理系统，通过 ODBC 能与其他数据库及其他应用程序相连接，实现数据的交换和共享。Access 支持多媒体应用与开发，在 Access 数据库中可以嵌入和链接声音、图像等。

Access 系统的主要特点如下。

① Access 提供了许多便捷的可视化操作工具（如表生成器、查询设计器等）和向导（如数据库向导、表向导等），以便用户能够快捷地构造一个简单的信息管理系统。

② Access 作为 Office 套装办公自动化软件的重要组件之一，能够与 Word、Excel 等办公软件进行数据交换与共享，构成了一个集文字处理、图表生成和数据管理于一体的功能强大的办公自动化处理系统。

③ Access 提供了许多宏操作，用户只需按照一定的顺序组织这些宏操作，就可以在不编写程序的情况下，实现工作的自动化，如迅速打开报表和窗体等。

④ Access 提供了大量的函数，如数字函数、财务函数、日期和时间函数等，让用户在窗体、查询、报表中创建复杂的计算表达式。

⑤ 如果要执行复杂或专业的操作，Access 提供了 VBA（visual basic for application）程序设计语言，让数据库开发人员构造比较高级的信息管理系统。

⑥ Access 不仅具有众多简单的传统数据库管理工具，同时还进一步增强了与 Web 的集成，更加方便地共享跨越各种平台和不同用户级别的数据。

5.2 SQL Server 管理工具

前面对 SQL Server 数据库进行了简单的介绍，这里以 SQL Server 2014 为平台，对 SQL Server 2014 功能进行介绍。

5.2.1 SQL Server的版本演进

SQL Server从诞生到现在，凭借其优秀的数据处理能力和简单易用的操作跻身世界三大数据库之列。

1. SQL Server

SQL Server发布于1988年，是Microsoft与Sybase公司共同开发的，运行于OS/2上面的联合应用程序。

2. SQL Server 4.2

1993年发布的SQL Server 4.2是一种功能较少的桌面数据库，能够满足小部门数据存储和处理的需求，其运行环境移植到了Windows NT平台上。

3. SQL Server 6.0、SQL Server 6.5、SQL Server 7.0

SQL Server 6.0是第一个完全由Microsoft开发完成的版本，1996年发布了SQL Server 6.5，该版本提供了廉价的可以满足众多小型商业应用的数据库方案，实力突显。SQL Server 7.0对核心数据库引擎进行了重大改写，提供了面向中小型商业应用数据库功能支持。它于1998年发布。

4. SQL Server 2000

在2000年发布的SQL Server 2000在可伸缩性和可靠性上进行了很大的改进。具有使用方便、可伸缩性好、相关软件集成程度高等优点。

5. SQL Server 2005

SQL Server 2005是一个全面的数据库平台，使用集成的商业智能（BI）工具提供了企业级的数据管理，为关系型数据和结构化数据提供了更安全可靠的存储功能，使用户可以构建和管理用于业务的高可用和高性能的数据应用程序。

6. SQL Server 2008

SQL Server 2008增加了许多新的特性并改进了关键性功能。SQL Server 2008以处理目前能够采用的许多种不同的数据形式为目的，通过提供新的数据类型和使用语言集成查询。SQL Server 2008同样涉及处理像XML这样的数据、紧凑设备（compact device）以及位于多个不同地方的数据库。另外，它提供了在一个框架中设置规则的能力，以确保数据库和对象符合定义标准，并且，当这些对象不符合该标准时，还能够就此进行报告。

7. SQL Server 2012

SQL Server 2012于2012年发布，支持SQL Server 2012的操作系统平台包括Windows桌面和服务器操作系统。它是一个能用于大型联机事务处理、数据仓库和电子商务等方面的数据库平台，也是一个能用于数据集成、数据分析和报表解决方案的商业智能平台。

5.2.2 SQL Server 2014的版本

扩展阅读5.1：SQL Server 2014各版本的主要区别

根据提供的功能不同，SQL Server 2014可以划分为Enterprise、Business Intelligence、Standard、Web、Developer和Express 6个版本。

1. Enterprise 版

SQL Server 2014 Enterprise 版提供了全面的高端数据中心功能，性能极为快捷，虚拟化不受限制，还具有端到端的商业智能，可为关键任务提供较高服务级别，支持最终用户访问深层数据。

2. Business Intelligence 版

SQL Server 2014 Business Intelligence 版提供了综合性平台，可支持组织构建和部署安全、可扩展且易于管理的 BI 解决方案。它提供基于浏览器的数据浏览功能，强大的数据集成与集成管理功能。

3. Standard 版

该版本提供了基本数据管理和商业智能数据库，它能够使部门和小型组织顺利运行其应用程序并支持将常用开发工具用于内部部署和云部署，有助于以最少的 IT 资源获得高效的数据库管理。

4. Web 版

SQL Server 2014 Web 版本就从小规模至大规模 Web 资产提供可伸缩性、经济性和可管理性功能的 Web 宿主和 Web VAP 来说是一项成本较低的选择。

5. Developer 版

SQL Server Developer 是构建和测试应用程序的人员的理想之选。它支持开发人员基于 SQL Server 构建任意类型的应用程序。它包括 Enterprise 版的所有功能，但有许可限制，只能作为开发和测试系统，而不能作为生产服务器。

6. Express 版

该版本具备所有可编程性功能，但在用户模式下运行，并且具有快速的零配置安装和必备组件要求较少的特点。SQL Server 2014 Express 是入门级的免费数据库，是学习和构建桌面及小型服务器数据驱动应用程序的理想选择。它是独立软件供应商、开发人员和热衷于构建客户端应用程序的人员的最佳选择。如果需要使用更高级的数据库功能，则可以将 SQL Server Express 无缝升级到其他更高端的 SQL Server 版本。

5.2.3 SQL Server Management Studio

SQL Server Management Studio（SSMS）是为 SQL Server 数据库的管理员和开发者准备的全新的工具，它基于 Microsoft Visual Studio，为用户提供了图形化的、集成了丰富的开发环境的管理工具。它将早期版本的 SQL Server 中的企业管理器、查询分析器和 Analysis Manager 等功能整合到同一个环境中，并可以在其中编写 MDX，XMLA 和 XML 语句。利用 SQL Server Management Studio，开发人员可以完成对数据的操作，包括数据的增加、删除、修改及数据的导入/导出等，较之早期版本，它提供了更多的功能。

微视频 5.1：
SSMS 运行

1. 运行 SQL Server Management Studio

在【开始】菜单【所有程序】中找到 SQL Server 2014 程序组中的【SQL Server ManagementStudio】项，如图 5-2 所示，单击该菜单项，显示如图 5-3 所示的对话框。

图 5-2　启动 SQL Server Management Studio

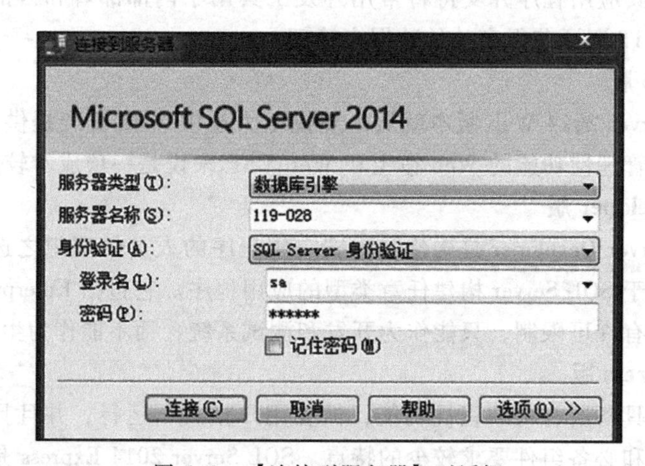

图 5-3　【连接到服务器】对话框

2. 配置连接服务器选项

【连接到服务器】对话框包含如下几项内容。

(1) 服务器类型，包括 4 个选项。

① 数据库引擎。

② Reporting Services：报表服务。提供了工具和服务，可以帮助开发人员创建、部署和管理报表，并提供了扩展和自定义报表功能的编程功能。

③ Analysis Services：提供用于数据挖掘多维数据创建、部署和管理功能。

④ Integration Services：一个可用于生成企业级数据集成和数据转换解决方案的平台。

(2) 服务器名称：要连接的数据库服务器。

(3) 身份验证：包含如下两个选项。

扩展阅读 5.2：SQL Server 身份验证注意事项

① SQL Server 身份验证：利用 SQL Server 的用户名/密码登录。

② Windows 身份验证：利用 Windows 的用户名/密码登录。

(4) 登录名：登录用户名。

(5) 密码：登录用户的密码。

3. 连接数据库服务器

使用 SQL Server 身份登录，输入用户名和密码后单击【连接】，进入企业管理器，如图 5-4 所示。

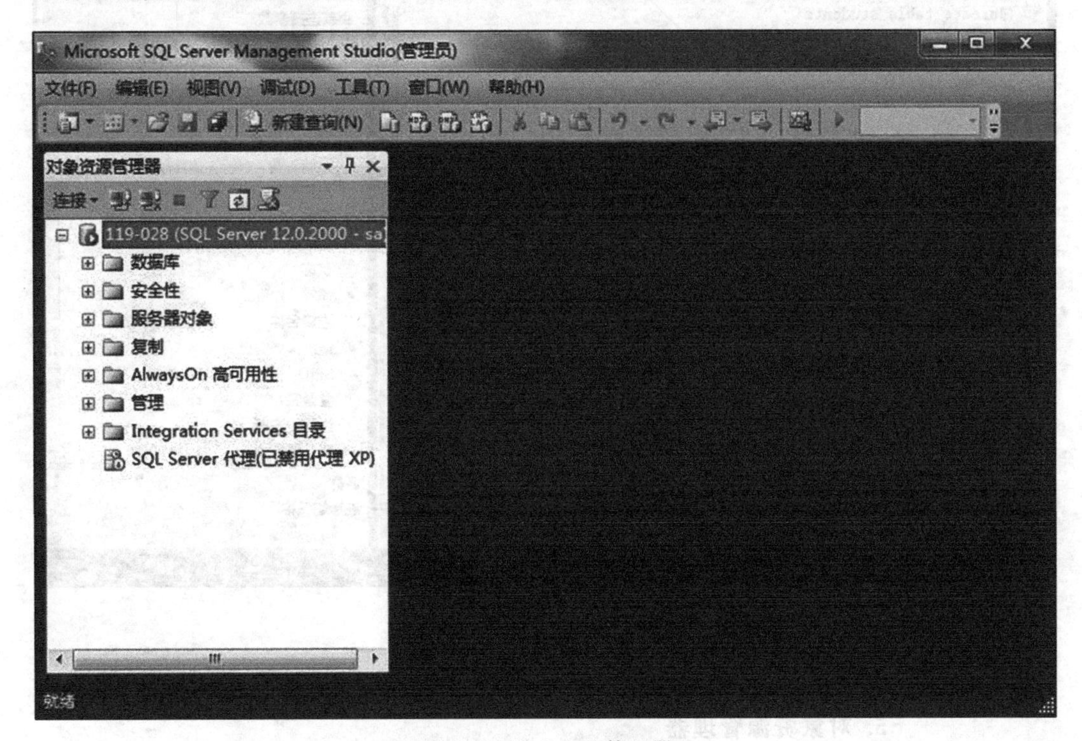

图 5-4　进入企业管理器

4. 查询编辑器窗口

SQL Server Management Studio 中可包含多个查询编辑器窗口，以标签页的形式显示。利用它可以处理各种 SQL 语句及数据库记录等。

打开查询编辑器的步骤是在企业管理器左上角找到【文件】并单击，找到【新建】列表，单击【数据库引擎查询】选项，此时出现【查询编辑器】窗口，如图 5-5 所示。如果想在当前连接的基础上增加一个【查询编辑器】窗口，那么在【新建】列表中选择【使用当前连接查询】即可。

该窗口主要包括以下组件。

① 查询编辑器标签，多个查询编辑器以标签的形式存在。

② 查询编辑器区，此窗口用于编写和执行脚本。

③ 结果区，用于显示查询结果。查询结果可以以网络或文本的方式显示，快捷控制方式是在【SQL 编辑器】中进行切换。

④ 消息区，用于显示当前运行脚本时由服务器返回的错误、警告和信息等。每次运行脚本消息列表都会发生变化。

⑤ 客户端统计信息区，用于显示不同类别查询执行的相关信息。连续查询执行中的统计信息会与平均值一起列出。从【查询】菜单选择【重置客户端统计信息】可重置平均值。快捷控制该区域是否出现的方式是在【SQL 编辑器】中进行切换。

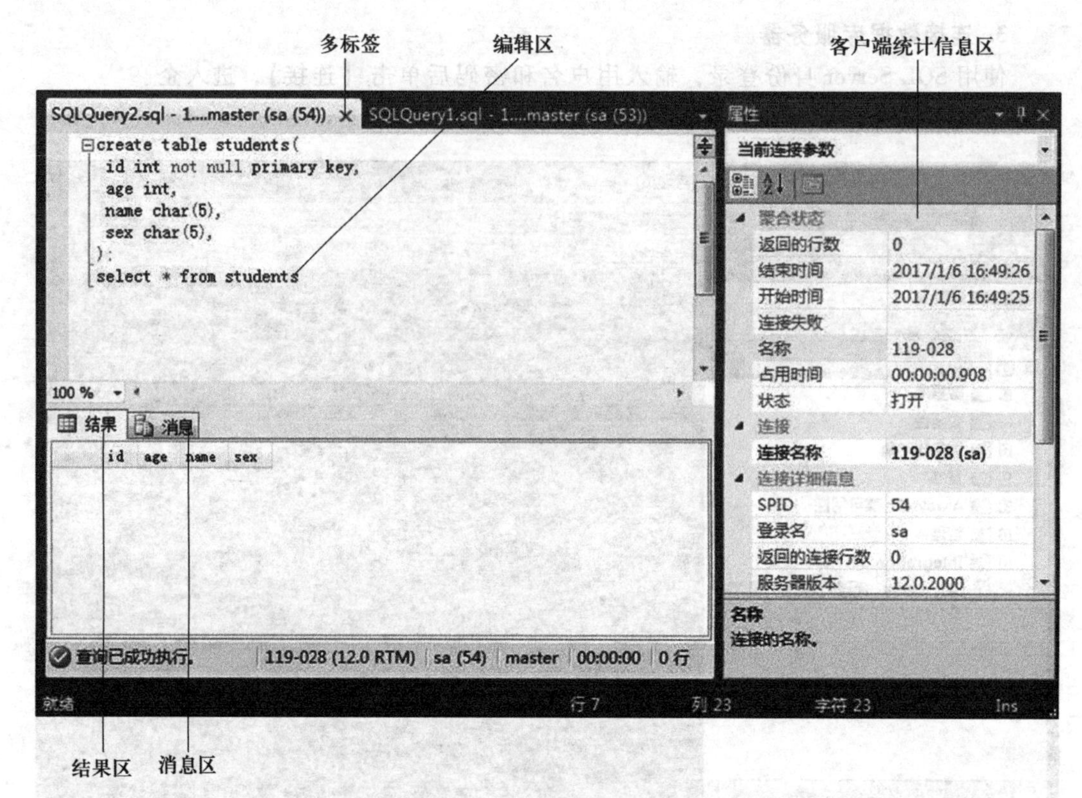

图 5-5 查询编辑器窗口

5. 对象资源管理器

利用对象资源管理器，可以连接到 SQL Server 数据库引擎、Analysis Services、Integration Services、Reporting Services 实例，并为它们的对象提供视图，显示一个用于管理这些服务的用户界面。对象资源管理器的功能会因服务类型的不同而稍有差异，但通常会包括数据库的开发功能及所有服务器类型的管理功能。

如果要打开【对象资源管理器】，在工具栏【视图】下单击【对象资源管理器】选项即可。打开后的对象资源管理器如图5-6 所示。

图 5-6 中编号 1~5 说明如下。

① 1——连接部分，可选择连接的对象。

② 2——连接管理器，如果单击，将弹出【企业管理器】登录对话框。

③ 3——断开当前连接。

④ 4——过滤器，可根据表或视图中的内容进行过滤。

⑤ 5——刷新。

对象资源管理器可以帮助开发人员快速定位要操作的对象，主要功能包括以下几点。

图 5-6 对象资源管理器

① 按完整名称或部分名称、架构或日期进行筛选。

② 异步填充对象，并可以根据对象的元数据筛选对象。

③ 访问复制服务器上的 SQL Server 代理以进行管理。

5.3 基于 SSMS 的数据库管理

5.3.1 系统数据库

SQL Server 2014 的数据库实例包括系统数据库与用户数据库两部分。

微视频 5.2：系统数据库简要介绍

系统数据库就是指随安装程序一起安装，用于协助 SQL Server 2014 系统共同管理操作的数据库，是 SQL Server 2014 运行的基础。在 SQL Server 2014 中，会有 4 个默认系统数据库：master、model、msdb 和 tempdb。SQL Server 2014 的系统数据库如图 5-7 所示。

数据库
系统数据库
master
model
msdb
tempdb
数据库快照
ReportServer
ReportServerTempDB
安全性
服务器对象
复制

图 5-7 SQL Server 2014 系统数据库

1. master 数据库

master 数据库是 SQL Server 中最重要的数据库，是 SQL Server 的核心。该数据库损坏后，SQL Server 就无法正常工作，因此应定期备份 master 数据库。master 数据库中包含如下信息。

扩展阅读 5.3：系统数据库中的注意事项

① 所有登录名或用户 ID 所属的角色。

② 所有系统配置设置（例如数据排序信息、安全实现、默认语言）。

③ 服务器中数据库的名称及相关信息。

④ 数据库的位置。

⑤ SQL Server 如何初始化。

2. model 数据库

创建数据库时，总是以一套预定义的标准为模型。例如，若希望所有的数据库都有确定的初始大小，或者都有特定信息的表，那么可以把这些信息放在 model 数据库中，以 model 数据库作为其他数据库的模板数据库。

扩展阅读 5.4：设置 model 数据库的注意事项

3. msdb 数据库

msdb 数据库给 SQL Server 2014 代理提供必要的信息来运行作业。SQL Server 代理是 SQL Server 中的一个 Windows 服务，用以运行任何已创建的计划作业（例如包含备份处理的作业）。作业是 SQL Server 中定义的自动运行的一系列操作，不需要任何手工干预来启动。

4. tempdb 数据库

扩展阅读 5.5：tempdb 数据库的用途

tempdb 数据库，正如名字所暗示的那样，是一个临时数据库，存在于 SQL Server 会话期间，一旦 SQL Server 关闭，tempdb 数据库将丢失。当 SQL

Server 重新启动时，将重建全新的、空的 tempdb 数据库以供使用。一旦重建 tempdb 数据库，存放于其中的数据将全部丢失。

5.3.2　数据库文件与文件组

在 SQL Server 2014 中，一个数据库至少有一个数据文件和一个事务日志文件。数据文件用于存放数据库的数据和各种对象，事务日志文件用于存放事务日志。

数据文件又可以分成主数据文件和辅助数据文件两种。主数据文件是数据库的起点，每个数据库有且仅有一个主数据文件。主数据文件名称的默认后缀是 . mdf。辅助数据文件是可选的，用来存放不在主数据文件中的其他数据和对象。数据库可以没有辅助数据文件，也可以有多个辅助数据文件，默认后缀是 . ndf。

SQL Server 2014 系统使用数据库的事务日志来记录对数据库的所有修改操作。事务日志以操作系统文件的形式存在，在数据库中被称为日志文件。每一个数据库都至少有一个日志文件，也可以有多个日志文件，默认后缀都是 . ldf。

在操作系统中，数据库体现为数据文件和日志文件，需要明确指出这些文件的位置和名称。但是，在 SQL Server 系统内部，例如在 Transact-SQL（可以简写为 T-SQL）语言中，由于物理文件名称比较长，使用起来非常不方便。为此，可定义数据库文件在数据库中显示的名字，即逻辑文件名。使用 T-SQL 语句引用逻辑文件名非常便捷和方便。

文件组是文件的逻辑集合。文件组可以把一些指定的文件组合在一起，以方便管理和分配数据。例如，在某个数据库中，3 个文件（data1. ndf，data2. ndf，data3. ndf）分别创建在 3 个不同的磁盘驱动器中，并且指定了一个文件组 group1。以后所创建的表可以明确指定存放在文件组 group1 中。对该表中数据的查询将在 3 个磁盘上同时进行，因此可以通过执行并行访问提高查询性能。在创建表时，不能指定将表放在某文件中，只能指定将表放在某个文件组中。因此，如果希望将某个表放在特定的文件中，必须通过创建文件组来实现。使用文件和文件组时，应该考虑下列因素。

① 一个文件组只能用于一个数据库，不能用于多个数据库。

② 一个数据文件只能是某一个文件组的成员，默认是 PRIMARY 文件组（也称为主文件组），不能是多个文件组的成员。

③ 日志文件不属于任何文件组。

微视频 5.3：基于 SSMS 实现的数据库管理

5.3.3　数据库管理

1. 创建数据库

数据库是表、视图、存储过程、触发器等数据库对象的集合，是数据库管理系统的核心内容。除此之外，数据库还包括索引、约束、默认值、用户和角色、规则、类型、函数等对象。它们都存储在系统数据库或用户数据库中，用来保存 SQL Server 数据库的基本信息和用户自定义的数据操作等。SQL Server 2014 的数据库组成如图 5-8 所示。

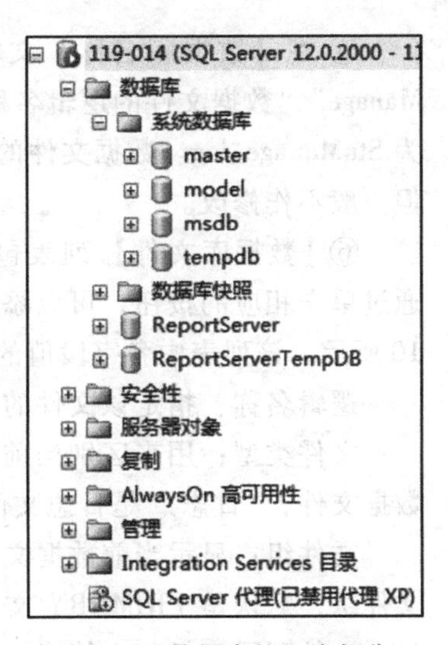

图 5-8　数据库的组成部分

创建数据库的过程就是确定数据库名称、数据库文件名称、文件位置、文件大小、是否自动增长以及如何增长等信息的过程。数据库的名称必须符合系统的标识符规则，在命名数据库时，应使数据库名称简短并有一定的含义。

下面以在 SQL Server 2014 中使用 SQL Server Management Studio 创建数据库 StuManage 为例进行介绍，具体步骤如下。

① 连接数据库服务器。

② 在【对象资源管理器】中展开服务器，选择【数据库】节点。

③ 在【数据库】节点上右击，从弹出的快捷菜单中选择【新建数据库】命令，如图 5-9 所示。

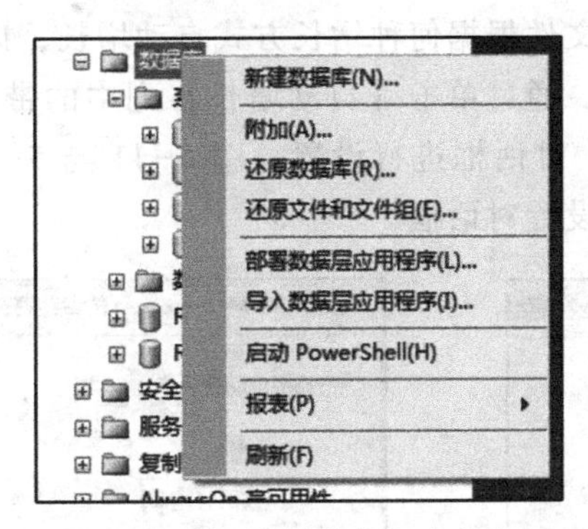

图 5-9　连接新建数据库命令

④ 执行上述操作后，会弹出【新建数据库】对话框，如图 5-10 所示。对话框包含 3 页，分别是常规、选项、文件组。

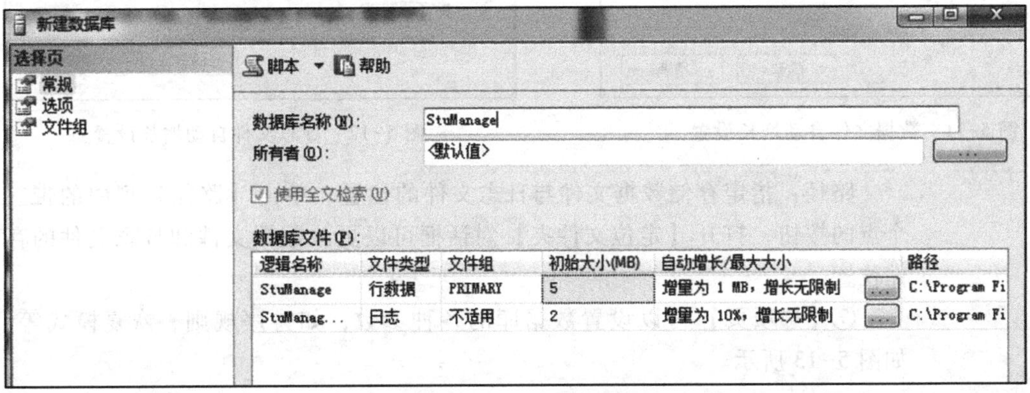

图 5-10　新建数据库对话框

⑤ 在【数据库名称】文本框中输入要新建的数据库的名称，如“StuManage”，数据文件的逻辑名称默认为 StuManage，日志文件的逻辑名称默认为 StuManage_log。数据文件的逻辑名称和日志文件的逻辑名称都可以修改，但一般不作修改。

⑥【数据库文件】列表包括两行，一行是数据文件，一行是日志文件。通过单击相应的按钮，可以添加或删除相应的数据文件或日志文件，如图 5-10 所示，该列表中各字段值的含义如下。

逻辑名称：指定该文件的文件名。

文件类型：用来区别当前文件是数据文件还是日志文件，“行数据”是数据文件，“日志”是日志文件。

文件组：显示当前数据文件所属的文件组。一个数据文件只能属于一个文件组，默认是 PRIMARY 文件组，用户可以修改数据文件所属的文件组。日志文件不属于任何文件组，图中显示为“不适用”。

初始大小：设置文件的初始容量，在 SQL Server 2014 中数据文件的初始大小是 5 MB，日志文件的初始大小是 1 MB。用户可单击相应的位置来更改数据文件和日志文件的初始大小。

自动增长：设置文件根据何种增长方式自动增长，以及文件的最大容量，是否启动自动增长等。通过单击【自动增长】列中的带三个点的按钮，打开【更改自动增长设置】对话框进行设置。图 5-11 与 5-12 分别为数据文件、日志文件的自动增长设置对话框。

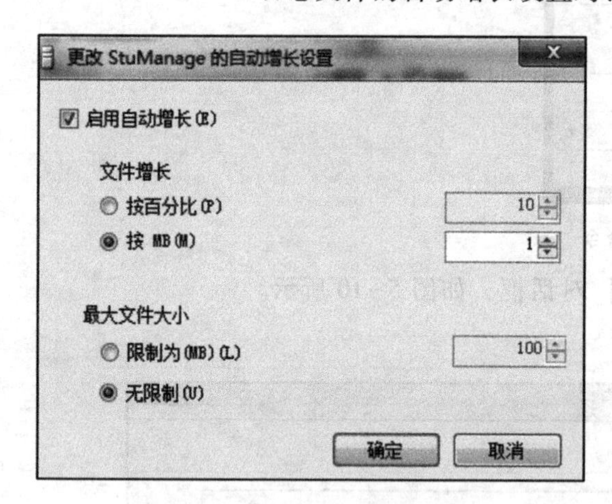

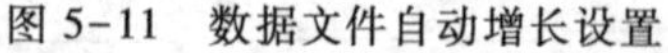
图 5-11　数据文件自动增长设置

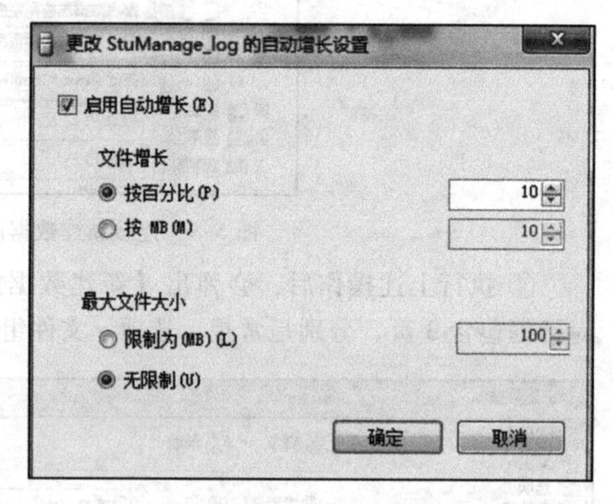

图 5-12　日志文件自动增长设置

路径：指定存储数据文件与日志文件的位置，单击【路径】列中的带三个点的按钮，打开【定位文件夹】对话框可以更改数据文件和日志文件的存储位置。

⑦【选项页】可以设置数据库的各种参数，如排序规则、恢复模式等，如图 5-13 所示。

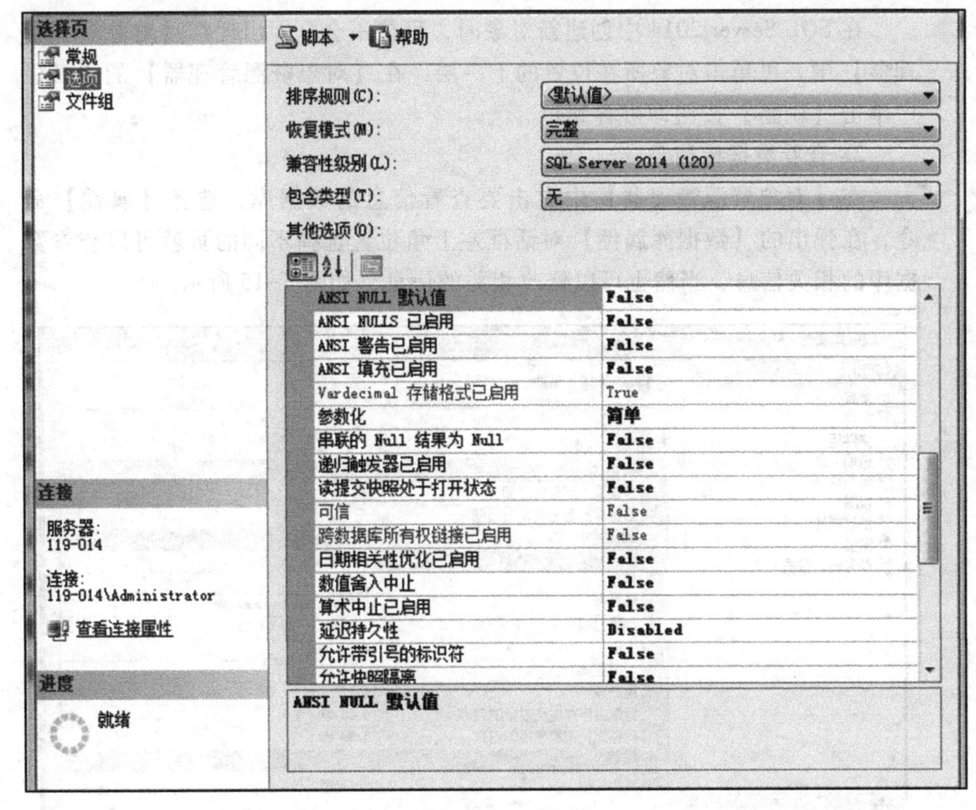

图 5-13 选项页

⑧ 单击【文件组】页，可以通过【添加】或【删除】按钮来添加或删除文件组、更改默认文件组。添加文件组后可以返回【常规】选择页，添加数据文件并设置其所属的文件组。删除文件组前，必须要保证该文件组中不存在任何非空的数据文件，如图 5-14 所示。

⑨ 完成以上操作后，单击【确定】按钮关闭【新建数据库】对话框。至此，成功创建了一个数据库。可以通过【对象资源管理器】来查看新建的数据库。

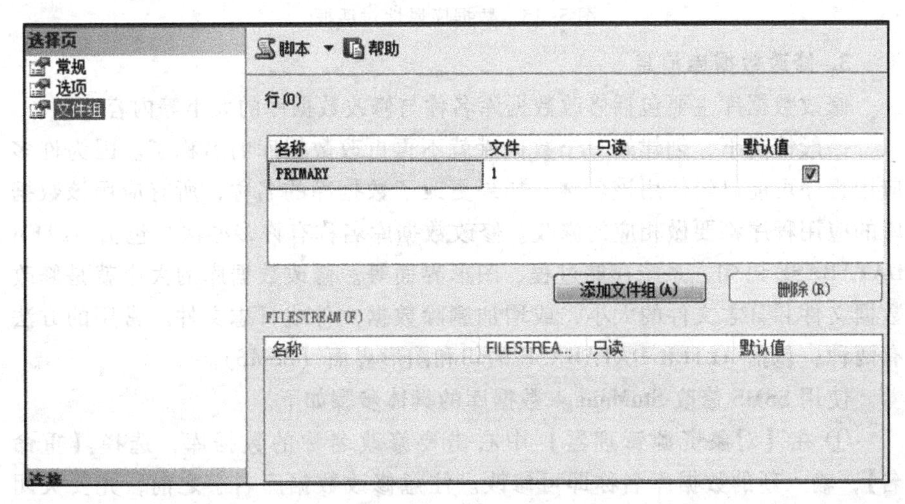

图 5-14 文件组页

在 SQL Server 2014 中创建新对象时，可能不会立即出现在【对象资源管理器】中，可单击对象所在位置的上一层，在【对象资源管理器】的工具栏中单击【刷新】按钮即可看到。

2. 查看数据库信息

在【对象资源管理器】中右击要查看信息的数据库，选择【属性】命令，在弹出的【数据库属性】对话框左上角位置选择不同的页就可以查看数据库的相关信息，当然也可以修改相关的信息，如图 5-15 所示。

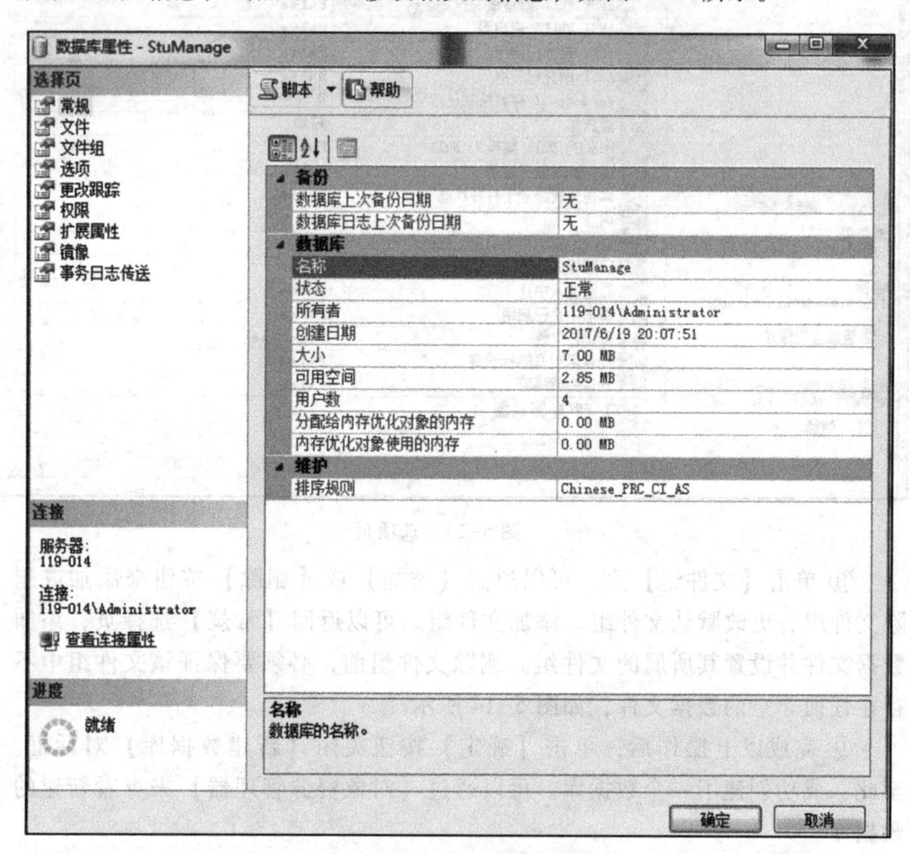

图 5-15 数据库属性对话框

3. 修改数据库信息

修改数据库主要包括修改数据库名称与修改数据库的大小等内容。

一般情况下，创建好一个数据库就不再更改数据库的名称了。因为许多应用程序可能已经使用该名称，如果更改了数据库的名称，所有应用该数据库的应用程序都要做相应的修改。修改数据库名称有许多办法，包括 ALTER DATABASE 语句、系统存储过程、图形界面等。修改数据库的大小就是修改数据文件和日志文件的大小，或增加删除数据文件或日志文件。常用的方法有两种，包括 ALTER DATABASE 语句和图形界面（SSMS）。

使用 SSMS 修改 StuManage 数据库的具体步骤如下。

① 在【对象资源管理器】中右击要修改名称的数据库，选择【重命名】，输入新的数据库名称即可修改。注意修改数据库名字之前，先要关闭

正在使用该数据库的查询窗口。

② 在【对象资源管理器】中右击要修改的数据库，选择【属性】命令，弹出【数据库属性】对话框中，选择【文件】页，可以增加或删除数据文件与日志文件，设置数据文件所属的文件组，以及更改文件的相关属性。选择【文件组】页，可以增加或删除文件组，设置默认的文件组。也可以选择其他页，更改其他属性。

4. 删除数据库

数据库不再使用时可以将其删除，以释放被占用的磁盘空间和系统消耗。使用 SSMS 删除 StuManage 数据库的具体步骤如下。

① 在对象资源管理器中选中要删除的数据库，右击选择【删除】命令。

② 在弹出的【删除对象】对话框中，选择【关闭现有连接】复选框，如图 5-16 所示，单击【确定】按钮确认删除。

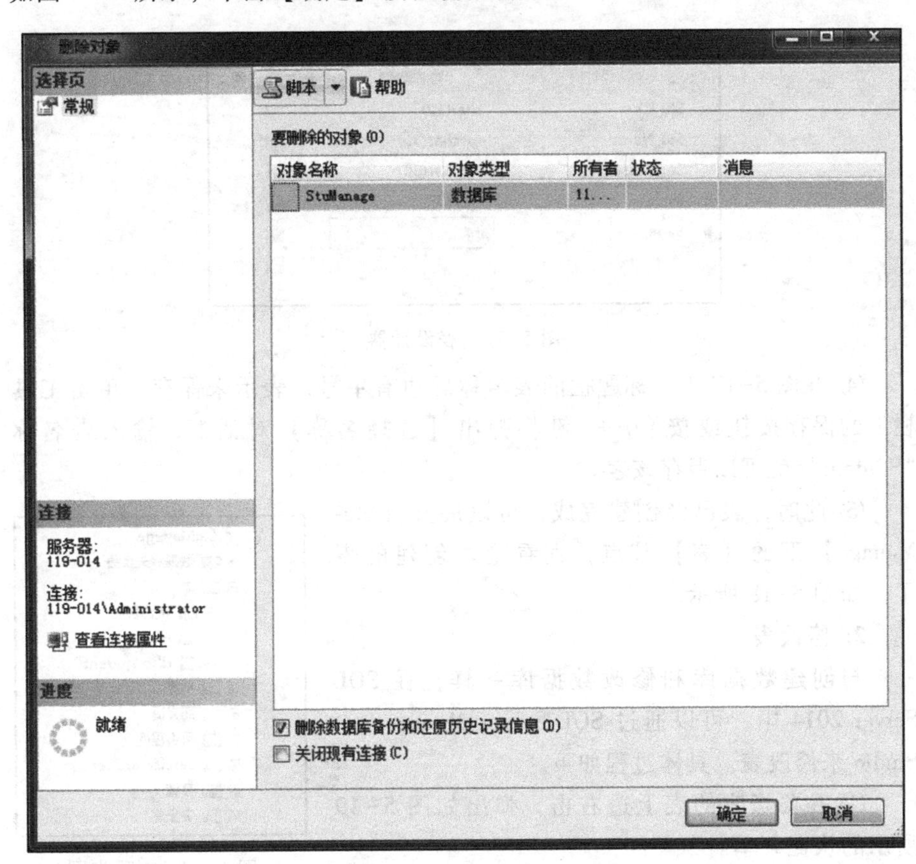

图 5-16 删除对象对话框

微视频 5.4：
基于 SSMS 实现的数据表管理

5.3.4 数据表管理

1. 创建数据表

在 SQL Server 2014 系统中，表中的每一列都有一个与之相关的特定数据类型，每一数据类型都有一定的特性。

SQL Server 2014 系统提供了 36 种数据类型。这些数据类型可以分为数值数据类型、字符数据类型、日期和时间数据类型、二进制数据类型等。当为字段指定数据类型时，需要提供对象包含的数据种类和对象所存储值的长度或大小。对于数值数据类型，还需要指定数值的精度和数值的小数位数。另外用户还可以根据需要自己来定义数据类型。

利用 SQL Server Management Studio 对 StuManage 数据库创建表的具体步骤如下。

① 在对象资源管理器中展开服务器，然后展开【数据库】。

② 展开【StuManage】，右击【表】，在弹出的快捷菜单中选择【新建表】命令。

③ 在右侧的表设计器窗口中输入列名，并选择该列的数据类型及其长度，并根据实际设置其是否允许为空，如图 5-17 所示。

119-014.StuMana...ge - dbo.Student ×

列名	数据类型	允许 Null 值
Stu_ID	char(12)	☐
Stu_Name	varchar(50)	☑
Stu_Passwd	varchar(50)	☑
Ssex	char(3)	☑
Sage	int	☑
		☐

图 5-17　表设计器

④ 在图 5-17 中，标题栏的表名称后边有星号，表示未保存。单击工具栏上的保存按钮或按 Ctrl+s 键将弹出【选择名称】对话框，输入表名称“Student”就可以保存该表。

⑤ 此时，表已经创建完成，可以展开【StuManage】下的【表】节点，查看刚才创建的表了，如图 5-18 所示。

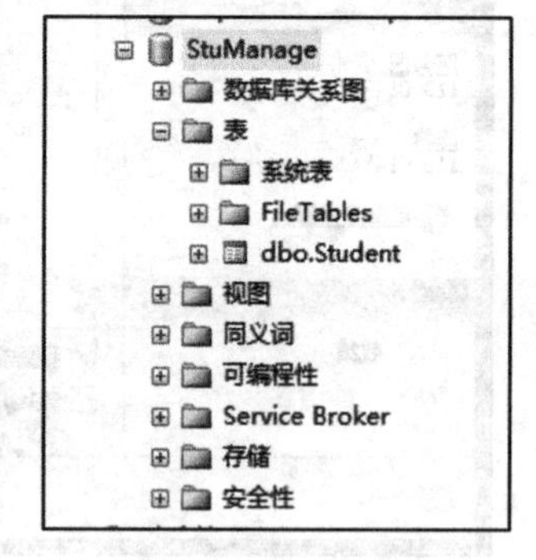

图 5-18　查看表图

2. 修改表

与创建数据库和修改数据库一样，在 SQL Server 2014 中，可以通过 SQL Server Management Studio 来修改表。具体过程如下。

① 在要修改的表上边右击，弹出如图 5-19 所示的快捷菜单。

② 在快捷菜单中，【设计】命令可以对表的结构进行修改，如图 5-20 所示。可以增加字段、删除字段、修改字段、移动字段、设置字段的相关属性（在下方的【列属性】部分，具体见后边的表的数据完整性部分讲解）、设置主键。

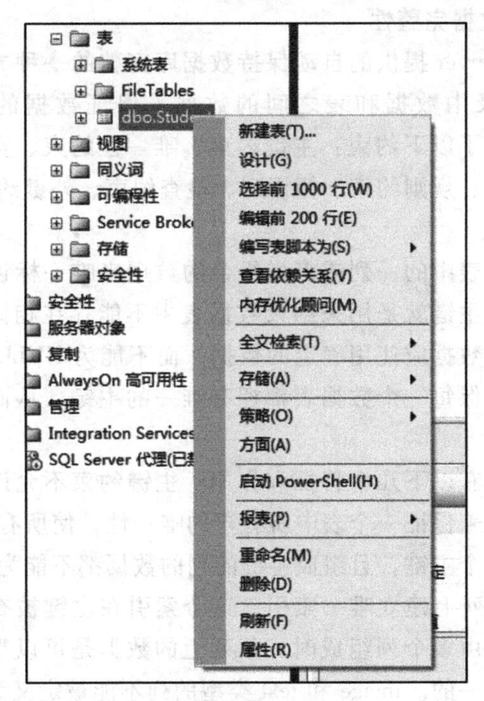

图 5-19　表的快捷菜单

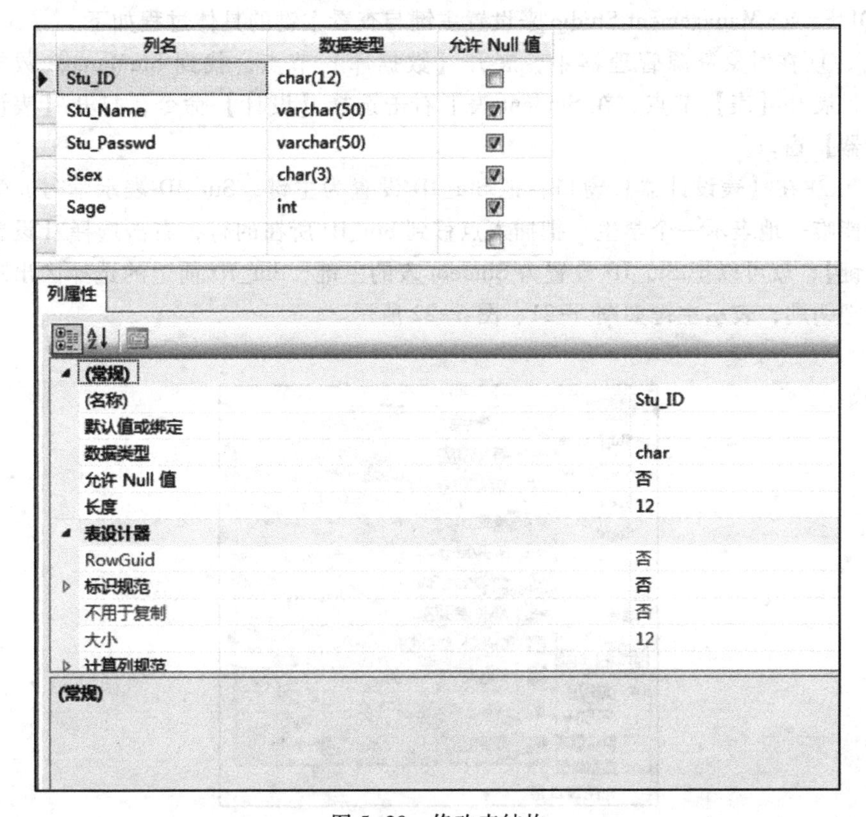

图 5-20　修改表结构

3. 设置表的数据完整性

约束是 SQL Server 提供的自动保持数据库完整的一种方法，它通过限制字段中数据、记录中数据和表之间的数据来保证数据的完整性。在 SQL Server 2014 中提供了以下约束：主键约束、唯一性约束、空值约束、默认值约束、默认值对象、规则约束、标识列、检查约束、外键约束。

（1）主键约束

主键通过数据表中的一列或多列组合的数据来唯一标识表中的每一行数据。换句话说，表主键就是用来约束数据表中不能存在相同的两行数据，且位于主键约束下的数据应使用确定的数据，而不能为 NULL。在管理数据时，一般情况下，应确保每一个数据表都拥有唯一的主键，从而实现数据的实体完整性。

表的主键约束有以下几个特征和作用：主键约束不允许一个或多个列输入重复的值，以此来保证一个表中所有行的唯一性，使所有行都是可区分的。一个表上只能有一个主键，且组成主键的列的数据都不能为空。定义主键时，SQL Server 在主键列上建立唯一索引，这个索引在主键被查询时可以提高查询的速度。当主键由多个列组成时，某列上的数据是可以重复的，但这几列的组合值必须是唯一的。image 和 text 类型的列不能被定义为主键。

创建主键可以在设计表结构时进行，也可以在修改表结构时进行。通过 SQL Server Management Studio 来设置主键与查看主键的具体过程如下。

① 在对象资源管理器中，展开【数据库】节点，找到 StuManage 数据库，展开【表】节点，在 Student 表上右击选择【设计】命令，打开【表设计器】窗口。

② 在【表设计器】窗口，把 Stu_ID 设置为主键，Stu_ID 表示学号，学号能唯一地表示一个学生。把插入点移到 Stu_ID 所在的行，右击选择【设置主键】，就可以把 Stu_ID 设置为 Student 表的主键，Stu_ID 前边的选择区出现一把钥匙，表示主键如图 5-21、图 5-22 所示。

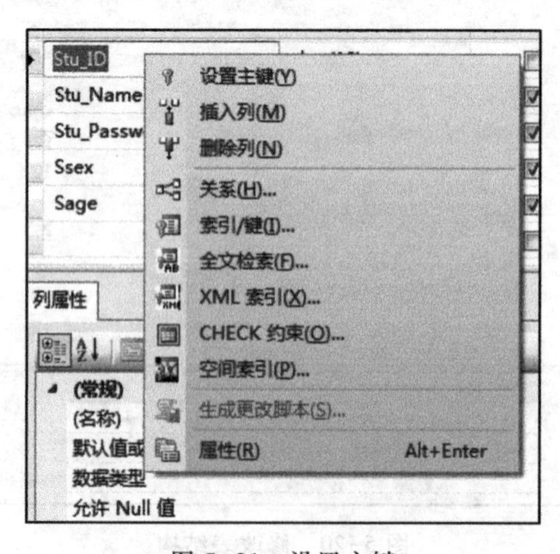

图 5-21　设置主键

列名	数据类型	允许 Null 值
Stu_ID	char(12)	☐
Stu_Name	varchar(50)	☑
Stu_Passwd	varchar(50)	☑
Ssex	char(3)	☑
Sage	int	☑
		☐

图 5-22　查看主键

(2) 唯一性约束

唯一性约束是指定一个或多个列的组合值具有唯一性，以防止在列中输入重复的值。因为每个表中只能有一个主键，如果还要保证一个或多个列的组合值具有唯一性，就可以使用唯一性约束。唯一性约束的特点如下。

① 使用唯一性约束的字段允许为空，但只能有一条记录为空，否则就不唯一了。

② 一个表中可以有多个唯一性约束。

③ 可以把唯一性约束定义在多个字段上。

通过 SQL Server Management Studio 来创建唯一性约束。具体过程如下。

① 在对象资源管理器中，展开【数据库】节点，找到 StuManage 数据库，展开【表】节点，在 Student 表上右击选择【设计】命令，打开【表设计器】窗口。

② 假设在 Stu_Name（姓名）字段上建立唯一性约束。在表设计器上任意位置右击，弹出快捷菜单，选择【索引/键】命令。弹出窗口如图 5-23 所示。

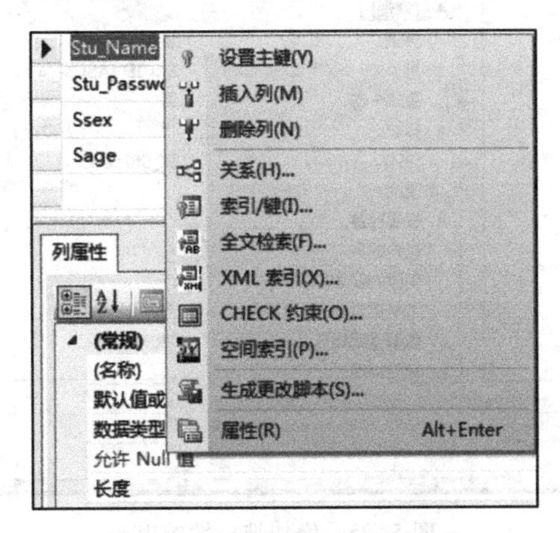

图 5-23　表设计器的快捷菜单

③ 在图 5-24 的窗口中已经有一个主键，名字是 PK_Student，就是已经创建的 Stu_ID 主键。单击【添加】按钮，再添加一个键，如图 5-25 所示。

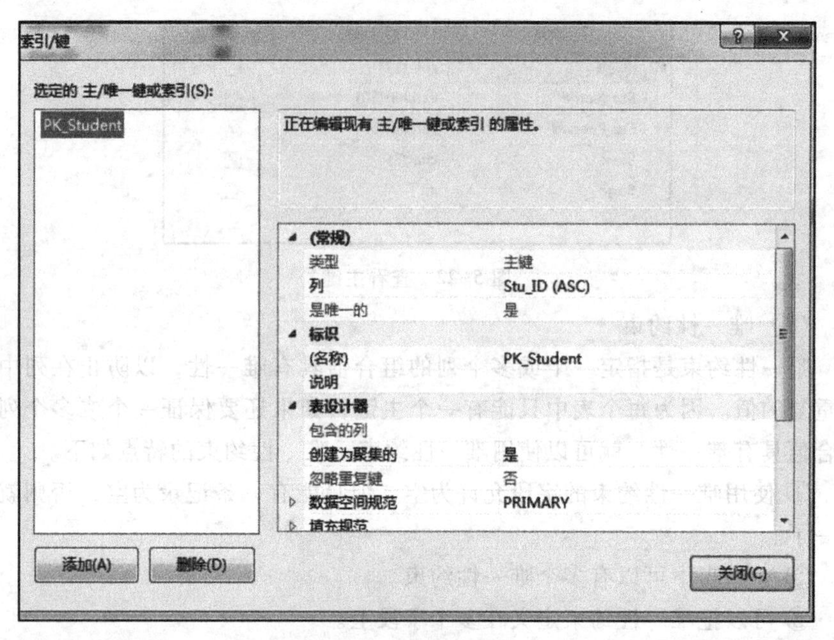

图 5-24　索引/键窗口

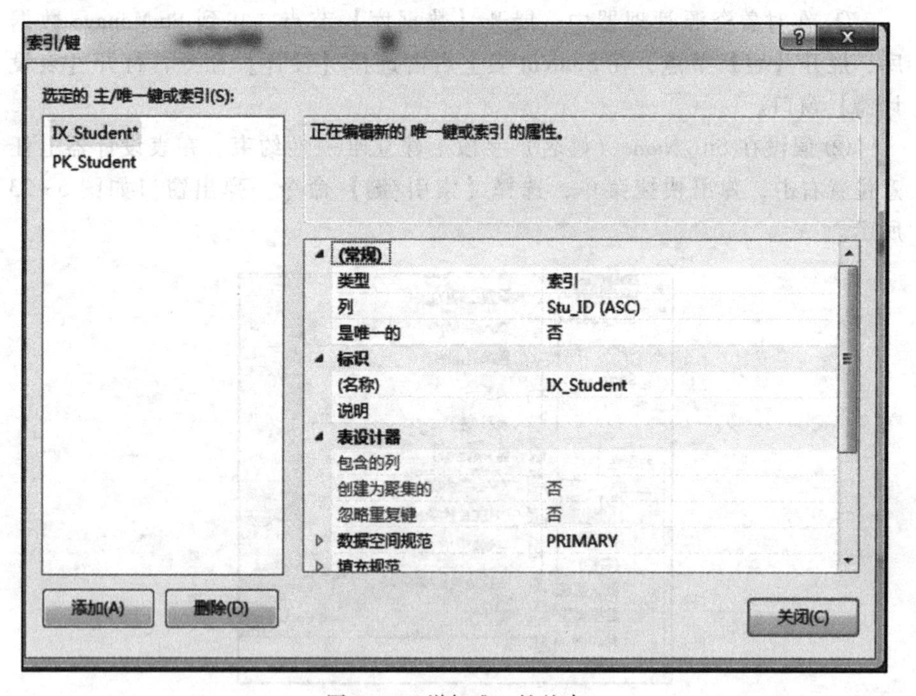

图 5-25　增加唯一性约束

④ 在图 5-25 的窗口的右侧，属性“列”右边单击带三个点的按钮，如图 5-26 所示，弹出一个窗口，如图 5-27 所示。在窗口中添加创建唯一性约束的字段和此字段的排序规则（升序或降序），可以选择几个字段。属性列“是唯一的”右边选择“是”，如图 5-28 所示。然后单击【关闭】按钮，唯一性约束创建完成如图 5-29 所示。

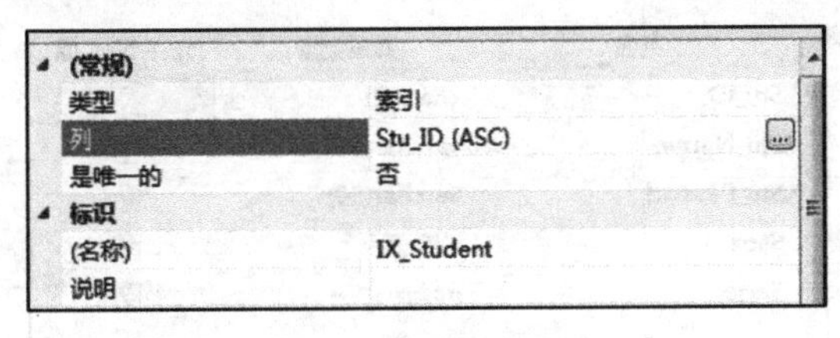

图 5-26　属性“列”

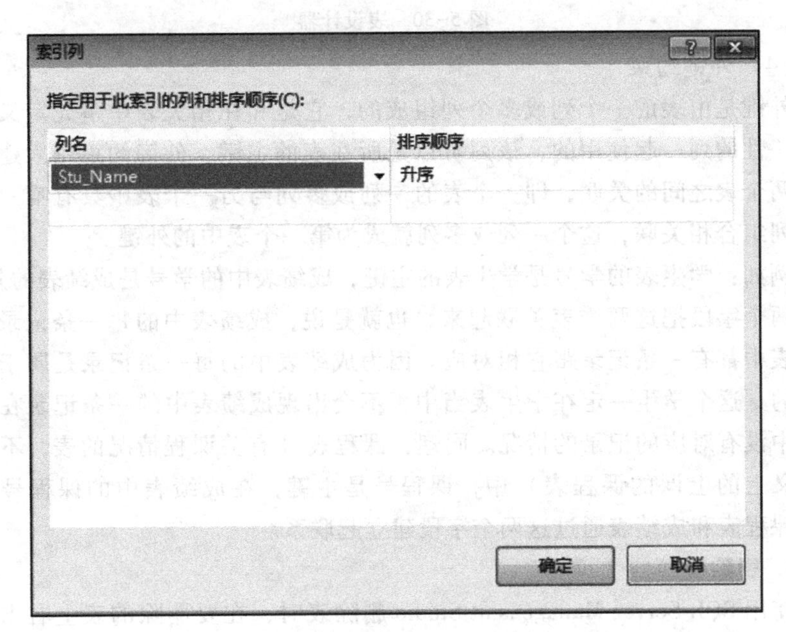

图 5-27　设置唯一性字段

图 5-28　属性“是唯一的”

图 5-29　设置唯一性约束

(3) 空值约束

空值约束就是设定字段的值是否允许为空，主键字段不允许为空。

通过 SQL Server Management Studio 来设置空值约束。具体过程如下。

① 打开表设计器，如图 5-30 所示。

② 在表设计器中，根据实际情况设置字段是否为空。在【允许 Null 值】列单击打上对勾即可，再次单击取消对勾。默认是允许为空，即对勾已经打上了。

列名	数据类型	允许 Null 值
Stu_ID	char(12)	☐
Stu_Name	varchar(50)	☑
Stu_Passwd	varchar(50)	☑
Ssex	char(3)	☑
Sage	int	☑
		☐

图 5-30　表设计器

（4）外键约束

外键是由表的一个列或多个列组成的，它是和在相关表中事先定义的具有唯一性的列一起使用的，该列可以是所在表的主键。外键约束用来建立和强调两个表之间的关联，即一个表的一列或多列与另一个表中具有唯一性的列或列组合相关联，这个一列或多列就成为第一个表中的外键。

例如：学生表的学号是学生表的主键，成绩表中的学号是成绩表的外键，用这两个字段把这两个表关联起来，也就是说，成绩表中的每一条记录，在学生表中都有一条记录跟它相对应。因为成绩表中的每一条记录是属于一个学生的，这个学生一定在学生表当中，不会出现成绩表中的一条记录在学生表当中没有对应的记录的情况。同理，课程表（有关课程情况的表，不是通常意义上的上课的课程表）中，课程号是主键，在成绩表中的课程号是外键，课程表和成绩表通过这两个字段建立起联系。

4. 删除表

使用 SQL Server Management Studio 删除表时，在要删除的表上右击，在出现的快捷菜单中选择【删除】命令，在弹出的对话框中【对象名称】下面核实是否是要删除的表，如果是，单击【确定】按钮即可删除。

本章小结

本章介绍了几种较为常用的数据库平台，目的是使读者对不同的数据库建立一定的认识与了解，方便在日后学习、工作过程中根据需要选择不同的数据库平台。

同时，本章对 SQL Server 各版本作了介绍。简单讲解了 SQL Server 2014 版本的使用。需要重点理解 SQL Server Management Studio、查询编辑器、对象资源管理器。

习题

1. 目前市场上比较流行的数据库管理系统产品有哪些?

2. SQL Server 2014 的 SQL Server Management Studio（SSMS）主要提供哪些功能?

3. 数据库文件和文件组有何关系?

4. SQL Server 系统数据库有哪些？简要说明它们的作用。

习题答案：
第 5 章

第 6 章
面向数据管理的 SQL

SQL（structured query language，结构化查询语言）在关系数据库管理系统中的作用非常重要，通过SQL，用户可以实现对数据库的访问、控制、维护和管理等。按照SQL语句实现的功能，可以将其分为4类：

电子教案：第6章 面向数据管理的SQL

① 数据定义语言（DDL），实现对数据库、数据库对象等的定义和维护。

② 数据查询语言（DQL），实现对各种需要的数据查找。

③ 数据操纵语言（DML），实现对数据的维护，包括插入、更新和删除数据。

④ 数据控制语言（DCL），实现对用户的授权等操作，维护数据库安全性。

本章只讨论前三类的实现过程，以及“视图”数据库对象的创建与使用，知识体系结构图如图6-1所示。

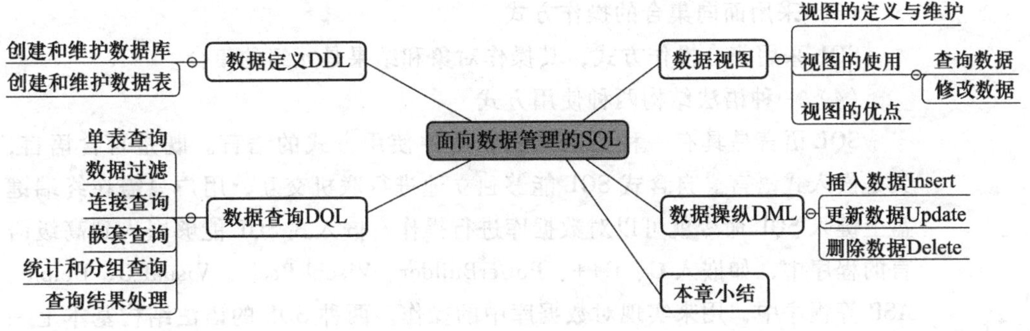

图6-1 本章知识体系结构图

6.1 SQL 基础

6.1.1 标准与环境

SQL语言是1974年由Boyce和Chamberlin提出的，并首先在IBM公司研制的关系数据库原型系统System R上实现。由于它具有功能丰富、使用灵活、语言简捷易学等特点，被众多计算机工业界和计算机软件公司所采用。

SQL在1986年被美国国家标准协会（ANSI）批准成为关系型数据库语言的美国标准，是SQL的第一个标准，称为SQL86，1987年，国际标准化组织（ISO）通过该标准。1989年，ISO对SQL86进行了补充，推出SQL89标准，随后，ANSI和ISO着手SQL的进一步发展，1992年，推出SQL92标准。随着应用的深入，功能不断完善、加强，产生多个版本，每个新版本都有重大改进。

目前流行的关系数据库管理系统都采用了SQL标准，如Oracle、SQL Server、Sybase和Access等，各产品开发商为了达到特殊的性能或新的特性，各自对标准进行了扩展和再开发，因而各种不同的数据库对SQL语言的支持与标准存在着细微的不同。

SQL 语言是一个非过程化语言，它的大多数语句都是独立执行并完成一个特定的操作，与上下文无关。具有以下特点。

(1) 高度的综合

SQL 语言集数据定义（data definition）、数据查询（data query）、数据操纵（data manipulation）和数据控制（data control）功能于一体，语言风格统一，可以独立完成数据库生命周期的全部活动。

(2) 非过程化

SQL 语言是一个高度非过程化的语言，在采用 SQL 语言进行数据操作时，只要提出“做什么”，而不必指明“怎么做”，其他工作由系统完成，减轻了用户的负担，有利于提高数据独立性。

(3) 采用面向集合的操作方式

SQL 采用集合操作方式，其操作对象和结果是元组的集合。

(4) 一种语法结构两种使用方式

SQL 语言是具有一种语法结构，两种使用方式的语言。既是自含语言，又是嵌入式语言。自含式 SQL 能够独立地进行联机交互，用户只需在终端键盘上键入 SQL 命令就可以对数据库进行操作。嵌入式 SQL 能够嵌入到高级语言的程序中，如嵌入 C、C++、PowerBuilder、Visual Basic、Visual C、Delphi、ASP 等程序中，用来实现对数据库中的操作。两种 SQL 的语法结构基本上一致，因此给程序员设计应用程序提供了很大的方便。

(5) 语言结构简单，易学易用

SQL 语言结构简单，完成核心功能的语句只有几条，可以通过有限的组合实现复杂的功能。

6.1.2 Transact-SQL 及其语法约定

Transact-SQL 语言是 Microsoft 对标准的结构化查询语言 SQL 的实现和扩展，它是一种交互式查询语言，具有功能强大，简单易学的特点。既允许用户直接查询存储在数据库中的数据，也可以把语句插入到高级程序设计语言中使用。

同任何程序设计语言一样，Transact-SQL 语言也有自己的常量变量、数据类型、表达式、关键字和语句结构。Transact-SQL 的语法格式约定如表 6-1 所示。

表 6-1 Transact-SQL 语法约定

规范	作用
大写	Transact-SQL 关键字
斜体	Transact-SQL 语法中用户提供的参数
|（竖线）	分隔括号或大括号内的语法项目，只能选择一个项目

续表

规范	作用
[ ]（方括号）	可选语法项目
{ }（大括号）	必选语法项目
[1, …, n]	前面的项目可重复 n 次，每项之间用逗号分隔

6.1.3 Transact-SQL 数据类型

关系的所有属性都需要用数据类型加以描述，目的是为了给不同的数据分配合适的空间，确定合适的存储形式。例如，在学生关系中，要求年龄属性必须是整数，不能输入字母。为关系中的属性定义数据类型是一种数据检验方式，可以极大减少由于输入错误而产生的错误数据。

Transact-SQL 提供了丰富的系统数据类型，如表 6-2 所示。为表字段指定数据类型时，需要提供合适的类型名称及长度。对于数值数据类型，还需要指定数值的精度和数值的小数位数。另外用户还可以根据需要自己来定义数据类型。

表 6-2　Transact-SQL 的主要系统数据类型

数据类型		符号标识
数字数据类型	整数型	bigint，int，smallint，tinyint
	精确数值型	decimal，numeric
	近似数值型	float，real
	货币型	money，smallmoney
字符数据类型	字符型	char，varchar
	Unicode 字符型	nchar，nvarchar
	文本型	text，ntext，varchar（max），nvarchar（max）
日期和时间数据类型		datetime，smalldatetime，date，time，datetime2，datetimeoffset
逻辑数据类型		bit
二进制数据类型		binary，varbinary，image，varbinary（max）
特殊用途的数据类型		cursor，table，uniqueidentifier，xml，sql_variant，hierarchyid，timestamp

数字数据类型用于存储数值，这些数值可以参加各种数学运算字符数据类型。

字符型数据用于存储字符串，字符串可以是中文、英文字符、数字和其他各种符号，输入时，需将串中的符号用单引号或双引号括起来。

日期和时间数据类型用于存储日期和时间数据。

逻辑数据类型用于存储具有逻辑含义的数据，如是或非、真或假，亦称为位（bit）数据类型，长度一个字节，存储0（逻辑假）或1（逻辑真）。

二进制数据类型用于存储二进制数或字符串。

SQL Server还提供了几种特殊用途的数据类型，用以完成特殊数据对象的定义、存储和使用。

扩展阅读6.1：SQL Sever 2008数据类型详解

用户自定义数据类型并不是真正的数据类型，它只提供一种加强数据库内部元素和基本数据类型之间的一致性的机制。用户基于系统的数据类型设计并实现的数据类型就称为用户自定义数据类型。创建用户自定义类型时，必须提供三个参数：数据类型的名称、所基于的系统数据类型和是否允许为空。

6.2 数据定义

使用数据库实现数据管理，第一步是创建数据库，然后再创建系统需要的数据库对象、约束等。在数据库的使用过程中，可能还要对数据库、数据库对象等进行维护，逐步完善数据库。这些都属于数据定义的范畴，可通过SQL命令CREATE、ALTER、DROP来实现。

6.2.1 创建和维护数据库

1. 创建数据库

创建数据库使用CREATE DATABASE语句，其语法格式如下。

```
CREATE DATABASE 数据库名
        [ON
            {[PRIMARY][<filespec>[,…n]
                [,<filegroup>[,…n]]
            [LOG ON{<filespec>[,…n]}]]
            ]
            [COLLATE collation_name]
                [WITH<external_access_option>]
        ]
```

“[]”内的部分是可选项，用以指定创建数据库时主数据文件、日志文件的具体描述，以及排序规则。如果都使用系统默认参数，使用以下语句。

```
CREATE DATABASE 数据库名
```

2. 修改数据库

修改数据库使用ALTER DATABASE语句，其语法格式如下。

```
ALTER DATABASE 数据库名
{
  |MODIFY NAME=新数据库名
```

```
|COLLATE collation_name
|<file_and_filegroup_options>
|<set_database_options>
}
```

该语句可修改一个数据库或与该数据库关联的文件和文件组，在数据库中添加或删除文件和文件组、更改数据库的属性或其文件和文件组、更改数据库排序规则和设置数据库选项。如果需要给数据库改一个新的名字，使用如下语句。

```
ALTER DATABASE 数据库名 MODIFY NAME=新数据库名
```

3. 删除数据库

```
DROP DATABASE 数据库名
```

6.2.2 创建和维护数据表

1. 创建数据表

创建数据表使用 CREATE TABLE 语句，其语法格式如下。

```
CREATE TABLE<表名>
    (<列名><数据类型>[<列级完整性约束条件>]
    [,<列名><数据类型>[<列级完整性约束条件>]]…
    [,<表级完整性约束条件>])
```

例 6-1　创建表 dept，包含两列：系号 dno（6 个定长文本）和系名 dname（20 个定长文本），dno 为主关键字，dname 不能为空。

```
create table dept(dno char(6) PRIMARY KEY,
                  dname char(20) NOT NULL
                 )
```

2. 维护数据表

维护数据表使用 ALTER TABLE 语句，其语法格式如下。

```
ALTER TABLE<表名>
    [ADD<新列名><数据类型>[完整性约束]]
    [ADD<表级完整性约束>]
    [DROP[COLUMN]<列名>]
    [DROP<完整性约束名>]
    [ALTER COLUMN<列名><数据类型>];
```

例 6-2　修改表 dept，新增列 ddirector，10 个变长文本，不能重复。

```
ALTER TABLE dept ADD ddirector VARCHAR(10) CONSTRAINT
    ddir_unique UNIQUE
```

其中，ddir_unique 是约束名。

3. 删除数据表

删除数据表使用 DROP TABLE 语句，其语法格式如下。

```
DROP TABLE<表名>
```

例 6-3　删除表 dept。

```
DROP TABLE dept
```

微视频 6.1：
SQL Server 引例数据库的实现

6.2.3　引例数据库的实现

以本章使用的数据库为例，创建数据库 bookcase 的过程如下。

1. 创建数据库 bookcase

```
CREATE DATABASE bookcase
```

2. 指定 bookcase 数据库为当前使用的数据库

```
USE bookcase
```

3. 创建数据表及外键联系

① 创建表 dept，存放学生和教师所在系的描述，dno 是系编号，为主关键字，系名 dname 不重复。

```
create table dept(dno char(6)primary key,
                  dname char(30)unique,
                  daddress char(40),
                  dphone char(15),
                  ddirector char(8))
)
```

② 创建表 student，存放学生基本信息，sno 是学号，为主关键字，sdno 指学生所在的系编号，为外键，参照 dept 表的主关键字 dno。

```
create table student(sno char(10)primary key,
                     sname char(8),
                     sgender char(2),
                     sbirth datetime,
                     sdno char(6)
                     foreign key(sdno)references dept(dno))
```

③ 创建表 course，存放课程信息，cno 是课程号，为主关键字，cpno 指先修课，为外键，参照本表的主关键字 cno，即自联系。

```
create table course(cno char(8)primary key,
                    cname char(40)not null,
                    cpoints float,
                    cpno char(8)
                    foreign key(cpno)references course(cno)
)
```

④ 创建表 sc，存放学生选课信息，sno 与 cno 共同构成主关键字，其中，sno 指学号，为外键，参照 student 表的主关键字 sno，cno 指课程号，也为外键，参照 course 表的主关键字 cno。

```
create table sc(sno char(10),
                cno char(8),
```

```
            grade smallint,
            primary key(sno,cno),
            foreign key(sno)references student(sno),
            foreign key(cno)references course(cno)
)
```

⑤ 创建表 teacher，存放教师基本信息，tno 为主关键字，tdno 是教师所在的系编号，为外键，参照 dept 表的主关键字 dno。

```
create table teacher(tno char(8)primary key,
                     tname char(8)not null,
                     twage money,
                     tprotitle char(10),
                     tdno char(6)
                     foreign key ( tdno ) references dept
                               (dno)
)
```

⑥ 创建表 tc，存放教师授课信息，tno 与 cno 共同构成主关键字，tno 是教师编号，为外键，参照 teacher 表的主关键字 tno，cno 是课程号，也为外键，参照 course 表的主关键字 cno。

```
create table tc(tno char(8),
            cno char(8),
            primary key(tno,cno),
            foreign key(tno)references teacher(tno),
            foreign key(cno)references course(cno)
)
```

6.3 数据操纵

表对象创建后，插入数据、更新数据和删除数据用以存储和维护数据，分别用 INSERT、UPDATE、DELETE 语句实现，在做数据更新时，一定要符合表（列）的规则、约束等，否则，数据将不能被更新。

6.3.1 插入数据

给表添加数据，有两种方式。

① 将指定值直接添加到表中，一次添加一行，语句如下。

```
INSERT  [INTO]<表名 |视图名>[(<属性列 1>[,<属性列 2>…  )]
    VALUES(<值 1>[,<值 2>]  …       )
```

② 将查询结果添加到表中，一次可以添加多行，语句如下。

```
INSERT  [INTO[<表名|视图名>  [(<属性列 1>[,<属性列 2>…  )]
     SELECT 语句
```

例 6-4 添加一行选课数据，学号：2016012024，课程号：e001，成绩暂时不录入。

```
INSERT INTO sc(sno,cno)
     VALUES('2016012024','e001')
```

例 6-5 将 d03 系的女生简要信息添加到 GIRLS 表。

注：GIRLS（sno，sname，sbirth），见例 6-32。

```
INSERT GIRLS
     SELECT sno,sname,sbirth FROM student WHERE sdno =
          'd03 'AND sgender ='女'
```

6.3.2 更新数据

完成对表数据的更新使用 UPDATE 语句，语法格式如下。

```
UPDATE  <表名|视图名>
     SET  <列名>=<表达式>[,<列名>=<表达式>]…
     [WHERE<条件>]
```

例 6-6 修改 dept 表数据，更新 d05 行记录的地址：3-201，电话：88889999。

```
UPDATE dept
   SET daddress ='3-201',dphone ='88889999'
   WHERE dno ='d05'
```

例 6-7 将 sc 表的英语成绩整体提高 5%。

```
UPDATE sc
   SET grade=grade * 1.05
   WHERE cno IN(SELECT cno FROM course WHERE cname LIKE
        '% 英语% ')
```

6.3.3 删除数据

删除表中不需要的、错误的数据，可使用 DELETE 语句。

```
DELETE
     FROM  <表名|视图名>
     [WHERE<条件>]
```

例 6-8 删除 sc 表中没有成绩的记录。

```
DELETE FROM sc WHERE grade IS NULL
```

6.4 数据查询

数据查询语句在 SQL 使用频度最高，实现用户对数据库的各种数据查找、计算与统计的需求，语句基本框架如下。

```
SELECT [ALL |DISTINCT][TOP N[PERCENT]]<目标列表达式>[,<目标列表达式>]…
    FROM<表名或视图名>[,<表名或视图名>]…
    [WHERE<条件表达式>]
    [GROUP BY<列名>[HAVING<条件表达式>]]
    [ORDER BY<列名>[ASC |DESC]
```

6.4.1 单表查询

student 表数据如图 6-2 所示。

sno	sname	sgender	sbirth	sdno
2015020003	郭宇轩	男	1997-08-09 00:00:00.000	d03
2015020004	刘薇薇	女	1998-01-20 00:00:00.000	d03
2016012004	赵晖	男	1998-04-20 00:00:00.000	d01
2016012010	欧阳牧	男	1997-11-05 00:00:00.000	d01
2016012013	李莉	女	1999-01-10 00:00:00.000	d01
2016012024	吴悠	男	1998-12-08 00:00:00.000	d01
2016012030	张小雨	女	1998-02-02 00:00:00.000	d01

图 6-2 student 表数据

例 6-9 查找 student 表中的所有数据。

```
SELECT * FROM student
```

说明：“ * ”代表所有列，FROM 后为表名。SELECT 子句指定输出某（些）列，如查找 student 表中的 sno 和 sname，查询语句如下。

```
SELECT sno,sname FROM student
```

例 6-10 查找 student 表的学生来自哪些系。

```
SELECT sdno FROM student
```

运行后，发现包含了重复记录，希望不显示重复的 dno，语句可改为如下语句。

```
SELECT DISTINCT sdno FROM student
```

说明：“DISTINCT”指明输出不一样的记录，系统默认为“ALL”，输出所有记录。

例 6-11 查看 student 表中前 3 行记录。

```
SELECT TOP 3 * FROM student
```

说明：“TOP N（PERCENT）”可以限定输出前多少行或前百分之多少行，与后面学习的排序子句 ORDER BY 配合使用，完成最……的前几条，记录查找。

例 6-12 查找 student 表信息，显示 sno、sname、sgender 和 sage（年龄）。

分析：sage 列未在表中出现，但表中有 sbirth 列，可以通过计算得到年龄。

```
SELECT sno,sname,sgender,YEAR(GETDATE())-YEAR(sbirth)
```

```
        AS sageFROM student
```

说明：

① SELECT 子句不仅可以直接输出列，还可以对列进行计算，输出结果。

② 由于计算的列没有列名，因此，需要用“AS”起别名。当然，“AS”也可以用于为其他列取别名，比如如下语句。

```
SELECT sno AS 学号 FROM student
```

sno 列显示为“学号”，“AS”在 SQL Server 系统可以省略。

6.4.2　数据过滤

在实际工作环境中，用户往往不会查找表中所有数据，而只希望看到关心的那部分，因此数据过滤是必需的。对于数据行的限制，通过 WHERE 子句实现。

```
WHERE　条件表达式
```

条件表达式使用的谓词（运算符）说明如表 6-3 所示。

表 6-3　条件表达式谓词说明

查询条件	谓词
比较	=，>，<，>=，<=，! =，<>，! >，! <；NOT+上述比较运算符
确定范围	BETWEEN AND，NOT BETWEEN AND
确定集合	IN，NOT IN
字符匹配	LIKE，NOT LIKE
空值	IS NULL，IS NOTLIKE
多重条件（逻辑运算）	AND，OR，NOT

例 6-13　查找 student 表中女生的 sno 和 sname。

```
SELECT sno,sname FROM student WHERE sgender='女'
```

例 6-14　查找 student 表中 1998 年出生的 d01 系的学生信息。

```
SELECT * FROM student
      WHERE sbirth between '1998-1-1'and'1998-12-31'and
             sdno='d01'
```

说明：between…and…包括边界值，条件相当于如下语句。

```
WHERE sbirth>='1998-1-1'and sbirth<='1998-12-31'
```

条件表达式也可以使用函数，将此例的条件改写如下。

```
WHERE YEAR(sbirth)=1998 and sdno='d01'
```

例 6-15　查找 student 表中姓张的学生信息。

```
SELECT * FROM student WHERE sname LIKE '张%'
```

说明：通过 LIKE 可实现模糊查询，“%”代表 0 个或多个字符匹配，“_”代表 1 个字符匹配。比如，查找姓李且姓名为两个字的学生，条件表达式如下。

```
WHERE sname LIKE '李_'
```

例 6-16 查找 course 表中有先修课的课程信息，course 表数据如图 6-3 所示。

```
SELECT * FROM course WHERE cpno IS NOT NULL
```

说明：空值是一个特殊的值，使用 IS NULL 或 IS NOT NULL 判断是否为空值，不能使用=NULL。查询结果如图 6-4 所示。

cno	cname	cpoints	cpno
cs001	计算思维导论	3	NULL
cs002	C语言程序设计	4	cs001
cs010	数据库原理	3.5	cs002
e001	大学英语	4.5	NULL
e006	专业英语	2	e001
m001	高等数学	4	NULL
m002	线性代数	3	NULL

图 6-3 course 表数据

cno	cname	cpoints	cpno
cs002	C语言程序设计	4	cs001
cs010	数据库原理	3.5	cs002
e006	专业英语	2	e001

图 6-4 例 6-16 查询结果

6.4.3 连接查询

在关系数据库系统，每个数据表代表实体或表间关系，数据冗余度低，用户往往需要从几个表中同时查询数据，通过连接查询来实现。

有两种语句形式支持连接运算。

(1) WHERE 子句形式

```
FROM 表 1,表 2 WHERE 连接条件
```

(2) FROM 子句形式

```
FROM 表 1 [连接类型] 表 2 ON 连接条件
```

说明：

(1) 连接类型

① 内连接（INNER JOIN）：使用比较运算符进行表间某（些）列数据的比较操作，并列出这些表中与连接条件相匹配的数据行。

② 外连接（OUTER JOIN）：不只列出与连接条件相匹配的数据行，而是列出左表、右表或两张连接表中找不到匹配的记录行。

③ 交叉连接（CROSS JOIN）：返回连接表中所有数据行的笛卡儿乘积。

(2) 连接条件

由被连接表中的列和比较运算符、逻辑运算符等构成。如：student. sno=sc. sno

sc 表数据如图 6-5 所示。

sno	cno	grade
2015020004	e001	74
2015020004	e006	80
2015020004	m001	61
2016012004	cs001	87
2016012013	cs001	98
2016012013	cs002	95
2016012013	e001	88
2016012024	cs001	71
2016012024	m001	76
2016012024	m002	56
2016012030	cs001	90
2016012030	cs002	86
2016012030	cs010	72
2016012030	m001	84
2016012030	m002	85

图 6-5 sc 表数据

1. 内连接

例6-17　查找sno为2015020004的各课程成绩，查询结果图6-6所示。

sno	cno	cname	grade
2015020004	e001	大学英语	74
2015020004	e006	专业英语	80
2015020004	m001	高等数学	61

图6-6　例6-17查询结果

(1) WHERE子句形式

```
SELECT sno,course.cno,cname,grade
     FROM course,sc
   WHERE course.cno=sc.cno and sno='2015020004'
```

(2) FROM子句形式

```
SELECT sno,course.cno,cname,grade
   FROM course INNER JOIN sc ON course.cno=sc.cno
   WHERE sno='2015020004'
```

用FROM子句形式可以指出连接类型，连接条件与查询搜索条件区分，在逻辑上更清晰，本章例题按FROM子句形式描述。

提示：

① 查询的连接条件指具有相同属性含义的列，不是相同名称的列，只是在很多系统中，不同表具有相同属性的列恰好列名也相同。

② 多表连接时，列名可能会重复，如例6-17的cno，因此，引用这些重复列名时，一定要指定其表名，形如：表名.列名。

例6-18　例6-17中未显示学生姓名，如果希望查询结果是图6-7所示形式数据，就需要添加student表的连接。

sno	sname	cno	cname	grade
2015020004	刘薇薇	e001	大学英语	74
2015020004	刘薇薇	e006	专业英语	80
2015020004	刘薇薇	m001	高等数学	61

图6-7　例6-18查询结果

```
SELECT student.sno,sname,course.cno,cname,grade
  FROM course INNER JOIN sc ON course.cno=sc.cno
            INNER JOIN student ON student.sno=sc.sno
  WHERE student.sno='2015020004'
```

例6-19　查找course表中有先修课的课程信息，并显示先修课cpno的课程名称，查询结果如图6-8所示。

	cno	cname	cpoints	cpno	cname
1	cs002	C语言程序设计	4	cs001	计算思维导论
2	cs010	数据库原理	3.5	cs002	C语言程序设计
3	e006	专业英语	2	e001	大学英语

图6-8　例6-19查询结果

```
SELECT c1.*,c2.cname
           FROM course AS c1 INNER JOIN course AS c2 ON
               c1.cpno=c2.cno
```

这是一个自连接的查询，要得到 cpno 的课程名称，需要连接 course 表本身，在使用自连接时，必须给表起别名，方法和给列起别名相同，形如：表名 AS 表别名，“AS”可以省略。

2. 外连接

内连接查询结果返回满足连接条件的行，如例 6-19，course 表中还有其他课程，但只返回了那些先修课列 cpno 有值的行，因为 NULL 值与 cno 作连接运算时，找不到对应的记录。而外连接运算，查询结果不仅包含符合连接条件的行，还包括左表、右表或两张连接表中找不到对应记录的行。

例 6-20　查找 course 表中所有行，如果有先修课 cpno，显示对应的先修课名称，查询结果如图 6-9 所示。

	cno	cname	cpoints	cpno	cname
1	cs001	计算思维导论	3	NULL	NULL
2	cs002	C语言程序设计	4	cs001	计算思维导论
3	cs010	数据库原理	3.5	cs002	C语言程序设计
4	e001	大学英语	4.5	NULL	NULL
5	e006	专业英语	2	e001	大学英语
6	m001	高等数学	4	NULL	NULL
7	m002	线性代数	3	NULL	NULL

图 6-9　例 6-20 查询结果

```
SELECT c1.*,c2.cname
    FROM course c1 LEFT OUTER JOIN course c2 ON c1.cpno
        =c2.cno
```

这是一个左外连接，因为返回的是 JOIN 左侧表 c1 的所有行，所谓右外连接，便是返回 JOIN 右侧表的所有行，使用关键字 RIGHT OUTERJOIN。

例 6-21　查找学生成绩，显示所有学生的学号、姓名，查询结果如图 6-10 所示。

	sno	cno	grade	sno	sname
1	NULL	NULL	NULL	2015020003	郭宇轩
2	2015020004	e001	74	2015020004	刘薇薇
3	2015020004	e006	80	2015020004	刘薇薇
4	2015020004	m001	61	2015020004	刘薇薇
5	2016012004	cs001	87	2016012004	赵晖
6	NULL	NULL	NULL	2016012010	欧阳牧
7	2016012013	cs001	98	2016012013	李莉
8	2016012013	cs002	95	2016012013	李莉
9	2016012013	e001	88	2016012013	李莉
10	2016012024	cs001	71	2016012024	吴悠
11	2016012024	m001	76	2016012024	吴悠

图 6-10　例 6-21 查询结果（部分数据）

```
SELECT sc.*,student.sno,student.sname
  FROM sc RIGHT JOIN student on sc.sno=student.sno
```

图 6-10 中那些 sno，cno，grade 显示为 NULL 值的行，说明 student 表中有该学生，但没有选课，所以，sc 表中没有对应的记录。这样，可以通过判

断 sc 表中 sno 列是否为空值，找到还没有选课的学生，SQL 语句如下。

```
SELECT student.sno,student.sname
  FROM sc RIGHT JOIN student on sc.sno=student.sno
  WHERE sc.sno IS NULL
```

全外连接返回两张表中的所有行，不管是否满足连接条件。若不满足，另一张表的列显示为 NULL 值，若满足，则显示为对应的值。

3. 交叉连接

交叉连接的结果是两张表的笛卡儿乘积，不需要连接条件，返回记录的行数是两张表的行数之积。

例 6-22　显示 student 表和 course 表的笛卡儿乘积。

```
SELECT * FROM student CROSS JOIN course
```

执行结果如图 6-11 所示，返回 49 行记录（student 表有 7 名学生，course 表有 7 门课程）。

	sno	sname	sgender	sbirth	sdno	cno	cname	cpoints	cpno
1	2015020003	郭宇轩	男	1997-08-09 00:00:00.000	d03	cs001	计算思维导论	3	NULL
2	2015020004	刘薇薇	女	1998-01-20 00:00:00.000	d03	cs001	计算思维导论	3	NULL
3	2016012004	赵晖	男	1998-04-20 00:00:00.000	d01	cs001	计算思维导论	3	NULL
4	2016012010	欧阳牧	男	1997-11-05 00:00:00.000	d01	cs001	计算思维导论	3	NULL
5	2016012013	李莉	女	1999-01-10 00:00:00.000	d01	cs001	计算思维导论	3	NULL
6	2016012024	吴悠	男	1998-12-08 00:00:00.000	d01	cs001	计算思维导论	3	NULL
7	2016012030	张小雨	女	1998-02-02 00:00:00.000	d01	cs001	计算思维导论	3	NULL
8	2015020003	郭宇轩	男	1997-08-09 00:00:00.000	d03	cs002	C语言程序设计	4	cs001
9	2015020004	刘薇薇	女	1998-01-20 00:00:00.000	d03	cs002	C语言程序设计	4	cs001
10	2016012004	赵晖	男	1998-04-20 00:00:00.000	d01	cs002	C语言程序设计	4	cs001
11	2016012010	欧阳牧	男	1997-11-05 00:00:00.000	d01	cs002	C语言程序设计	4	cs001
12	2016012013	李莉	女	1999-01-10 00:00:00.000	d01	cs002	C语言程序设计	4	cs001
13	2016012024	吴悠	男	1998-12-08 00:00:00.000	d01	cs002	C语言程序设计	4	cs001
14	2016012030	张小雨	女	1998-02-02 00:00:00.000	d01	cs002	C语言程序设计	4	cs001
15	2015020003	郭宇轩	男	1997-08-09 00:00:00.000	d03	cs010	数据库原理	3.5	cs002
16	2015020004	刘薇薇	女	1998-01-20 00:00:00.000	d03	cs010	数据库原理	3.5	cs002
17	2016012004	赵晖	男	1998-04-20 00:00:00.000	d01	cs010	数据库原理	3.5	cs002

图 6-11　例 6-22 执行结果

6.4.4　嵌套查询

顾名思义，嵌套查询是指在一个 SELECT 语句中又嵌套了另一个 SELECT 语句，外层查询称为父查询（或主查询），内层查询称为子查询。SQL Server 允许多层嵌套，嵌套层次只有一层的称为单层嵌套查询，多于一层的称为多层嵌套查询。

嵌套查询的执行方式是由内向外，先处理内层查询，外层查询利用内层查询的结果继续执行。利用这种逐层完成计算的过程，可以清晰地表达查询的语义逻辑，从而完成复杂的查询。

按照子查询的返回结果，将嵌套查询分为单值嵌套查询（返回一个值）和多值嵌套查询（返回多个值），二者使用的条件运算符不同。

1. 单值嵌套查询

例 6-23 查找“大学英语”课程的选课信息。

```
SELECT * FROM sc
    WHERE cno =(SELECT cno FROM course WHERE cname ='大学
        英语')
```

先从 course 表中找到“大学英语”对应的 cno，再以找的 cno 为条件搜索选课信息。将子查询作为 WHERE 子句的条件是经常使用的方式，也可以用另一种子查询的方式表达。

```
SELECT * FROM sc INNER JOIN(SELECT cno FROM course
    WHERE cname ='大学英语')YY ON sc.cno =YY.cno
```

当然，也可以不用子查询。

```
SELECT sc.* FROM sc INNER JOIN course ON sc.cno=course.cno
    WHERE cname ='大学英语'
```

可以看出，对于实际应用的问题，可以有多种解决方法。简单的问题，使用哪种方法并不重要，但针对复杂的问题，必须要能灵活使用这些方法，还要考虑系统执行效率等问题。使用子查询的好处是表达层次清晰，便于相对复杂问题的解决。

2. 多值嵌套查询

如果查询结果返回多值，不能只使用=、>、>=、<等和具体值做比较的运算符，必须使用条件运算符 ANY（或 SOME）、ALL、IN 或 EXISTS，有时与>、>=、<等配合使用。

① ANY 运算符：满足子查询中任意一个值的记录

② ALL 运算符：满足子查询中所有值的记录

③ IN 运算符：字段内容是结果集合或者子查询中的内容

④ >ANY：大于子查询的任何一个值，即大于最小值

⑤ <ANY：小于子查询的任何一个值，即小于最大值

⑥ >ALL：大于子查询的所有值，即大于最大值

⑦ <ALL：小于子查询的所有值，即小于最小值

⑧ =ANY：相当于 IN

⑨ EXISTS：判断子查询是否有返回值

例 6-24 查找“d01”系学生的选课信息。

```
SELECT * FROM sc WHERE sno IN(SELECT sno FROM student
    WHERE sdno ='d01')
```

例 6-25 从 sc 表对比学号是“2016012030”和“2016012013”的成绩，查找“2016012013”比“2016012030”最高分还高的课程号和成绩。

```
SELECT cno,grade FROM sc WHERE sno ='2016012013'
    AND grade > ALL(SELECT grade FROM sc WHERE sno =
        '2016012030')
```

查询语句先找到学号是“2016012030”的所有成绩，再将学号是

“2016012013”的成绩与其比较，运算符是“>ALL”则要求大于所有的成绩，即最高分。最后得到结果，参考图 6-12。

“2016012030”的学生成绩

	sno	cno	grade
1	2016012030	cs001	90
2	2016012030	cs002	86
3	2016012030	cs010	72
4	2016012030	m001	84
5	2016012030	m002	85

“2016012013”的学生成绩

	sno	cno	grade
1	2016012013	cs001	98
2	2016012013	cs002	95
3	2016012013	e001	88

查询结果

	cno	grade
1	cs001	98
2	cs002	95

图 6-12 例 6-25 查询过程分析

例 6-26 查找还没有选课的学生信息。

```
SELECT * FROM student
    WHERE NOT EXISTS ( SELECT * FROM sc WHERE sc.sno =
        student.sno)
```

EXISTS 判断子查询是否有返回记录，是一个逻辑值。此例的条件表达式也可以写成如下形式。

```
WHERE sno NOT IN(SELECT sno FROM sc)
```

或者通过外连接来实现。不过，使用 EXISTS 的查询在系统中执行效率是最高的，因为不需要返回表中数据。

6.4.5 统计和分组查询

在实际应用中，经常要对表数据进行统计计算，比如求和、求平均值等，通过聚合函数来完成。常用的聚合函数及其含义如表 6-4 所示。

表 6-4 常用聚合函数

聚合函数	含义
COUNT （*） COUNT([DISTINCT|ALL]<列名>)	计数
SUM([DISTINCT|ALL]<列名>)	求总和
AVG([DISTINCT|ALL]<列名>)	求平均值
MAX([DISTINCT|ALL]<列名>)	求最大值
MIN([DISTINCT|ALL]<列名>)	求最小值

函数使用时要指出列名，另外，可选参数“[DISTINCT|ALL]”默认为 ALL，统计所有值，COUNT 函数参数可以是“*”，统计记录个数。

例 6-27 求 sc 表中的最高分和最低分，查询结果如图 6-13 所示。

```
SELECT MAX(grade)最高分,MIN(grade)最低分
    FROM sc
```

图 6-13 例 6-27 查询结果

提示：计算字段默认是无列名的，最好为其命别名。

例 6-28 统计 student 表中每个系的人数分别是多少，

查询结果如图 6-14 所示。

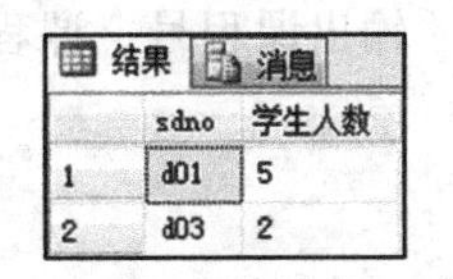

	sdno	学生人数
1	d01	5
2	d03	2

图 6-14 例 6-28 查询结果

方法：这是一个分组的问题，相当于先按不同的 sdno 分组，d01 和 d03 分为两组，再对这两组数据分别进行计算，此例是求个数，使用 COUNT 函数。分组通过 GROUP BY 子句实现，实现语句如下。

```
SELECT sdno,COUNT( * )学生人数 FROM student
        GROUP BY sdno
```

提示：

① 对于分组统计查询，SELECT 子句只能输出分组列和包含聚合函数的计算列。

② 可以一次对多列进行分组，形如：GROUP BY 列 1，列 2，…，先对"列 1"数据分组，组内数据再依据"列 2"数据继续分组。

例 6-29 统计 sc 表中每位学生的平均分，只查看平均分高于 85 的学号、平均分。

方法：统计每位学生，分组对象为 sno，再使用 AVG 函数进行计算。不过，还要对分组结果作条件限制，使用 HAVING 子句，实现语句如下。

```
SELECT sno,AVG(grade)平均分 FROM sc
     GROUP BY sno HAVING AVG(grade)>85
```

执行结果如图 6-15 所示。

	sno	平均分
1	2016012004	87
2	2016012013	93

图 6-15 例 6-29 查询结果

注意：尽管都是条件限制，但在这里不能使用 WHERE 子句。对于分组结果作条件限制的，只能用 HAVING 子句。

例 6-30 统计来自 d01 系的每位学生的总分，只显示总分在 200 以上的学号、总分。

```
SELECT sno,SUM(grade)总分 FROM sc
          WHERE sno = ANY ( SELECT sno FROM student WHERE
                 sdno='d01')
          GROUP BY sno HAVING SUM(grade)>=200
```

6.4.6 查询结果处理

1. 排序输出

查询结果常常需要按某种顺序查看，如成绩从高到低排列，可通过 ORDER BY 子句实现。

```
ORDER BY<列 1>[ASC |DESC][,<列 2>[ASC |DESC]][,…n ]
```

① ASC：升序，默认排序方式

② DESC：降序

需要注意的是，排序是对查询的最后结果作处理，因此，ORDER BY 子句不能用在子查询中。

例 6-31 查找学生成绩，先按课程号升序，再按成绩降序来显示记录，输出课程号、课程名称、学号、姓名和成绩，结果如图 6-16 所示。

结果 消息

	cno	cname	sno	sname	grade
1	cs001	计算思维导论	2016012013	李莉	98
2	cs001	计算思维导论	2016012030	张小雨	90
3	cs001	计算思维导论	2016012004	赵晖	87
4	cs001	计算思维导论	2016012024	吴悠	71
5	cs002	C语言程序设计	2016012013	李莉	95
6	cs002	C语言程序设计	2016012030	张小雨	86
7	cs010	数据库原理	2016012030	张小雨	72
8	e001	大学英语	2016012013	李莉	88
9	e001	大学英语	2015020004	刘薇薇	74
10	e006	专业英语	2015020004	刘薇薇	80
11	m001	高等数学	2016012030	张小雨	84
12	m001	高等数学	2016012024	吴悠	76
13	m001	高等数学	2015020004	刘薇薇	61
14	m002	线性代数	2016012030	张小雨	65
15	m002	线性代数	2016012024	吴悠	56

图 6-16 例 6-31 查询结果

```
SELECT course.cno,cname,student.sno,sname,grade
    FROM course INNER JOIN sc ON course.cno=sc.cno
                INNER JOIN student ON student.sno=sc.sno
    ORDER BY sc.cno,grade DESC
```

2. 重定向输出

INTO 子句用于将查询结果输出到一张新表中，即系统会根据查询结果创建一张新表，再将结果数据添加到这张表中，INTO 子句形式如下。

```
INTO 新表名
```

例 6-32 将 d01 系的女同学简要信息（学号、姓名、生日）存到新表：GIRLS。

```
SELECT sno,sname,sbirth INTO GIRLS
    FROM student WHERE sdno='d01'AND sgender='女'
```

3. 合并输出

使用 UNION 操作符将多个具有相同结构的查询结果合并，语句形式如下。

```
<SELECT…>UNION[ALL]<SELECT…>…
```

ALL 表示合并全部结果，若没有 ALL，则系统自动去除重复记录。

提示：

① 要合并的查询结果列数必须相同。

② 每列对应的数据类型要一致，数字和字符不能合并。

③ ORDER BY 子句只能出现在最后一行，不能对前面的 SELECT 查询作排序。

例 6-33 查找 d03 系 1998 年出生的学生简要信息，与 GIRLS 表数据合并输出。

```
SELECT sno,sname,sbirth FROM student WHERE sdno='d03'AND
```

```
    YEAR(sbirth)=1998
UNION
SELECT sno,sname,sbirth FROM GIRLS
```

6.5 数据视图

视图在数据库中是一个独立的数据库对象，用户可以通过视图查看、修改数据。视图使用起来像表一样，由数据行和列构成，但不存储实际的数据，因此，可以认为视图是一张“虚表”。

视图保存的是设计，即查询定义，包括数据来源、筛选条件、排序、计算规则等，用户通过视图看到的数据其实就是查询结果，数据源数据发生变化，视图数据自然随之改变。视图相当于外模式，不同的视图提供给用户不同的数据访问需求。

6.5.1 视图的定义与维护

关于视图的创建、修改等操作可以在SSMS控制台完成，也可以通过SQL语句完成，本节介绍SQL方式。

1. 创建视图

CREATE VIEW 语句如下。

```
CREATE VIEW 视图名[(列[,...n])]
  AS select_statement
  [WITH CHECK OPTION]
```

其中，WITH CHECK OPTION 表示强制视图上执行的所有数据修改语句都必须符合由定义视图的 select_statement 设置的准则。

例 6-34 创建“学生成绩”视图，显示选课成绩的完整信息，包括：学号、姓名、课程号、课程名称、成绩。

```
CREATE VIEW 学生成绩(学号,姓名,课程号,课程名称,成绩)AS
  SELECT student.sno,sname,course.cno,cname,grade
    FROM course INNER JOIN sc ON course.cno=sc.cno
                INNER JOIN student ON student.sno=sc.sno
```

2. 修改视图

用 ALTER VIEW 语句来完成，用法类似于 CREATE VIEW。

```
ALTER VIEW 视图名[(列[,...n])]
  AS select_statement
  [WITH CHECK OPTION]
```

3. 删除视图

使用 DROP VIEW 语句，若要将视图“学生成绩”删除，语句如下。

```
DROP VIEW 学生成绩
```

6.5.2 视图的查询

视图创建后，可以用 SELECT 语句中的所有子句完成视图的数据检索，方法等同于表，视图还可以与表进行连接查询。

例 6-35 通过“学生成绩”视图，查看“高等数学”和“线性代数”两门课的数据，并且成绩从低到高显示。

```
SELECT * FROM 学生成绩
  WHERE 课程名称='高等数学'OR 课程名称='线性代数'ORDER BY
     成绩
```

查询结果如图 6-17 所示。

结果 | 消息

	学号	姓名	课程号	课程名称	成绩
1	2016012024	吴悠	m002	线性代数	56
2	2015020004	刘薇薇	m001	高等数学	61
3	2016012024	吴悠	m001	高等数学	76
4	2016012030	张小雨	m001	高等数学	84
5	2016012030	张小雨	m002	线性代数	85

图 6-17 查询结果

6.5.3 使用视图修改数据

修改数据的语句和修改表相同，包括插入数据 INSERT、更新数据 UPDATE 和删除数据 DELETE，语法也相同，只是将表名换成视图名。由于视图是来自一个或多个表的定义，具有设计规则，更新视图实质上是通过视图对表数据实施更新，因此，更新视图有以下三条规则。

① 若视图是基于多个表使用连接操作而导出的，那么对这个视图执行更新操作时，每次只能影响其中的一个表。

② 若视图导出时包含有分组和聚合操作，则不允许对这个视图执行更新操作。

③ 若视图是从一个表经选择、投影而导出的，且在视图中包含了表的主键字或某个候选键，这类视图称为“行列子集视图”。对这类视图可执行更新操作。

视图只有满足下列条件才可更新。

① SELECT 语句在选择列表中没有聚合函数，也不包含 TOP、GROUP BY、UNION 或 DISTINCT 子句。聚合函数可以用在 FROM 子句的子查询中，只是不能修改函数返回的值。

② SELECT 语句的选择列表中没有派生列。派生列是由任何非简单列表达式（使用函数、加法或减法运算符等）所构成的结果集列。

③ SELECT 语句中的 FROM 子句至少引用一个表。SELECT 语句不能只包含非表格格式的表达式（即不是从表派生出的表达式）。

④ INSERT、UPDATE 和 DELETE 语句在引用可更新视图之前，也必须如上述条件指定的那样满足某些限制条件。只有当视图可更新，并且所编写的 UPDATE 或 INSERT 语句只修改视图的 FROM 子句引用的一个基表中的数据时，UPDATE 和 INSERT 语句才能引用视图，只有当视图在其 FROM 子句中只引用一个表时，DELETE 语句才能引用可更新的视图。

6.5.4 视图的优点

通过视图为不同用户定制数据，有效隔离用户对表的直接访问，可以为提高系统的安全性、系统的响应性能、简化应用程序的开发带来一系列好处。

1. 简化用户操作

将经常使用的连接、投影、计算等查询定义为视图，用户在需要这些数据时，不必反复制定查询，直接通过视图来完成数据检索，很大程度上简化操作的复杂性。

2. 提供定制数据

数据库系统最大的特点之一就是数据共享，一个公司、一个企业内都访问某个数据库，把所有的数据都暴露给用户显然是不明智的，实际上，不同的用户所需要访问的数据范围不同，通过视图为用户定制不同需求的数据，可以有效屏蔽不允许用户访问的数据。

3. 减少网络传输的数据量

如例 6-34 创建的视图，对于学生成绩的查询简化为“SELECT * FROM 学生成绩”，不必再写那段生成视图的 SELECT 语句，网络传输量显然减少。

4. 提供数据逻辑独立性，简化应用程序的开发

在客户机/服务器（C/S）程序结构中，如果在客户端程序部署了较多的 SELECT 查询，当需求出现变化时，就要去改客户端程序。而应用视图可以简化这一过程，将这些 SELECT 查询保存为视图，客户端只是调用这些视图的访问，当需求发生变化，只要在服务器端修改视图即可。

5. 提供安全保护

系统提供对视图授予操作权限的功能，通过不授予用户在表上的操作权限，而授予其对于视图的操作，这样，用户只能访问视图数据，数据库中的其他数据是不可见或不可访问的，有效提供了数据安全保护。

本章小结

本章主要讨论了 SQL 的基础应用，包括了数据定义 DDL、数据查询 DQL 和数据操作 DML，主要涉及语句包括：CREATE/ALTER/DROP、SELECT、INSERT/UPDATE/DELETE，其中 SELECT 语句的用法尤为重要。本章从以下几个方面讨论了 SELECT 语句的用法。

基本查询、含有条件的查询、基于多表的连接查询、能完成复杂功能的嵌套查询、对查询数据的分组统计及查询结果的处理，包括排序输出、重定向输出、合并输出等。

最后，引入另一个重要的数据库对象——视图，帮助用户封装数据、定制数据、从而提高数据安全。具体讨论了视图的创建、维护方法，通过视图更新数据的方法，通过视图检索数据的方法。

本章知识的应用，渗透着简约、转化、封装等重要的思维方式。

习题

习题答案：
第 6 章

1. 表数据如图 6-18 所示，表结构及表间关系见 6.2.3 引例数据库的实现，通过 SQL 完成以下操作。

teacher表数据

tno	tname	twage	tprotitle	tdno
t01288	王珍	4500.00	讲师	d05
t01301	杨伟华	5600.00	副教授	d05
t09003	李一帆	3800.00	讲师	d06
t09020	王昊睿	3200.00	助理讲师	d06
t22054	谢雨霏	4500.00	讲师	d01
t22102	高超	5400.00	副教授	d01
t23001	蒋亚雯	6200.00	教授	d01

course表数据

cno	cname	cpoints	cpno
cs001	计算思维导论	3	NULL
cs002	C语言程序设计	4	cs001
cs010	数据库原理	3.5	cs002
e001	大学英语	4.5	NULL
e006	专业英语	2	e001
m001	高等数学	4	NULL
m002	线性代数	3	NULL

tc表数据

tno	cno
t01288	e001
t01301	e001
t01301	e006
t09003	m001
t22054	cs002
t22102	cs001
t22102	cs002
t23001	cs001
t23001	cs010

图 6-18　习题表数据

① 查找教师的排课详细信息，包括：教师号、教师姓名、课程号、课程名称、教师职称。

② 统计每个部门不同职称的教师人数。

③ 查找没有排课的课程信息。

④ 查找代课多于 1 门的教师号、教师姓名、教师职称。

⑤ 计算“教授”和“副教授”一共排了多少门课。

⑥ 查找工资最高的前两名教师信息。

⑦ 查找计算机类课程（课程号以 cs 开头）和数学类课程（课程号以 m 开头）的排课教师号、教师姓名、课程号、课程名称、学分，将查询结果添加到“计算机与数学”表。

“计算机与数学”表结构：ID（IDENTITY），tno，tname，cno，cname，cpoints

⑧ 将“副教授”的教师工资增长 10%。

2. 视图相关操作

① 用 CREATE VIEW 语句创建视图“高级职称授课”，存放“教授”和“副教授”的授课情况，包括：教师号、教师姓名、职称、授课号。

② 基于视图“高级职称授课”和 course 表，检索“大学英语”课程的授课信息：教师号、教师姓名、职称、授课号。

③ 通过视图“高级职称授课”添加一条选课信息：教师号“t22102”，课程号“cs010”。

第7章 数据库安全控制

电子教案：
第7章 数据库安全控制

数据库安全主要针对数据而言，包括数据独立性、数据安全性、数据完整性、并发控制、故障恢复等几个方面。

按照预防、保护及通过冗余、容错、纠错的方式，并从最坏情况进行系统恢复是计算思维的一个重要方法，这在数据库中有最直接的体现。数据库管理系统就是通过预防、保护、冗余、容错、纠错等方式实现对海量数据的管理和保护。为了预防各种可能的故障造成数据丢失，SQL Server 引入了备份与恢复机制，通过冗余技术建立后备副本和日志或采用远程备份；为了预防泄露和破坏数据，数据库引入安全机制，通过数据库权限管理、用户身份鉴别、存取控制等一系列机制保护数据安全性；为了提高数据的访问速度，允许用户按需存储必要的冗余数据。数据库管理系统对数据的保护全面体现了计算思维的保护、冗余、容错、纠错和恢复的思想。本章知识体系结构如图 7-1 所示。

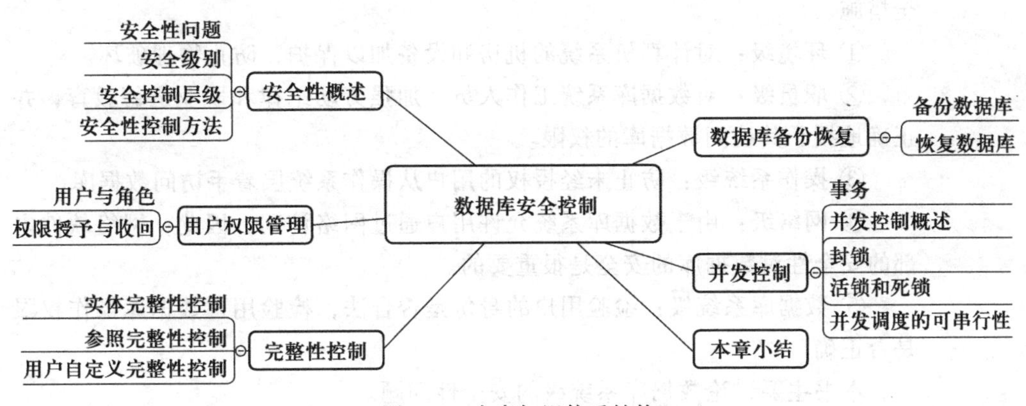

图 7-1 本章知识体系结构

7.1 安全性概述

7.1.1 安全性问题

数据库的安全性指保护数据库以防止不合法的使用所造成的数据泄露、更改或破坏。安全性问题不是数据库系统所独有的，所有计算机系统都有这个问题。只是在数据库系统中由于大量数据集中存放，而且为许多最终用户直接共享，安全性问题更为突出。系统安全保护措施是否有效是数据库系统的主要技术指标之一。

SQL Server 作为 DBMS，采用了三个层次的安全控制策略。

① 用户首先登录数据库服务器（该用户是服务器的合法用户）。

② 然后使服务器用户成为某个数据库的合法用户，从而能够访问数

据库。

③ 让数据库用户在数据库中具有一定的权限（数据操作权、创建对象权等）。

7.1.2 安全级别

对数据库不合法的使用称为数据库的滥用。数据库的滥用可分为无意滥用和恶意滥用。无意滥用主要是指经过授权的用户操作不当引起的系统故障、数据库异常等现象。恶意滥用主要是指未经授权的读取数据（即偷窃信息）和未经授权的修改数据（即破坏数据）。

数据库的完整性尽可能地避免对数据库的无意滥用。数据库的安全性尽可能避免对数据库的恶意滥用。

为了防止数据库的恶意滥用，可以在下述不同的安全级别上设置各种安全措施。

① 环境级：对计算机系统的机房和设备加以保护，防止物理破坏。

② 职员级：对数据库系统工作人员，加强劳动纪律和职业道德教育，并正确地授予其访问数据库的权限。

③ 操作系统级：防止未经授权的用户从操作系统层着手访问数据库。

④ 网络级：由于数据库系统允许用户通过网络访问，因此，网络软件内部的安全性对数据库的安全是很重要的。

⑤ 数据库系统级：检验用户的身份是否合法，检验用户数据库操作权限是否正确。

本书主要讨论数据库系统级的安全性问题。

7.1.3 安全控制层级

目前，国际上及我国均颁布了有关数据库安全的等级标准。最早的标准是美国国防部（DOD）1985年颁布的《可信计算机系统评估标准》（trusted computer system evaluation criteria，TCSEC）。1991年美国国家计算机安全中心（NCSC）颁布了《可信计算机系统评估标准关于可信数据库系统的解释》（trusted datebase interpreation，TDI），将TCSEC扩展到数据库管理系统。1996年国际标准化组织ISO又颁布了《信息技术安全技术——信息技术安全性评估准则》（information technology security techniques——evaluation criteria for IT secruity）。我国政府于1999年颁布了《计算机信息系统评估准则》。目前国际上广泛采用的是美国标准TCSEC（TDI），在此标准中将数据库安全划分为4大类，由低到高依次为D、C、B、A。其中C级由低到高分为C1和C2，B级由低到高分为B1、B2和B3。每级都包括其下级的所有特性，各级指标如下。

① D级标准：无安全保护的系统。

② C1级标准：只提供非常初级的自主安全保护。能实现对用户和数据

的分离，进行自主存取控制（DAC），保护或限制用户权限的传播。

③ C2 级标准：提供受控的存取保护，即将 C1 级的 DAC 进一步细化，以个人身份注册，并实施审计和资源隔离。很多商业产品已得到该级别的认证。

④ B1 级标准：标记安全保护。对系统的数据加以标记，并对标记的主体和客体实施强制存取控制（MAC）以及审计等安全机制。

一个数据库系统凡符合 B1 级标准者称之为安全数据库系统或可信数据库系统。

⑤ B2 级标准：结构化保护。建立形式化的安全策略模型并对系统内的所有主体和客体实施 DAC 和 MAC。

⑥ B3 级标准：安全域。满足访问监控器的要求，审计跟踪能力更强，并提供系统恢复过程。

⑦ A 级标准：验证设计，即提供 B3 级保护的同时给出系统的形式化设计说明和验证，以确信各安全保护真正实现。

我国国家标准的基本结构与 TCSEC 相似。我国标准分为 5 级，从第 1 级到第 5 级依次与 TCSEC 标准的 C 级（C1、C2）及 B 级（B1、B2、B3）一致。

7.1.4 安全性控制方法

数据库系统中一般采用用户标识和鉴别、存取控制、视图以及密码存储等技术进行安全控制。

1. 标识与鉴别

用户标识和鉴别是 DBMS 提供的最外层保护措施。用户每次登录数据库时都要输入用户标识，DBMS 进行核对后，对于合法的用户获得进入系统最外层的权限。用户标识和鉴别的方法很多，常用的方法有以下几种。

（1）身份（identification）认证

用户的身份是系统管理员为用户定义的用户名（也称为用户标识、用户账号、用户 ID），并记录在计算机系统或 DBMS 中。用户名是用户在计算机系统中或 DBMS 中的唯一标识。因此，一般不允许用户自行修改用户名。

身份认证，是指系统对输入的用户名与合法用户名对照，鉴别此用户是否为合法用户。若是，则可以进入下一步的核实；否则，不能使用系统。

（2）口令（password）认证

用户口令是合法用户自己定义的密码。为保密起见，口令由合法用户自己定义并可以随时变更。因此，口令可以认为是用户私有的钥匙。口令记录在数据库中。

口令认证是为了进一步对用户进行核实。通常系统要求用户输入口令，只有口令正确才能进入系统。为防止口令被人窃取，用户在终端上输入口令时，口令的内容是不显示的，在屏幕上用特定字符（用“*”或“●”的较为常见）替代。

(3) 随机数运算认证

随机数认证实际上是非固定口令的认证，即用户的口令每次都是不同的。鉴别时系统提供一个随机数，用户根据预先约定的计算过程或计算函数进行计算，并将计算结果输送到计算机，系统根据用户计算结果判定用户是否合法。例如算法为：“口令=随机数平方的后三位”，出现的随机数是36，则口令是296。

2. 存取控制（授权机制）

通过了用户标识鉴别的用户不一定具有数据库的使用权，DBMS还要进一步对用户进行识别和鉴定，以拒绝没有数据库使用权的用户（非法用户）对数据库进行存取操作。DBMS的存取控制机制是数据库安全的一个重要保证，它确保具有数据库使用权限的用户访问数据库并进行权限范围内的操作，同时令未被授权的用户无法接近数据。

(1) 存取机制的构成

存取控制机制主要包括两部分。

① 定义用户权限

用户权限是指用户对于数据对象能够进行的操作种类。要进行用户权限定义，DBMS必须提供有关定义用户权限的语言，该语言称为数据控制语言DCL。

具有授权资格的用户使用DCL描述授权决定，并把授权决定告知计算机。授权决定描述中包括将哪些数据对象的哪些操作权限授予哪些用户，计算机分析授权决定，并将编译后的授权决定存放在数据字典中。从而完成了对用户权限的定义和登记。

② 进行权限检查

每当用户发出存取数据库的操作请求后，DBMS首先查找数据字典，进行合法权限检查。如果用户的操作请求没有超出其数据操作权限，则准予执行其数据操作；否则，DBMS将拒绝执行此操作。

(2) 存取机制的类别

当前网络版的DBMS一般都支持自主存取控制（DAC），有些大型DBMS还支持强制存取控制（MAC）。

在自主存取控制方法中，用户对于不同的数据对象可以有不同的存取权限，不同的用户对同一数据对象的存取权限也可以各不相同，用户还可以将自己拥有的存取权限转授给其他用户。

在强制存取控制方法中，每一个数据对象被标以一定的密级；每一个用户也被授予某一个级别的许可证。对于任意一个对象，只有具有合法许可证的用户才可以存取。

显然，自主存取控制比较灵活，强制存取控制比较严格。

3. 视图机制

进行存取权限的控制，不仅可以通过授权来实现，而且还可以通过定义用户的外模式来提供一定的安全保护功能。在关系数据库中，可以为不同的用户定义不同的视图，通过视图机制把要保密的数据对无权操作的用户隐藏起来，从而自动地对数据提供一定程度的安全保护。对视图也可以进行授权。

视图机制使系统具有数据安全性、数据逻辑独立性和操作简便等优点。

4. 审计方法

审计功能就是把用户对数据库的所有操作自动记录下来放入审计日志(audit log)中，一旦数据被非法存取，DBA可以利用审计跟踪的信息，重现导致数据库现有状况的一系列事件，找出非法存取数据的人、时间和内容等。

由于任何系统的安全保护措施都不可能无懈可击，蓄意盗窃、破坏数据的人总是想方设法打破控制，因此审计功能在维护数据安全、打击犯罪方面是非常有效的。

由于审计通常是很费时间和空间的，因此DBA要根据应用对安全性的要求，灵活打开或关闭审计功能。

5. 数据加密

对高度敏感数据（例如财务、军事、国家机密等数据），除了以上安全性措施外，还应该采用数据加密技术。

数据加密是防止数据在存储和传输中失密的有效手段。加密的基本思想是根据一定的算法将原始数据（称为明文）变换为不可直接识别的格式（称为密文），从而使得不知道解密算法的人无法获得数据的内容。加密方法主要有两种。

① 替换方法。该方法使用密钥（encryption key）将明文中的每一个字符转换为密文中的字符。

② 置换方法。该方法仅将明文的字符按不同的顺序重新排列。

单独使用这两种方法的任意一种都是不够安全的。但是将这两种方法结合起来就能达到相当高的安全程度。

7.2 用户权限管理

在SQL Server系统中，用户权限是由两个要素组成的：数据对象和操作类型。用户登录后，必须拥有相应的权限才能访问、操作数据库里的数据。权限是用于访问数据库本身、访问数据库中的对象、操作数据库里的数据以及在数据库中执行各种管理功能的许可级别。用户可以直接分配到权限，也可以作为角色中的成员间接得到权限。

7.2.1 用户与角色

角色是一个强大的工具，可以将用户集中到一个单元中，然后对该单元应用权限。可以建立一个角色来代表单位中一类工作人员所执行的工作，然后给这个角色授予适当的权限。当工作人员开始工作时，只需将他们添加为该角色成员，当他们离开工作时，将他们从该角色中删除。而不必在每个人接受或离开工作时，反复授予、拒绝和废除其权限。权限在用户成为角色成员时自动生效。

管理员和数据库拥有者在设置访问权限时，应首先建立角色，并将访问权限集中授予角色，之后将需要拥有这一权限的用户加入到角色中，这些用户即继承角色的访问权限。需要撤销用户的访问权限时，将用户从角色中删除即可。

1. 固定服务器角色

固定服务器角色是 SQL Server 系统预定义的，用于分配服务器级的管理权限，用户不能修改这些角色的任何属性。

SQL Server 中有 8 种服务器角色。

① Sysadmin：系统管理员，能够在 SQL Server 服务器上执行所有操作，其权限覆盖其他各种固定服务器角色所具有的权限。

② Serveradmin：服务器管理员，角色成员具有对服务器进行设置及关闭服务器的权限。

③ Setupadmin：设置管理员，角色成员可以添加和删除链接服务器，执行某些系统存储过程。

④ Securityadmin：安全管理员，角色成员可以管理服务器环境的安全性配置。

⑤ Processadmin：进程管理员，角色成员可以管理 SQL Server 实例中运行的进程。

⑥ dbcreator：数据库创建者，角色成员可以创建、修改、删除和恢复数据库。

⑦ diskadmin：磁盘管理员，只能管理 SQL Server 系统的磁盘文件。

⑧ bulkadmin：块插入管理员，角色成员可以执行 BULK INSERT 语句。

2. 固定数据库角色

固定数据库角色是 SQL Server 系统预定义的，用于分配数据库级的管理权限，用户不能修改这些角色的任何属性。

SQL Server 中有 10 种服务器角色。

① Db_owner：数据库所有者，数据库最高权限角色，能够执行所有其他数据库角色可以执行的操作和数据库的维护、配置工作。

② Db_accessadmin：访问权限管理者，角色成员可以添加或删除数据库用户、角色。

③ Db_datareader：数据读取者，角色成员可以在一个数据库的所有表中

检索数据。

④ Db_datawriter：数据写入者，角色成员具有对所有用户表进行增加、删除、修改的权限。

⑤ Db_ddladmin：DDL 管理员，角色成员可以增加、修改或删除数据库中的对象。

⑥ Db_securityadmin：安全管理员，角色成员管理数据库中的语句权限和对象权限，从而控制用户对数据库的访问。

⑦ Db_backupoperater：备份操作员，角色成员具有执行数据库备份操作的权限。

⑧ Db_denydatareader：拒绝数据读取者，角色成员不能检索数据库中任何表的数据。

⑨ Db_denydatawriter：拒绝数据写入者，角色成员不能对数据库中任何表进行增加、删除、修改操作。

⑩ Public：一个特殊的数据库角色，每个数据库用户都是 public 角色的成员。可以继承其权限。

3. 用户自定义数据库角色

当固定数据库角色无法满足实际应用时，则需要用户自定义数据库角色。用户自定义数据库角色与固定数据库角色一样，具有一定的操作权限。因此，在创建用户自定义数据库角色的同时要定义角色的权限。

管理用户自定义数据库角色的语句有两个：创建角色语句 CREATE ROLE 以及删除角色语句 DROP ROLE。

CREATE ROLE 语句用来创建用户自定义数据库角色，其基本语法格式如下。

```
CREATE ROLE<角色名>[AUTHORIZATION 所有者名]
```

说明：“角色名”为要创建的数据库角色的名称。“AUTHORIZATION 所有者名”用于指定新的数据库角色的所有者，如果未指定，则执行 CREATE ROLE 的用户将拥有该角色。

例 7-1　在 bookcase 数据库创建用户自定义数据库角色 TestRole，设置其在 student 表中的 INSERT 和 UPDATE 权限。

扩展实例 7.1

```
CREATE ROLE TestRole
GRANT INSERT,UPDATE ON Student TO TestRole
```

DROP ROLE 语句用来删除角色，其基本语法规则如下。

```
DROP ROLE <角色名>
```

例 7-2　删除用户自定义角色 TestRole。

```
DROP ROLE TestRole
```

7.2.2　权限授予与收回

1. SQL Server 的权限

SQL Server 系统中权限分为 3 种：对象权限、语句权限和隐含权限。

对象权限是指用户对数据库中的表、存储过程、视图等对象的操作权限。

语句权限是指是否可以执行数据定义语句的权限，语句权限决定用户能否执行以下语句。

① CREATE DATABASE：创建数据库。

② CREATE DEFAULT：在数据库中建立默认值。

③ CREATE PROCEDURE：在数据库中创建存储过程。

④ CREATE FUNCTION：在数据库中创建用户自定义函数。

⑤ CREATE RULE：在数据库中创建规则。

⑥ CREATE TABLE：在数据库中创建表。

⑦ CREATE VIEW：在数据库中创建视图。

⑧ BACKUP DATABASE：备份数据库。

⑨ BACKUP LOG：备份数据库日志。

在 SQL Server 中，每个数据库都有各自独立的权限保护，所以对于不同的数据库要分别向用户授予语句权限（CREATE DATABASE 除外）。

隐含权限是指系统安装以后有些用户和角色不必授权就有的许可。

SQL Server 预定义的固定服务器角色、固定数据库角色和数据库对象所有者均具有隐含权限。

2. 权限管理

与权限管理相关的 SQL 命令有 3 个：授予权限语句 GRANT、撤销权限语句 REVOKE 和拒绝权限语句 DENY。

不同对象类型允许操作的权限如下。

基本表：SELECT，INSERT，UPDATE，ALTER，INDEX，DELETE，ALL PRIVILEGES。

数据库：CREATETAB。

(1) 授予权限语句

GRANT 命令格式如下。

```
GRANT 权限 1[,权限 2,,,][ON 对象类型 对象名称]TO 用户 1[,用户 2,,,]
[WITH GRANT OPTION]
```

功能：将指定数据对象的指定权限授予指定的用户。

扩展实例 7.2

说明：其中，WITH GRANT OPTION 选项的作用是允许获得指定权限的用户把权限再授予其他用户。

下面我们通过例子来理解 GRANT 语句的数据控制功能。

例 7-3　把对教师表（teacher）中的列“(tname)”的修改、查询权限授予用户 user1。

```
GRANT UPDATE(tname),SELECT ON teacher TO user1
```

例 7-4　把对表 student，course 的查询、修改、插入和删除等全部权限授予用户 user1 和用户 user2。

```
GRANT ALL PRIVILEGES ON student,course TO user1,user2
```

例 7-5 把对表 student 的查询权限授予所有用户。

```
GRANT SELECT ON student TO PUBLIC
```

例 7-6 把在数据库 bookcase 中建立表的权限授予用户 user2。

```
GRANT CREATETAB ON bookcase TO user2
```

例 7-7 把对表 teacher 的查询权限授予用户 user3，并给用户 user3 有再授予的权限。

```
GRANT SELECT ON teacher TO user3 WITH GRANT OPTION
```

例 7-8 用户 user3 把查询 teacher 表的权限授予用户 user4。

```
GRANT SELECT ON teacher TO user4
```

（2）撤销权限语句 REVOKE

REVOKE 命令格式如下。

```
REVOKE 权限 1[,权限 2,,][ON 对象类型对象名]
FROM 用户 1[,用户 2,,];
```

功能：把已经授予指定用户的指定权限收回。

扩展实例 7.3

例 7-9 把用户 user1 修改 teacher 表姓名（tname）的权限收回。

```
REVOKE UPDATE(tname)ON teacher FROM user1;
```

例 7-10 把用户 user3 查询 teacher 表的权限收回。

```
REVOKE SELECT ON teacher FROM user3;
```

在例 7-7 中授予用户 user3 可以将获得的权限再授予的权限，而在例 7-8 中用户 user3 将对 teacher 表的查询权限又授予了用户 user4，因此，例 7-10 中把用户 user3 的查询权限收回时，系统将自动地收回用户 user4 对 teacher 表的查询权限。

注意，系统只收回由用户 user3 授予用户 user4 的那些权限，而用户 user4 仍然具有从其他用户那里获得的权限。

（3）拒绝权限语句 DENY

DENY 命令格式如下。

```
DENY {ALL |Permission_list}
ON {table _name [(colume _list )] |view _name [(column _
  list)] |
stored _procedure_name |extended_stored_procedure_name |
      user_defined _function}
TO {PUBLIC |name_list} [CASCADE]
```

DENY 语句中的 CASCADE 选项有以下两个作用。

① 授予用户禁止权限。

② 如果用户拥有 WITH GRANT OPTION 权限，则撤销该权限。如果用户已使用 WITH GRANT OPTION 权限授予其他用户权限，则同时撤销其他用户的权限。

如果指定用户拥有 WITH GRANT OPTION 权限，但 DENY 语句中没有使用 CASCADE 选项时，将导致 DENY 语句运行错误。

扩展实例7.4

例7-11 授予角色“教师”具有查询student、course、teacher表的权限，拒绝角色“教师”对student表的查询权限。

```
USE bookcase
GO
GRANT SELECT ON student TO 教师
GRANT SELECT ON course TO 教师
GRANT SELECT ON teacher TO 教师
```

7.3 完整性控制

扩展阅读7.1：数据库完整性

为维护数据库的完整性，DBMS提供了检查数据是否满足完整性条件的机制，称为完整性检查。完整性检查是围绕完整性约束条件进行的，因此完整性约束条件是完整性控制机制的核心。完整性约束条件作用的对象可以是关系、元组、列三种。其中列约束主要是列的类型、取值范围、精度、排序等的约束条件。元组的约束是元组中各个字段间的联系的约束。关系的约束是若干元组间、关系集合上以及关系之间的联系的约束。

根据完整性的应用特征，可将完整性分为：实体完整性、参照完整性、用户定义完整性。

7.3.1 实体完整性控制

实体完整性又称为行的完整性，要求表中有一个主键，其值不能为空且能唯一地标识对应的记录。通过索引、UNIQUE约束、PRIMARY KEY约束或IDENTITY属性可实现数据的实体完整性。

例如，将bookcase数据库student表的学号字段定义为主码，则student表中每一记录学号字段的取值必须满足两个条件：不能取空值；不能与其他记录的学号相同。

例7-12 在bookcase数据库中定义XS_1表结构，对学号字段创建PRIMARY KEY约束，身份证号字段定义UNIQUE约束，入学日期的初始值定义为当前日期。

```
USE bookcase
CREATE TABLE XS_1
(  学号 char(6) NOT NULL
      CONSTRAINT XH_PK PRIMARY KEY, /* 定义主键约束 */
   身份证号 char(15) NOT NULL UNIQUE ,/* 定义 UNIQUE 约束 */
   姓名 char(8) NOT NULL,
   性别 bit NOT NULL,
   出生日期 smalldatetime NOT NULL,
```

```
总学分 tinyint NULL,
入学日期 datetime CONSTRAINT datedflt DEFAULT getdate()
)
GO
```

7.3.2 参照完整性控制

参照完整性又称为引用完整性，通过定义主表中主码与从表中外码的对应关系，来保证主表数据与从表数据的一致性。参照完整性通过定义外键与主键之间或外键与唯一键之间的对应关系实现。参照完整性确保键值在所有表中一致。

实现两个表之间的参照完整性，应根据主表与从表之间数据一致性的要求及应用环境的语义要求，采用不同的策略。

① 向从表中插入记录，一般采用受限插入，即仅当主表中存在对应的记录时，DBMS 才执行插入操作，否则拒绝插入。例如，对于 sc 表插入一条记录（'2016012010'，'cs010'，80），仅当 student 表中存在学号为 2016012010 的记录，course 表中存在课程号为 cs010 的记录时，DBMS 才执行相应的插入操作，否则拒绝执行。

② 修改从表中的外码值可能破坏主从表间的参照完整性，一般采用拒绝修改的策略。

③ 在主表中删除一记录时，可采用以下策略之一。

a. 对主表进行受限删除，即仅当从表中不存在任何记录的外码值与主表待删除记录的主码（唯一码）值相同时，DBMS 才执行删除操作，否则拒绝删除。例如，若要删除 student 表中学号为 2016012010 的记录，则首先要检查 sc 表中是否有学号为 2016012010 的对应记录，若有，则拒绝执行删除 student 表中学号为 2016012010 记录的操作。

b. 进行级联删除。即删除主表记录的同时删除从表中的对应记录。例如，若要删除 student 表中学号为 2016012010 的记录，首先要检查 sc 表中是否有学号为 2016012010 的对应记录，若有，则先删除 sc 表中的这些对应记录，然后删除 student 表中学号为 2016012010 的记录。

采用级联删除时，可能导致大量数据丢失，因此，应谨慎使用，但如果数据是临时的，并且最终将被删除，则使用这一策略较为方便。另外，使用级联删除时，可能对系统存在潜在的影响，例如，如果要删除的记录很多，则应考虑执行撤销操作所需要的回滚空间。

c. 设置为空值，即删除主表中的记录时，可能导致从表中一些记录的数据不一致，设置这些记录的外码值为空，采用此策略的前提是，从表的外码值必须允许为空。

④ 对主表中主码值进行修改，可采用以下策略之一。

a. 拒绝修改，即如果要修改主表中主码（唯一码）的值，则首先检查从表中是否有对应的记录，若有，则拒绝执行修改操作。

b. 级联修改，即修改主表中主码值的同时修改从表中对应记录的外码值，以保证从表中对该码值引用的一致性。例如，对 student 表中的某一学号修改，sc 表中所有对应记录学号字段的值也要统一修改。

c. 设置为空值，即修改主表中记录的主码值时，可能导致从表中一些记录的数据不一致，设置这些记录的外码值为空，采用此策略的前提是，从表的外码值必须允许为空。

7.3.3 用户自定义完整性控制

用户定义完整性是用户根据应用的需要，利用 DBMS 提供的数据库完整性定义机制定义的数据必须满足的语义要求。

例如，要求“考查”课的分数以 60 分或 40 分计，在用户输入“考查”课的成绩时，要进行检查，以确保满足特定的约束要求。

7.4 数据库备份恢复

扩展阅读 7.2：分离和附加数据库

大到自然灾害，小到病毒感染、电源故障乃至操作员操作失误等，都会影响数据库系统的正常运行和数据库的破坏，甚至造成系统完全瘫痪。数据库备份和恢复对于保证系统的可靠性具有重要的作用。经常性备份可以有效地防止数据丢失，能够把数据库从错误的状态恢复到正确的状态。如果用户采取适当的备份策略，就能够以最短的时间使数据库恢复到数据损失量最少的状态。

备份和恢复数据库对于数据库管理员来说是保证数据库安全性的一项重要工作。SQL Server 提供了高性能的备份和恢复功能，它可以实现多种方式的数据库备份和恢复操作，避免了由于各种故障造成的损坏而丢失数据。

微视频 7.1：备份数据库

7.4.1 备份数据库

备份数据库是指对数据库或事务日志进行复制，当系统、磁盘或数据库文件损坏时，可以使用备份文件进行恢复，防止数据丢失。

SQL Server 数据库备份支持 4 种类型，分别应用于不同的场合。

1. 完整备份

完整备份，即完整数据库备份，可以备份整个数据库，包含用户表、系统表、索引、视图和存储过程等所有数据库对象。这是最常用的备份方式，但花费时间和空间较多，一般推荐一周做一次完整备份。

2. 事务日志备份

事务日志备份使用一个单独的文件记录数据库的改变，备份时只需要复制上次备份以来对数据库所做的改变。事务日志备份支持从数据库、差异或文件备份中快速恢复，时间少，速度快，推荐每小时甚至更频繁地备份事务日志。

3. 差异备份

在完整数据库备份之间执行差异数据备份，备份文件比完全备份小，因为只包含自完全备份以来所改变的数据库，优点是占用存储空间少和恢复速度快。推荐每天做一次差异备份。

4. 文件和文件组备份

数据库一般由硬盘上的许多文件构成。如果数据库非常大，短时间内不能备份完，则可以使用文件和文件组备份，每次备份数据库的一部分。由于一般情况下数据库不会大到必须使用多个文件存储，所以这种备份并不常用。

下面以备份 bookcase 数据库为例介绍如何备份数据库。具体操作步骤如下。

① 依次打开［开始］菜单→［程序］→［Microsoft SQL Server 2014］→［SQL Server Management Studio］→［数据库：bookcase］即是需要备份的数据库，如图 7-2 所示。

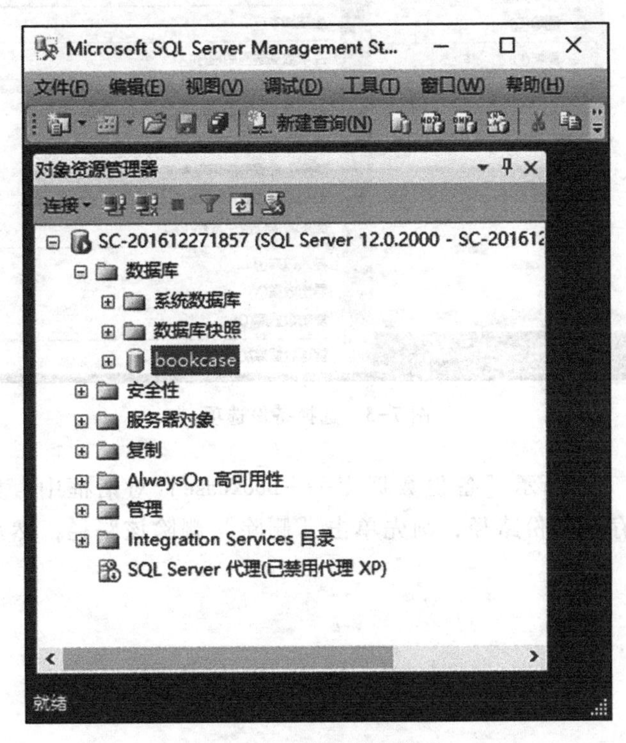

图 7-2 选择备份数据库

② 选择要备份的数据库［bookcase］，右击→［任务］→［备份］，如图 7-3、图 7-4 所示。

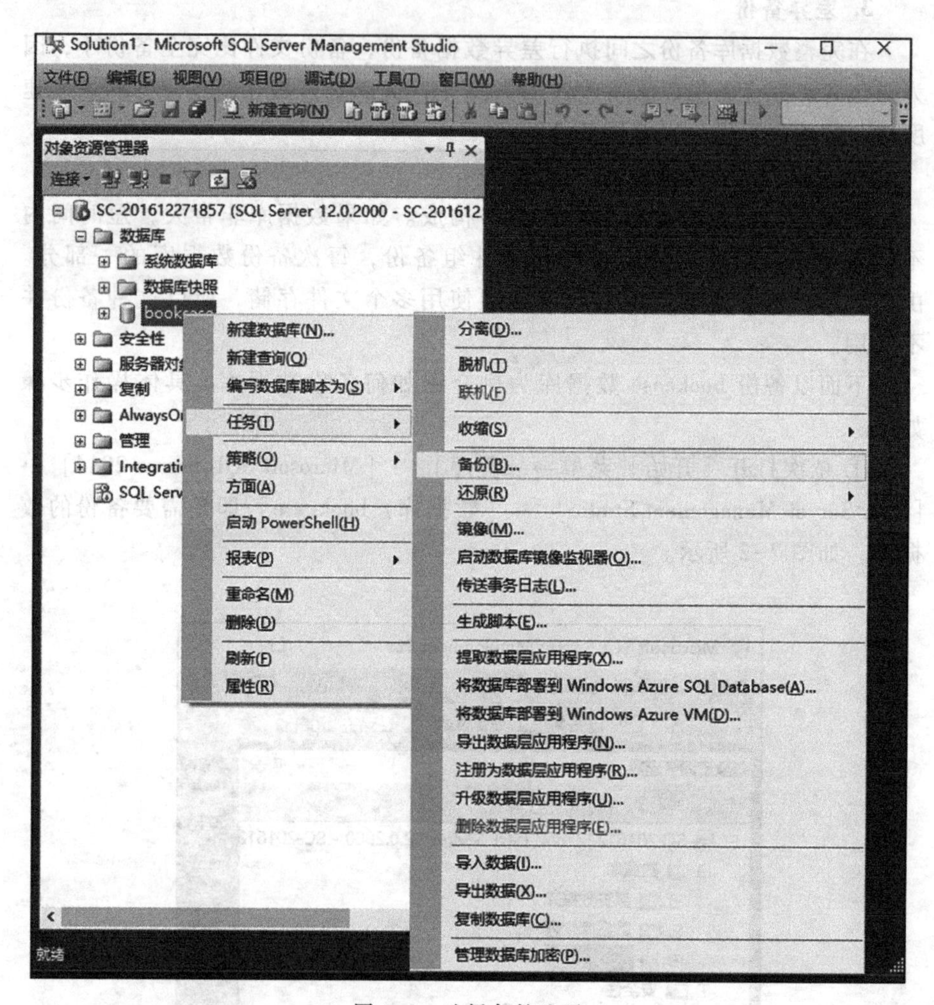

图 7-3 选择备份选项

③ 如图 7-4 所示［备份数据库——bookcase］对话框中，如果不备份到提示框中存在备份路径，则先单击［删除］删除该路径，然后单击［添加］按钮。

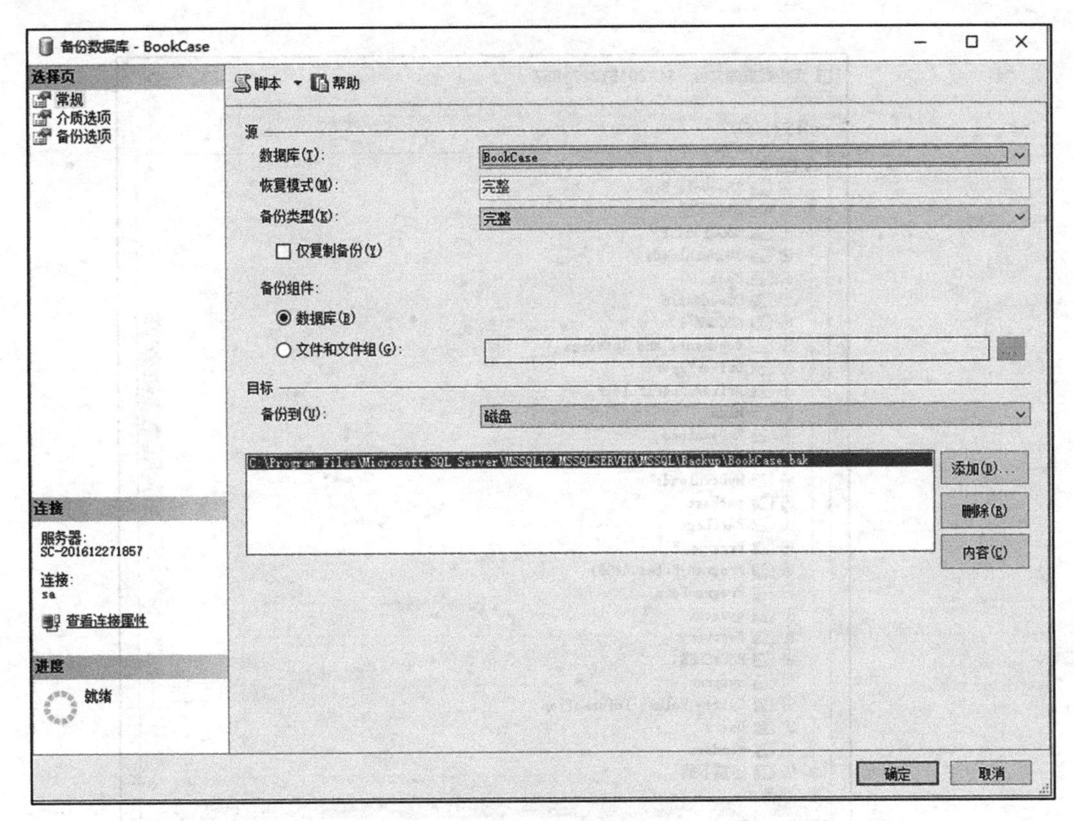

图 7-4　备份数据库

④ 在弹出的［选择备份目标］对话框中，单击，如图 7-5 所示。

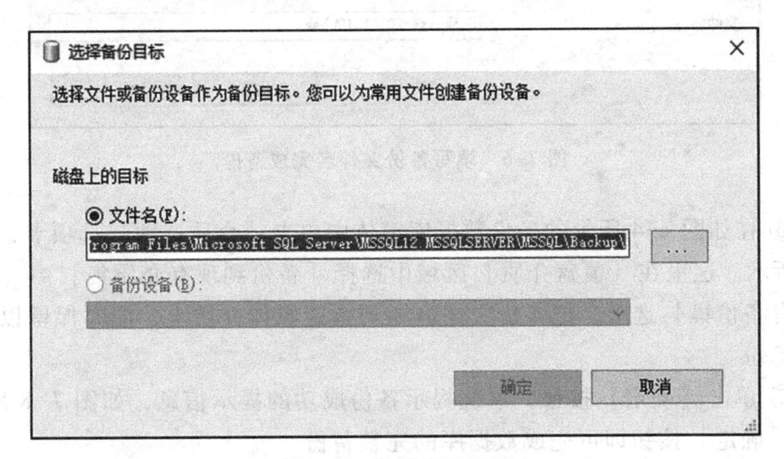

图 7-5　选择备份路径

⑤ 选择好备份的路径，文件类型可选［备份文件］或［所有文件］，［文件名］位置填写上要备份的数据库的名字（最好在备份的数据库的名字后面加上日期，以方便以后查找），之后单击［确定］按钮返回数据库的备份操作，如图 7-6 所示。

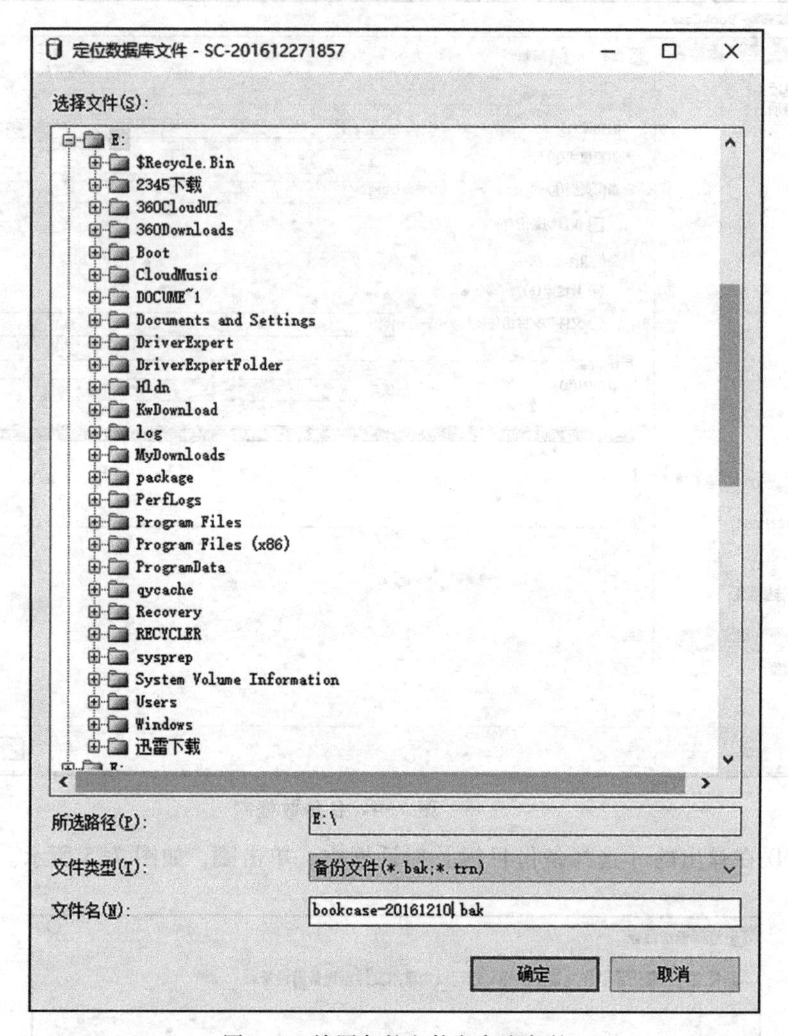

图 7-6　填写备份文件名完成备份

⑥ 在如图 7-4 所示的备份数据库窗体中单击［介质选项］选项卡，如图 7-7 所示。这里在［覆盖介质］区域中选择［备份到现有介质集］→［追加到现有备份集］选项，把备份文件追加到指定媒体介质上，同时保留以前的所有备份。

⑦ 单击［确定］按钮，系统提示备份成功的提示信息，如图 7-8 所示，单击［确定］按钮即可完成数据库的完整备份。

备份数据库 - bookcase

选择页
常规
介质选项
备份选项

脚本 ▾ 帮助

覆盖介质
◉ 备份到现有介质集(E)
◉ 追加到现有备份集(H)
○ 覆盖所有现有备份集(R)
☐ 检查介质集名称和备份集过期时间(M)
介质集名称(N):
○ 备份到新介质集并清除所有现有备份集(U)
新介质集名称(S):
新介质集说明(D):

可靠性
☐ 完成后验证备份(V)
☐ 写入介质前检查校验和(F)
☐ 出错时继续(T)

事务日志
○ 截断事务日志(G)
○ 备份日志尾部，并使数据库处于还原状态(L)

磁带机
☐ 备份后卸载磁带(O)
☐ 卸载前倒带(I)

连接
服务器:
SC-201612271857
连接:
SC-201612271857\Administrat
查看连接属性

进度
就绪

确定 取消

图 7-7 备份数据库

图 7-8 备份结束提示信息

7.4.2 恢复数据库

SQL Server 数据库有三种恢复模式：简单 SQL Server 恢复模式、完整恢复模式和大容量日志恢复模式。

相对于简单恢复模式而言，完整恢复模式和大容量日志恢复模式提供了更强的数据保护功能。这些恢复模式都是基于备份事务日志来提供完整的可恢复性及在最大范围的故障情形内防止丢失工作。通常，数据库使用完整恢复模式或简单 SQL Server 恢复模式。

微视频 7.2：
恢复数据库

下面以恢复 bookcase 数据库为例介绍如何恢复数据库。具体操作步骤如下。

① 选择您要还原的数据库 [bookcase]，右击→ [任务] → [还原] → [数据库]，如图 7-9 所示。

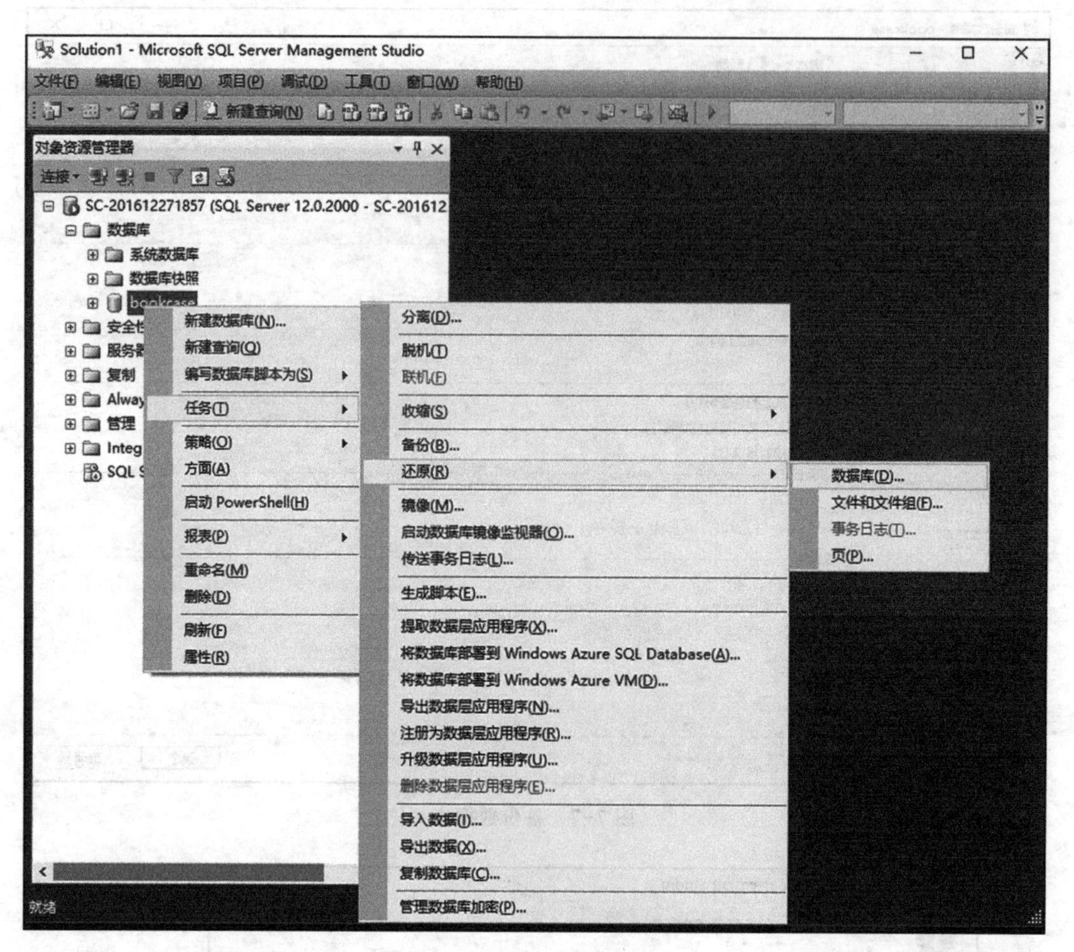

图 7-9　选择还原数据库

② 在出现的［还原数据库——bookcase］对话框中选择［设备］，然后单击后面的▣按钮，如图 7-10 所示。

③ 在出现的［指定备份］对话框中，单击［添加］按钮，如图 7-11 所示。

④ 找到数据库备份的路径，选择所要还原的数据库文件“bookcase-20161210.bak”，然后连续两次单击［确定］按钮，如图 7-12 所示。

⑤ 在出现的［还原数据库——bookcase］对话框中，勾选上［选择要还原的备份集］下的数据库前的复选框，如图 7-13 所示，最后单击［确定］按钮完成还原。

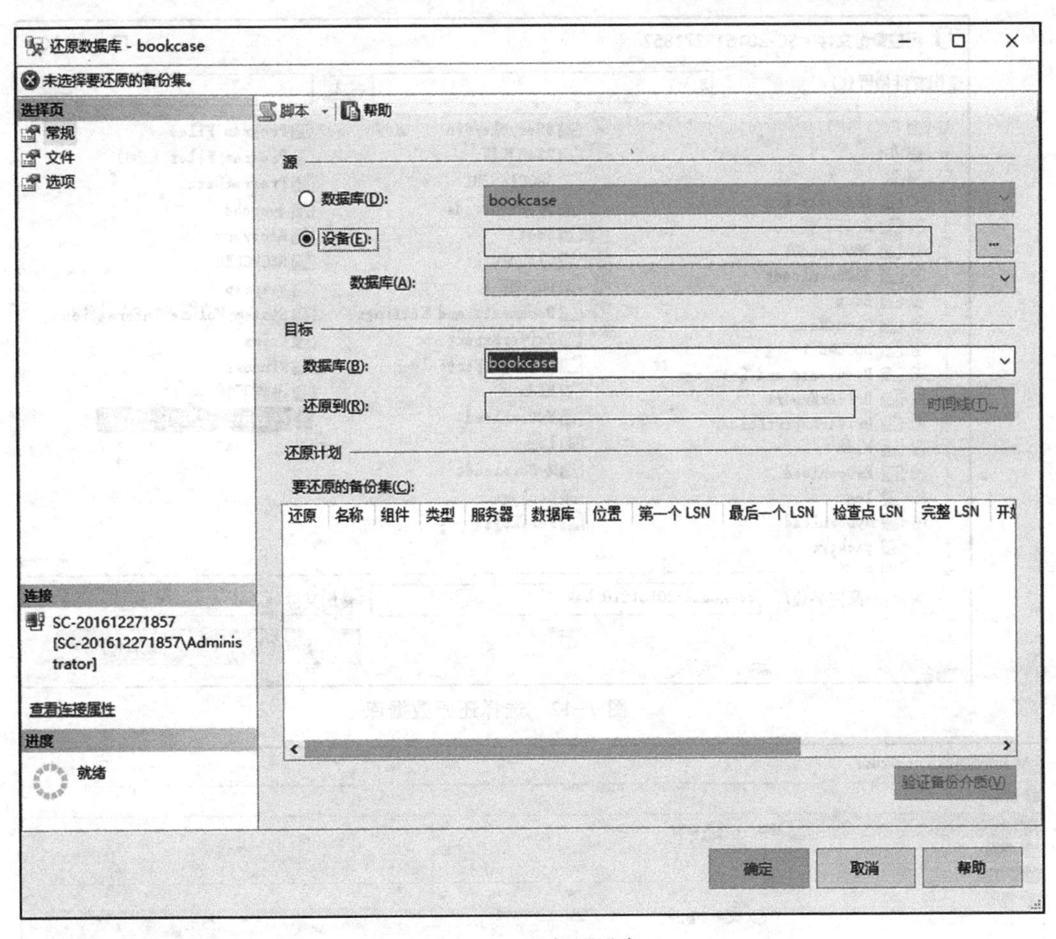

图 7-10 选择源设备

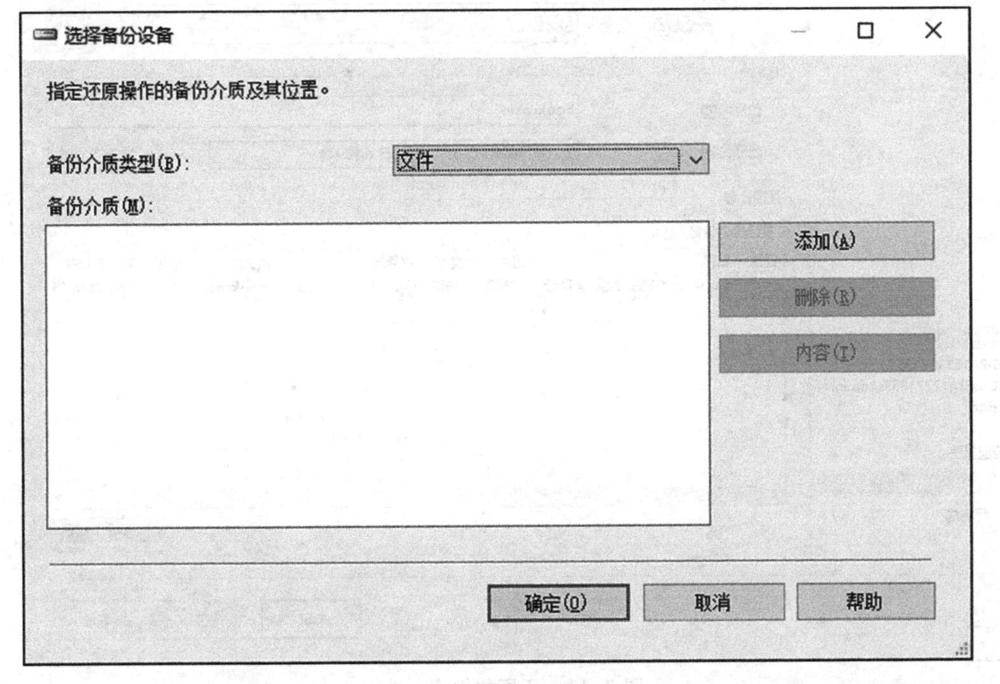

图 7-11 添加备份位置

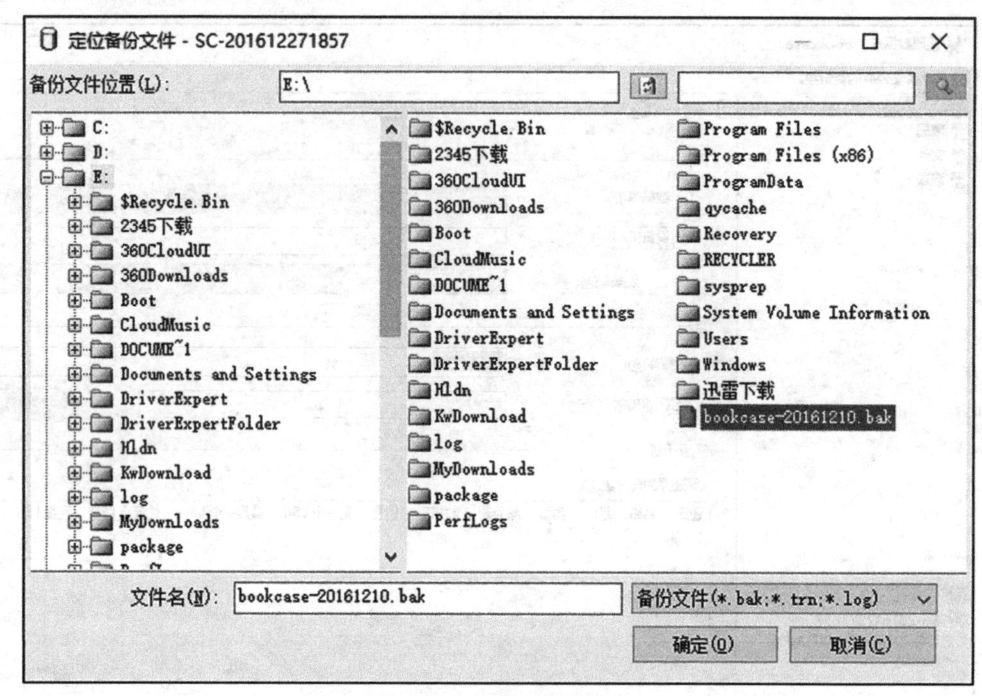

图 7-12　选择还原数据库

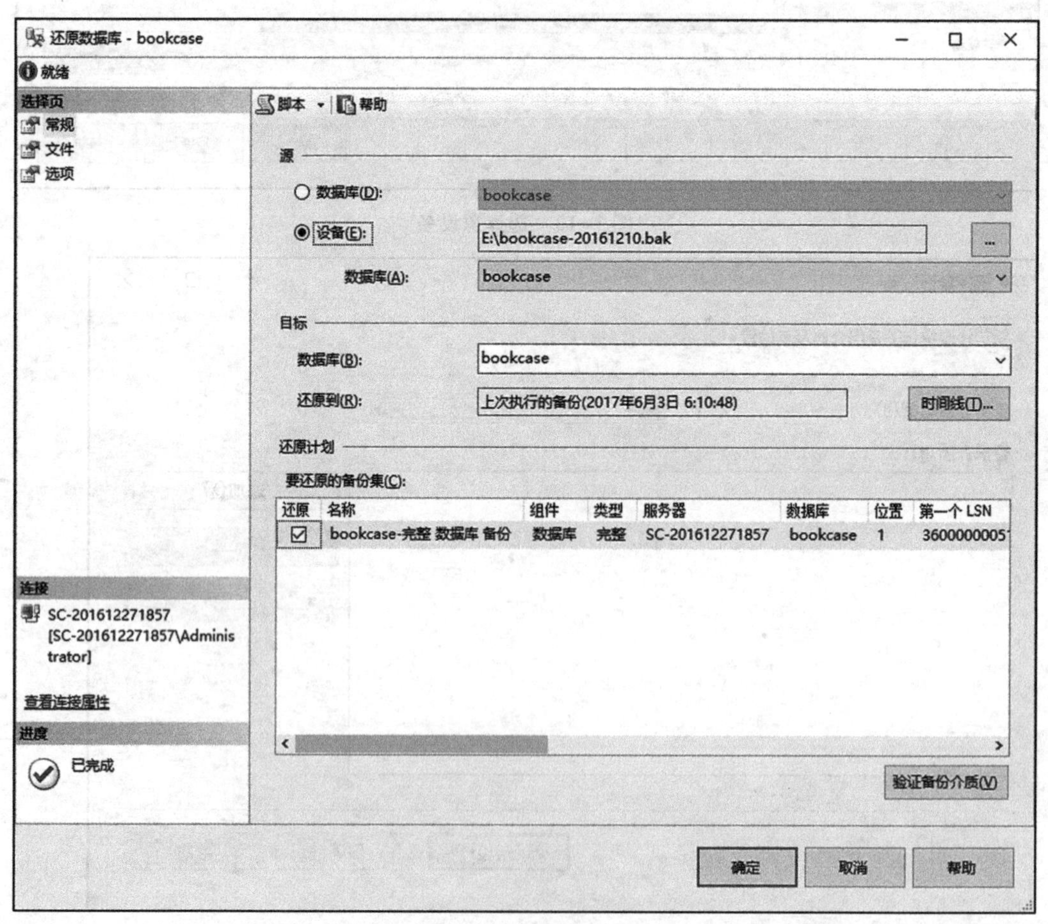

图 7-13　还原数据库

7.5 并发控制

7.5.1 事务

1. 事务的概念

先看一个例子：假设要把10 000元人民币从A的账户转到B的账户上，从顾客的角度来看，这似乎是一个独立的操作；而在数据库系统中，这是由几个操作组成的，它至少包含以下两个步骤。

① 在A的账户上扣除10 000元人民币。

② 在B的账户上增加10 000元人民币。

扩展阅读7.3：
并发控制

对于上面的两个操作，需要做到要么这两个操作都成功执行，要么这两个操作都不执行，不希望发生操作1成功执行而操作2没有成功执行，或者操作1没有成功而操作2成功执行的情况。例子中的两个操作可以构成一个事务，事务保证它包含的操作要么全部得到成功执行，要么全部都不执行，如果只有部分操作成功执行，那么就会撤销所有的操作回到初始状态以保证数据的正确和完整。

事务（transaction）是构成单一逻辑工作单元的操作集合。也就是说，事务是一组相关操作，事务中的操作，要么全部完成，要么一个都不执行。用事务处理术语讲，事务要么提交，要么中止。若要提交事务，必须保证对数据的更改是持久的、正确的；如果在执行中出现错误，应将数据库恢复到执行前的状态，称为回滚。

2. 事务的属性

事务具备4个属性，通常把事务的属性称为ACID属性：

① 原子性（atomicity）：事务必须作为工作的最小单位，即原子单位。它所做的数据修改操作要么全部执行，要么全部撤销。

② 一致性（consistency）：当事务完成后，数据库应处于一致性状态，即：事务所修改的数据必须遵循数据库中的各种约束、规则要求，保持数据的完整性。SQL Server内部的事务管理功能能够保证事务的原子性和一致性。

③ 隔离性（isolation）：一个事务所做的修改必须能够与其他事务所做的修改隔离开来。在并发处理过程中，一个事务所看到的数据状态必须为另一个事务处理前或处理后数据，而不能为其他事务执行过程中的中间状态，事务之间不能互相干扰。事务的隔离性通过锁来实现。

④ 持久性（durability）：事务完成后，它对数据库的修改将永久保存。即使系统出现故障，该修改也一直保持。事务日志能够保证事务的持久性。

7.5.2 并发控制概述

数据库是一个共享资源，可以供多个用户使用。允许多个用户同时使用的数据库系统称为多用户数据库系统。例如飞机订票数据库系统、银行数据库系统等都是多用户数据库系统。在这样的系统中，在同一时刻并行运行的事务数可达数百个。

事务可以一个一个地串行执行，即每个时刻只有一个事务运行，其他事务必须等到这个事务结束以后方能运行。事务在执行过程中需要不同的资源，有时需要 CPU，有时需要存取数据库，有时需要 I/O，有时需要通信。如果事务串行执行，则许多系统资源将处于空闲状态。因此，为了充分利用系统资源发挥数据库共享资源的特点，应该允许多个事务并行地执行。

在单处理机系统中，事务的并行执行实际上是这些并行事务的并行操作轮流交叉运行。这种并行执行方式称为交叉并发方式（interleaved concurrency）。虽然单处理机系统中的并行事务并没有真正地并行运行，但是减少了处理机的空闲时间，提高了系统的效率。

在多处理机系统中，每个处理机可以运行一个事务，多个处理机可以同时运行多个事务，实现多个事务真正的并行运行。这种并行执行方式称为同时并发方式（simultaneous concurrency）。本章讨论的数据库系统并发控制技术是以单处理机系统为基础的。这些理论可以推广到多处理机的情况。

当多个用户并发地存取数据库时就会产生多个事务同时存取同一数据的情况。若对并发操作不加控制就可能会存取和存储不正确的数据，破坏数据库的一致性。所以数据库管理系统必须提供并发控制机制。并发控制机制是衡量一个数据库管理系统性能的重要标志之一。

事务是并发控制的基本单位，保证事务 ACID 特性是事务处理的重要任务，而事务 ACID 特性可能遭到破坏的原因之一是多个事务对数据库的并发操作造成的。为了保证事务的隔离性，更一般地，为了保证数据库的一致性，DBMS 需要对并发操作进行正确调度。这些就是数据库管理系统中并发控制机制的责任。

并发操作带来的数据不一致性包括三类：丢失修改、不可重复读和读“脏”数据。产生上述三类数据不一致性的主要原因是并发操作破坏了事务的隔离性。并发控制就是要用正确的方式调度并发操作，使一个用户事务的执行不受其他事务的干扰，从而避免造成数据的不一致性。

另一方面，对数据库的应用有时允许某些不一致性，例如有些统计工作涉及数据量很大，读到一些“脏”数据对统计精度没什么影响，这时可以降低对一致性的要求以减少系统开销。并发控制的主要技术是封锁（locking）。

7.5.3 封锁

封锁是实现并发控制的一个非常重要的技术。所谓封锁就是事务 T 在对某个数据对象例如表、记录等操作之前，先向系统发出请求，对其加锁。加锁后事务 T 就对该数据对象有了一定的控制，在事务 T 释放它的锁之前，其他的事务不能更新此数据对象。

确切的控制由封锁的类型决定。基本的封锁类型有两种：排它锁（exclusive locks，简称 X 锁）和共享锁（share locks，简称 S 锁）。

排它锁又称为写锁。若事务 T 对数据对象 A 加上 X 锁，则只允许 T 读取和修改 A，其他任何事务都不能再对 A 加任何类型的锁，直到 T 释放 A 上的锁。这就保证了其他事务在 T 释放 A 上的锁之前不能再读取和修改 A。

共享锁又称为读锁。若事务 T 对数据对象 A 加上 S 锁，则事务 T 可以读 A 但不能修改 A，其他事务只能再对 A 加 S 锁，而不能加 X 锁，直到 T 释放 A 上的 S 锁。这就保证了其他事务可以读 A，但在 T 释放 A 上的 S 锁之前不能对 A 做任何修改。

在运用 X 锁和 S 锁这两种基本封锁，对数据对象加锁时，还需要约定一些规则，例如何时申请 X 锁或 S 锁、持锁时间、何时释放等。称这些规则为封锁协议（locking protocol)。对封锁方式规定不同的规则，就形成了各种不同的封锁协议。

对并发操作的不正确调度可能会带来丢失修改、不可重复读和读“脏”数据等不一致性问题，三级封锁协议分别在不同程度上解决了这一问题。为并发操作的正确调度提供一定的保证。不同级别的封锁协议达到的系统一致性级别是不同的。

1. 一级封锁协议

一级封锁协议是：事务 T 在修改数据 R 之前必须先对其加 X 锁，直到事务结束才释放。事务结束包括正常结束（COMMIT）和非正常结束（ROLL-BACK)。

一级封锁协议可防止丢失修改，并保证事务 T 是可恢复的。

在一级封锁协议中，如果仅仅是读数据不对其进行修改，是不需要加锁的，所以它不能保证可重复读和不读“脏”数据。

2. 二级封锁协议

二级封锁协议是：一级封锁协议加上事务 T 在读取数据 R 之前必须先对其加 S 锁，读完后即可释放 S 锁。

二级封锁协议除防止了丢失修改，还可进一步防止读“脏”数据。

在二级封锁协议中，由于读完数据后即可释放 S 锁，所以它不能保证可重复读。

3. 三级封锁协议

三级封锁协议是：一级封锁协议加上事务 T 在读取数据 R 之前必须先对其加 S 锁，直到事务结束才释放。

三级封锁协议除防止了丢失修改和不读“脏”数据外，还进一步防止了不可重复读。

上述三级协议的主要区别在于什么操作需要申请封锁，以及何时释放锁（即持锁时间）。

7.5.4 活锁和死锁

和操作系统一样，封锁的方法可能引起活锁和死锁。

1. 活锁

如果事务 T1 封锁了数据 R，事务 T2 又请求封锁 R，于是 T2 等待。T3 也请求封锁 R，当 T1 释放了 R 上的封锁之后系统首先批准了 T3 的请求，T2 仍然等待。然后 T4 又请求封锁 R，当 T3 释放了 R 上的封锁之后系统又批准了 T4 的请求……T2 有可能永远等待，这就是活锁的情形，避免活锁的简单方法是采用先来先服务的策略。当多个事务请求封锁同一数据对象时，封锁子系统按请求封锁的先后次序对事务排队，数据对象上的锁一旦释放就批准申请队列中第一个事务获得锁。

2. 死锁

如果事务 T1 封锁了数据 R1，T2 封锁了数据 R2，然后 T1 又请求封锁 R2，因 T2 已封锁了 R2，于是 T1 等待 T2 释放 R2 上的锁。接着 T2 又申请封锁 R1，因 T1 已封锁了 R1，T2 也只能等待 T1 释放 R1 上的锁。这样就出现了 T1 在等待 T2，而 T2 又在等待 T1 的局面，T1 和 T2 两个事务永远不能结束，形成死锁。

死锁的问题在操作系统和一般并行处理中已做了深入研究，目前在数据库中解决死锁问题主要有两类方法，一类方法是采取一定措施来预防死锁的发生，另一类方法是允许发生死锁，采用一定手段定期诊断系统中有无死锁，若有则解除之。

(1) 死锁的预防

在数据库中，产生死锁的原因是两个或多个事务都已封锁了一些数据对象，然后又都请求对已为其他事务封锁的数据对象加锁，从而出现死锁等待。防止死锁的发生其实就是要破坏产生死锁的条件。预防死锁通常有两种方法。

① 一次封锁法

一次封锁法要求每个事务必须一次将所有要使用的数据全部加锁，否则就不能继续执行。

一次封锁法虽然可以有效地防止死锁的发生，但也存在问题。第一，一次就将以后要用到的全部数据加锁，势必扩大了封锁的范围，从而降低了系统的并发度。第二，数据库中数据是不断变化的，原来不要求封锁的数据，在执行过程中可能会变成封锁对象，所以很难事先精确地确定每个事务所要封锁的数据对象，为此只能扩大封锁范围，将事务在执行过程中可能要封锁的数据对象全部加锁，这就进一步降低了并发度。

② 顺序封锁法

顺序封锁法是预先对数据对象规定一个封锁顺序，所有事务都按这个顺序实行封锁。例如在 B 树结构的索引中，可规定封锁的顺序必须是从根结点开始，然后是下一级的子女结点，逐级封锁。

顺序封锁法可以有效地防止死锁，但也同样存在问题。第一，数据库系统中封锁的数据对象极多，并且随数据的插入、删除等操作而不断地变化，要维护这样的资源的封锁顺序非常困难，成本很高。第二，事务的封锁请求可以随着事务的执行而动态地决定，很难事先确定每一个事务要封锁哪些对象，因此也就很难按规定的顺序去施加封锁。

可见，在操作系统中广为采用的预防死锁的策略并不很适合数据库的特点，因此 DBMS 在解决死锁的问题上普遍采用的是诊断并解除死锁的方法。

(2) 死锁的诊断与解除

数据库系统中诊断死锁的方法与操作系统类似，一般使用超时法或事务等待图法。

① 超时法

如果一个事务的等待时间超过了规定的时限，就认为发生了死锁。超时法实现简单，但其不足也很明显。一是有可能误判死锁，事务因为其他原因使等待时间超过时限，系统会误认为发生了死锁。二是时限若设置得太长，死锁发生后不能及时发现。

② 等待图法

事务等待图是一个有向图 G=(T, U)。T 为结点的集合，每个结点表示正运行的事务；U 为边的集合，每条边表示事务等待的情况。若 T1 等待 T2，则 T1，T2 之间画一条有向边，从 T1 指向 T2。事务等待图动态地反映了所有事务的等待情况。并发控制子系统周期性地（比如每隔 1 min）检测事务等待图，如果发现图中存在回路，则表示系统中出现了死锁。

DBMS 的并发控制子系统一旦检测到系统中存在死锁，就要设法解除。通常采用的方法是选择一个处理死锁代价最小的事务，将其撤销，释放此事务持有的所有的锁，使其他事务得以继续运行下去。当然，对撤销的事务所执行的数据修改操作必须加以恢复。

7.5.5 并发调度的可串行性

计算机系统对并发事务中并发操作的调度是随机的，而不同的调度可能会产生不同的结果，那么哪个结果是正确的，哪个是不正确的呢?

如果一个事务运行过程中没有其他事务同时运行，也就是说它没有受到其他事务的干扰，那么就可以认为该事务的运行结果是正常的或者预想的。因此将所有事务串行起来的调度策略一定是正确的调度策略。虽然以不同的顺序串行执行事务可能会产生不同的结果，但由于不会将数据库置于不一致状态，所以都是正确的。

定义：多个事务的并发执行是正确的，当且仅当其结果与按某一次序串行地执行它们时的结果相同，我们称这种调度策略为可串行化（serializable）的调度。

可串行性（serializability）是并发事务正确性的准则。按这个准则规定，一个给定的并发调度，当且仅当它是可串行化的，才认为是正确调度。

为了保证并发操作的正确性，DBMS 的并发控制机制必须提供一定的手段来保证调度是可串行化的。

从理论上讲，在某一事务执行时禁止其他事务执行的调度策略一定是可串行化的调度，这也是最简单的调度策略，但这种方法实际上是不可取的，这使用户不能充分共享数据库资源。目前DBMS普遍采用封锁方法实现并发操作调度的可串行性，从而保证调度的正确性。两段锁（two-phase locking，2PL）协议就是保证并发调度可串行性的封锁协议。

除此之外还有其他一些方法，如时标方法、乐观方法等来保证调度的正确性。

本章小结

本章从数据安全的角度讨论了数据库的安全控制机制，包括安全控制方法、权限管理、数据完整性、并发控制、故障恢复等几个方面内容。

数据库系统中一般采用用户标识和鉴别、存取控制、视图机制、审计方法以及密码存储等技术进行安全控制。

SQL Server数据库提供完整备份、差异备份、事务日志备份和文件备份4类备份方式和简单SQL Server恢复、完整恢复和大容量日志恢复三种恢复模式。

并发控制就是要用正确的方式调度并发操作，使一个用户事务的执行不受其他事务的干扰，从而避免造成数据的不一致性，并发控制的主要技术是封锁（locking）。

习题

习题答案：第7章

1. 选择题

（1）以下（　）不属于实现数据库系统安全性的主要技术和方法。

A. 存取控制技术　　B. 视图技术

C. 审计技术　　D. 出入机房登记和加锁

（2）找出下面SQL命令中的数据控制命令。（　）

A. GRANT　B. COMMIT　C. UPDATE　D. SELECT

（3）SQL语言的GRANT和REMOVE语句主要是用来维护数据库的（　）。

A. 完整性　B. 可靠性　C. 安全性　D. 一致性

（4）在数据库的安全性控制中，授权的数据对象的（　），授权子系统就越灵活。

A. 范围越小　B. 约束越细致　C. 范围越大　D. 约束范围大

（5）SQL中的视图机制提高了数据库系统的（　）。

A. 完整性　B. 并发控制　C. 隔离性　D. 安全性

（6）安全性控制的防范对象是（　　），防止他们对数据库数据的存取。

A. 不合语义的数据　　B. 非法用户

C. 不正确的数据　　D. 不符合约束数据

（7）数据表中的主健用来完成（　　）。

A. 实体完整性　　B. 并发控制

C. 参照完整性　　D. 用户自定义完整性

（8）并发控制的基本单位是（　　）。

A. 数据库　　B. 事务　　C. 视图　　D. 数据表

2. 填空题

（1）数据库的安全性是指保护数据库以防止不合法的使用所造成的________、________或________。

（2）常用的数据库安全控制的方法和技术有________，________，________，________，________。

（3）用户标识和鉴别的方法有很多种，而且在一个系统中往往是多种方法并举，以获得更强的安全性。常用的方法有通过输入________和________来鉴别用户。

（4）用户权限是由两个要素组成的：________和________。

（5）在数据库系统中，定义存取权限称为________。SQL 语言用________语句向用户授予对数据的操作权限，用________语句收回授予的权限。

（6）数据库角色是被命名的一组与________相关的权限，角色是________的集合。

（7）SQL Server 数据库有 4 类数据库备份：________、________、________和文件备份。

（8）并发控制的主要技术是________。

3. 简答题

（1）试述实现数据库安全性控制的常用方法和技术。

（2）什么是备份与恢复，SQL Server 支持哪几种备份方法与恢复模式？

（3）什么是并发调度的可串行性？

第 8 章 数据库行为设计

为实现数据库应用中比较复杂的业务数据处理，可将数据库行为设计为SQL程序。为了实现业务处理的自动化也可以将SQL程序封装为存储过程、自定义函数、触发器等，它们存储在数据库中，可一次编译多次执行，提高了SQL程序的性能和执行效率，实现代码共享和重用，并提供一种高效、安全的数据库访问机制。

电子教案：第8章 数据库行为设计

本章知识体系结构如图8-1所示。

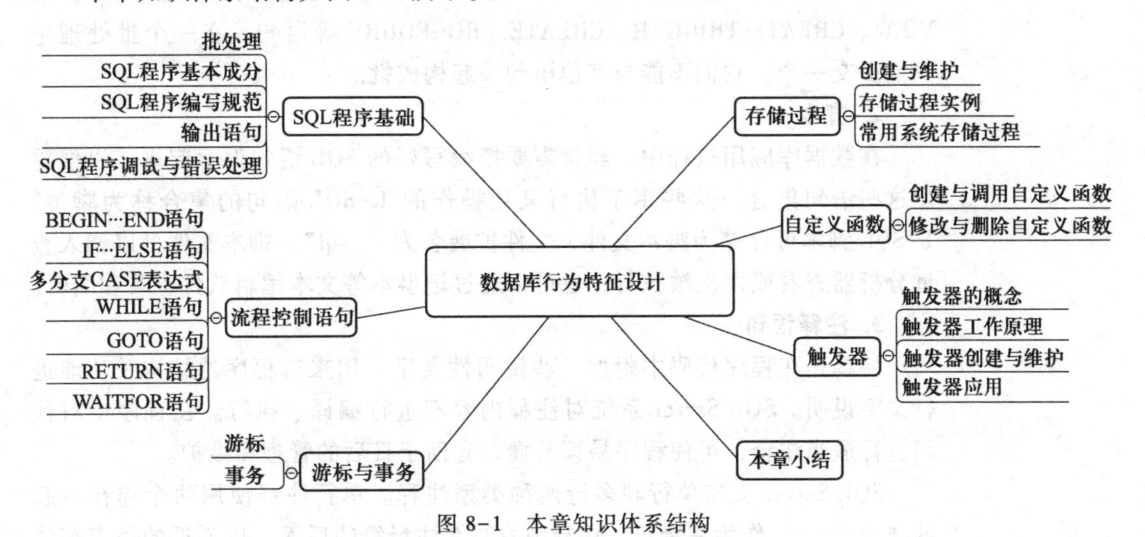

图8-1 本章知识体系结构

8.1 SQL 程序基础

8.1.1 批处理

1. 批处理

批处理由一个或多个SQL语句组成，应用程序将这些语句作为一个整体提交给SQL Server编译成一个执行单元，整体执行。批处理的种类较多，如存储过程、触发器、函数内的所有语句都构成了一个批处理。

例题源程序8.1：例8-1

例8-1 使用批提交对数据库的访问操作。

```
USE bookcase        --第一个批处理打开 bookcase 数据库
GO
--第二个批处理在 student 表中插入一条记录,然后查询所有学生信息
INSERT INTO student ( sno, sname ) VALUES ( '2016012032',
         '王红')
SELECT * FROM student
GO
```

在例8-1的T-SQL语句中，两个GO将T-SQL语句分两批提交给服务器

运行。

GO是批处理的标志，表示SQL编译器将这些SQL语句编译为一个执行单元。所有的批处理指令以GO作为结束的标志。当编译器读到GO时，它就会把GO前面的所有指令当作一个批处理，并包装成一个数据包发送给服务器。

在编写批处理时需要遵循一定的规则，例如，在SQL Server中，CREATE VIEW、CREATE TRIGGER、CREATE PROCEDURE等语句，在一个批处理中只能提交一个，它们不能与其他语句一起构成批。

2. 脚本

在数据库应用过程中，经常需要把编写好的SQL语句保存起来，以便重用这些语句集合。这些用于执行某项操作的T-SQL语句的集合称为脚本。T-SQL脚本可存储为脚本文件，文件扩展名为“.sql”。脚本文件可以调入查询分析器查看或再次被执行，也可以通过记事本等文本编辑软件查看和编辑。

3. 注释语句

注释是在程序代码中附加一些说明性文字，用来对程序的结构及功能进行文字说明。SQL Server系统对注释内容不进行编译、执行。在程序中对代码进行适当注释，可使程序易读易懂，有助于日后的管理和维护。

SQL Server支持单行和多行两种类型注释。单行注释使用两个连在一起的减号“--”作为注释符，注释内容写在注释符的后面，以最近的回车符作为注释的结束。而多行注释使用“/**/”作为注释，以“/*”作为注释文字的开头，“*/”为注释文字的结尾，中间部分加上注释性文字说明。注释的使用参见例8-1的程序代码。

8.1.2 SQL程序基本成分

1. 变量

变量指在程序运行过程中值可以发生变化的量。

SQL有两种类型变量：全局变量和局部变量。全局变量是系统已定义好的变量，主要反映SQL数据库的操作状态。全局变量名称以@@开头；局部变量由用户定义，主要用于保存运算结果。局部变量的名称必须以@开头。

例题源程序8.2：例8-2

例8-2 全局变量的引用

```
INSERT INTO student(sno,sname) VALUES('2016012032','李浩') --违反了主键约束
select @@ERROR
--@@error 最后一个T-SQL错误的错误号(获得违反约束的错误号)
--@@rowcount 受上一个SQL语句影响的行数
select * from student --如果查到了N条数据
select @@rowcount --则返回的值N
```

全局变量由系统定义和维护，全局变量的值只能读取，不能修改。

局部变量使用DECLARE语句声明，使用SELECT或SET语句赋值，并

在声明该变量的语句批或过程内使用。

局部变量的声明格式为：

DECLARE　变量名　数据类型

变量名命名应符合 SQL Server 标识符命名规范，并且首字母为@ 字符。变量的数据类型可以为系统提供或用户自定义的数据类型。

例 8-3　声明局部变量，并赋值。

```
USE bookcase
DECLARE @ sno char(10)
SET @ sno = '2015020004'
SELECT * FROM student WHERE sno = @ sno
DECLARE @ sdno CHAR(6), @ sbirth DATETIME
SET @ sdno ='d01'
SET @ sbirth = '1998-01-01'
-- SELECT @ sdno = 'd01', @ sbirth = '1998-01-01'
                                          -- 使用 SELECT 赋值也可以
SELECT sno, sname FROM student WHERE sdno = @ sdno  AND
       sbirth >= @ sbirth
```

例题源程序 8.3：例 8-3

2. 运算符

SQL Server 提供赋值、算术、逻辑、位、比较、字符串连接等运算符。

扩展阅读 8.1：SQL Server 运算符及优先级

赋值运算符“=”用于将表达式的值赋给某个变量。

算术运算符在两个表达式上执行数学运算，包括加法（+）、减法（-）、乘法（*）、除法（/）、取模（%）等运算，加减运算也可用于 datetime 和 smalldatetime 日期类型。

位运算符可以在两个表达式之间执行位操作，包括按位与（&）、按位或（|）、按位异或（^）。表达式的数据类型可以是整型或与整型兼容的数据类型。

比较运算符用于测试两个表达式之间值的关系，包括 =、>、<、>=、<=、<>、!<、!>，比较运算的结果是布尔类型。

逻辑运算符用于对某个条件进行测试，包括 AND、OR、NOT 等运算符。

字符串连接运算符（+）进行字符串连接，如 'ABC'+'DEF' 的运算结果为 'ABCDEF'。

当一个复杂表达式包含若干运算符时，运算符按照优先级顺序执行，先执行优先级高的运算符，后执行优先级低的运算符。

3. 函数

SQL Server 在标准 SQL 的基础上，提供了丰富的系统函数，包括日期函数、字符串函数、数学函数、聚合函数以及系统函数等。

扩展阅读 8.2：SQL Server 常用函数

（1）日期/时间函数

日期/时间函数对日期和时间输入值执行操作，返回一个字符串、数字或日期和时间。

例 8-4 获取当前日期、并进行日期处理。

```
SELECT curr_date=GETDATE(),cur_mon=MONTH(GETDATE ()),
    cur_day= DAY(getdate()),
    pre _date=DATEADD(day,-1, GETDATE()), next_date
      =DATEADD(day,1, GETDATE ())
```

如果当前日期为 2017-05-30 日，执行结果如图 8-2 所示。

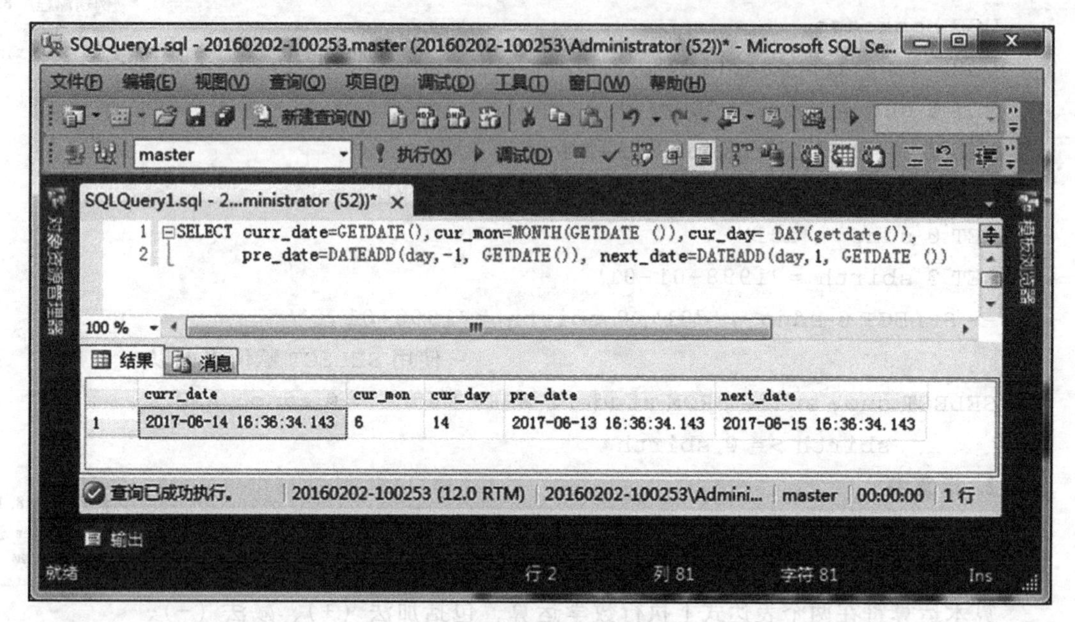

图 8-2 例 8-4 执行结果

例 8-5 根据出生日期计算年龄。

希望输出学生的学号、姓名以及年龄。年龄的计算方法为：

如果当前日期的“月-日”小于出生日期的“月-日”，年龄=当前年份-出生年份-1；

如果当前日期的“月-日”大于出生日期的“月-日”，年龄=当前年份-出生年份。

查询语句为：

```
SELECT sno,sname,YEAR(GETDATE())-YEAR(sbirth)-
  CASE WHEN LEFT(CONVERT(CHAR(10),sbirth,101),5) >LEFT
    (CONVERT(CHAR(10),GETDATE(),101),5) THEN 1 ELSE 0
    END  FROM student
```

（2）字符串函数

字符串函数实现字符串的查找、转换、截取等操作，例如：

例 8-6 字符串函数使用实例。

```
USE bookcase
SELECT  LTRIM(RTRIM(' Hello World  '))
                                    -- 去掉左右两端的空格
```

```
--查询 dno 为 d03 的 dname,并从第 1 个字符位置开始截取长度为 2 的
  字符串。
SELECT dno, SUBSTRING(dname, 1, 2) AS dshortname FROM
    dept WHERE dno = 'd03'
SELECT  LOWER('Hello');    --将字符串中所有的大写字母转换成
                             小写字母
```

执行结果如图 8-3 所示。

图 8-3　例 8-5 执行结果

(3) 数学函数

数学函数实现各种运算，包括三角运算、指数运算、对数运算等。

(4) 聚合函数

聚合函数对一组值进行汇总产生单一的值。除 COUNT 函数之外，聚合函数忽略空值。聚合函数经常与 SELECT 语句的 GROUP BY 子句一同使用。

(5) 用户自己定义函数。

除了以上的各种函数，SQL Server 允许用户自己定义函数，详见 8.5。

例 8-7　查询结果集中空值的处理。

数据表中的列值为空值一般表示值未确定，但用户通常希望显示某个提示而不是空值，如学生表的系部 sdno 为空值，表示学生所属系部尚未确定，查询要求显示为“未确定”，其查询语句为：

```
SELECT sno,sname,ISNULL(sdno,'未确定') FROM dbo.student
```

4. 表达式

T-SQL 的表达式是符号与运算符的组合，SQL Server 对其求值以获得单个数据值。简单的表达式可以是一个常量、变量、列或标量函数。可以用运算符将两个更多的简单表达式连接起来组成复杂的表达式。

8.1.3　SQL 程序编写规范

良好的代码结构可以提高程序代码的清晰度和可阅读性，方便程序编写调试，减少维护工作量。编写 SQL 程序时，应注意以下几点。

(1) 对变量和数据库对象等标识符采用有意义的命名。

采用有意义的命名方式，可以增加代码的可读性，例如平均成绩变量可以命名为@ avgscore。

(2) 编写代码时养成大小写习惯。

合理的大小写编码风格有助于用户区分关键字与用户命名的标识符。一般说来，SQL 关键字采用大写形式，用户命名的标识符和对象采用首字母大写形式。

(3) 对存储过程、游标等数据库对象命名时，采用适当的前缀和后缀。

在定义数据库对象时，采用适当的前缀和后缀可以有效地区分数据库对

象的类型。如：使用 p_AverageGrade 命名一个存储过程，使用 t_CPoints 命名一个触发器，使用 sc_cursor 命名一个游标。

(4) 代码书写呈现锯齿形风格。

锯齿形书写格式指为了增强程序的可读性，采用缩进的书写形式，即在每一行的代码左端空出一部分长度。锯齿形书写风格可以清晰地从外观上看出程序的逻辑结构提高可读性和代码清晰度。例如：

```
BEGIN
  ……
    IF  @ avgscore>0  THEN
        BEGIN
            ……
        END
END
```

(5) 在程序中增加适当的注释。

使用注释对代码进行说明，可使程序代码更易于维护。

8.1.4　输出语句

在程序设计过程中，常常需要将一些数据返回到客户端，如检查变量的值或显示一些相关的信息等。T-SQL 中使用 PRINT 语句将消息返回应用程序，其格式为：

```
PRINT 字符串 |变量
```

其中，字符串是字符串常量或返回字符串的表达式，变量的类型为字符类型或可转换为字符类型的数据类型。

例 8-8　统计所有课程的总学分并显示到客户端。

```
DECLARE @ total_cpoints int
select @ total_cpoints=sum(cpoints) FROM course
print '总学分:'+ CAST(@ total_cpoints AS NVARCHAR(10))
```

运行结果如图 8-4 所示。

图 8-4　PRINT 语句执行结果

8.1.5　SQL 程序调试与错误处理

1. SQL 程序的错误类型

编写 SQL 程序时，不可避免地会出现语法错误、逻辑错误和运行时错误。

语法错误是指不符合 T-SQL 规范的错误，这类错误会导致 SQL 语句不能编译。

逻辑错误指虽然没有语法错误，SQL 语句也能正常执行，却实现不了预设功能。逻辑错误不仅会发生在程序开发阶段，也常常会出现在程序实际运行阶段。只有非常清楚程序需要实现的功能，才能避免此类错误。如果发生了逻辑错误，可以跟踪程序的执行流程，逐行、逐段地检查程序执行结果，发现产生问题的原因。

运行时错误是指 SQL 程序在执行过程中出现的、意想不到的错误，如由于锁表影响对数据表的更改、修改数据库对象时违反数据完整性与一致性的约束等。这类错误导致了一些 SQL 语句执行失败。采取必要的边界处理和错误处理，才能减少此类错误的发生。

2. SQL 程序的错误处理

不论发生什么样的错误，都需要首先定位错误发生的位置，接着判断错误原因，必要的时候需要简化程序来进行调试。

(1) 定位错误发生的位置

定位错误发生的位置是修改代码的关键一步。错误定位可以使用一些工具来实现，如 SQL Server 的查询分析器、MS SQL Manager 等，这些工具可以非常方便地指出错误发生的位置；也可以通过先注释可疑语句，编译通过之后再依次加入的方法来实现定位。还可以在程序运行时进行动态跟踪，检查中间执行结果以便确定发生错误的位置和原因。

(2) 判定错误原因

一旦定位了错误发生的位置，就需要进一步判断错误发生的原因。语法错误和运行时错误都会影响程序的正常执行。这类错误可以通过相应的语法知识、程序运算的中间运行结果、系统提供的错误代码等来判断。需要在程序中加强边界条件的处理以及异常处理，尽量减少运行时错误的发生。PL/SQL、T-SQL 等都定义了完善的错误代码，必要的时候，可以将错误代码转换成一定的错误提示输出。

(3) 简化程序以便调试

程序的复杂性会影响程序的调试。因此编写程序时，应做必要的注释，以增加程序的可读性。出现错误时，可以把程序化为简单的可测程序。先注释或删除程序的一部分代码，检测执行情况。如果能正常执行，说明错误的原因不是本段代码，加入其他代码后继续检查；否则错误的部分原因是本段代码，认真检查和调试无误后，再加入其他代码。

3. T-SQL 中的错误处理方式

在 T-SQL 语言中，可以使用两种方式处理发生的错误：使用@@ERROR 函数测试错误和使用在 TRY…CATCH 构造的 CATCH 块的作用域内处理。

(1) @@ERROR 函数测试错误

在执行 T-SQL 语句的过程中，如果 SQL Server 发现错误，将会向客户端发送错误信息。在 SQL Server 中，@@ERROR 函数返回前一条 T-SQL 语句执行的错误状态。当 SQL Server 成功执行一个 T-SQL 语句时，它将@@ERROR 的值置为 0。如果在语句过程中产生错误，它返回错误信息，并将该错误的错误号返回到@@ERROR 中，@@ERROR 值一直保持到开始执行下一个 T-SQL 语句时才被清除。所以，在程序中当每个语句执行后立即检查@@ERROR 的值，即可判定上一个语句的执行状况。

(2) 使用 TRY…CATCH 构造处理错误

T-SQL 代码中的错误可使用 TRY…CATCH 构造处理。

语法格式如下。

```
BEGIN TRY
{SQL 语句 | SQL 语句块}
END TRY
BEGIN CATCH
 { SQL 语句 | SQL 语句块}
END CATCH
```

TRY…CATCH 构造包括 TRY 块和 CATCH 块两部分。TRY 块以 BEGIN TRY 语句开头，以 END TRY 语句结尾。在 BEGIN TRY 和 END TRY 语句之间可以指定一个或多个 T-SQL 语句。CATCH 块必须紧跟 TRY 块。CATCH 块以 BEGIN CATCH 语句开头，以 END CATCH 语句结尾。

如果在 TRY 块内的 T-SQL 语句执行中没有检测到错误，则当 TRY 块中最后一个语句完成运行时，会将控制传递给紧跟在相关联的 END CATCH 语句之后的语句。如果在 TRY 块内的 T-SQL 语句执行中检测到错误，则控制将被传递到 CATCH 块，用户可在此块中处理此错误。CATCH 块处理该异常错误后，控制将被传递到 END CATCH 语句后面的第一个 T-SQL 语句。

例 8-9　使用@@ERROR 和 TRY...CATCH 构造检查语句的执行状态。

例题源程序 8.4：例 8-9

```
DECLARE @ErrorVar INT
USE bookcase
BEGIN TRY
   UPDATE student SET sgender='男'WHERE sno='2016012035'
END TRY
BEGIN CATCH
   SET @ErrorVar=@@ERROR
   PRINT ERROR_NUMBER()
END CATCH
GO
```

上例中将 UPDATE 语句置于 TRY 块中，以捕捉其运行状态。由于在运行过程中出现异常情况，程序将转入执行 CATCH 块内的语句，其中第 1 行语句只是简单把错误号存入@ErrorVar 中，第 2 行语句中使用 ERROR_NUMBER() 函数返回错误信息。

在 TRY…CATCH 构造的 CATCH 块的作用域内，可使用以下系统函数来捕获错误信息：

① ERROR_NUMBER() 返回错误号。

② ERROR_MESSAGE() 返回将返回给应用程序的消息文本。

③ ERROR_SEVERITY() 返回错误严重性。

④ ERROR_STATE() 返回错误状态号。

⑤ ERROR_LINE() 返回导致错误的例程中的行号。

⑥ ERROR_PROCEDURE() 返回出现错误的存储过程或触发器的名称。

说明：在 T-SQL 中，每个 TRY 块仅与一个 CATCH 块相关联。且每个 TRY...CATCH 构造都必须位于一个批处理、存储过程或触发器中。

扩展阅读 8.3：流程控制语句的执行流程

8.2 流程控制语句

和大多数程序设计语言一样，SQL 数据处理语言也提供了流程控制语句以处理较复杂业务处理逻辑，SQL Server 提供的流程控制语句如表 8-1 所示。

表 8-1 流程控制语句

关键字	描述
BEGIN...END	定义语句块
BREAK	退出最内层的 WHILE 循环
CONTINUE	重新开始 WHILE 循环
GOTO label	从 label 所定义的 label 之后的语句处继续进行处理
IF...ELSE	定义条件以及当一个条件为 FALSE 时的操作
RETURN	无条件退出
WAITFOR	为语句的执行设置延迟
WHILE	当特定条件为 TRUE 时重复语句

8.2.1 BEGIN…END 语句

BEGIN…END 定义关键字之间封装了一组 SQL 语句，形成一个语句块，使这些语句作为一个整体执行。BEGIN…END 的语法结构如下。

```
BEGIN
    SQL 语句 1
    SQL 语句 2
    ……
END
```

BEGIN 和 END 关键字是语句块的开始、结束界定符。

BEGIN…END 语句块允许嵌套使用，但 BEGIN 和 END 必须成对使用。

8.2.2　IF…ELSE 语句

IF…ELSE 语句对 T-SQL 语句的执行强加条件。如果条件为真，就执行 IF 关键字之后的 SQL 语句块，否则执行 ELSE 之后的 SQL 语句块。

IF…ELSE 语句的语法结构如下。

```
IF 条件表达式
   { SQL 语句 | SQL 语句块}
[ ELSE
   { SQL 语句 | SQL 语句块} ]
```

IF…ELSE 语句允许嵌套使用。嵌套层数没有限制。

例题源程序 8.5：例 8-10

例 8-10　使用 IF…ELSE 语句，显示刘薇薇同学的 e006 课程的成绩。

```
USE bookcase
DECLARE @ grade int
SELECT @ grade=grade FROM student join sc on(student.sno=
      sc.sno)
      where cno='e006'and sname = '刘薇薇'
IF @ grade >=60
      PRINT @ grade
ELSE
      PRINT '不及格'
```

8.2.3　多分支 CASE 表达式

CASE 表达式用于多条件分支选择，CASE 具有两种格式。

① 简单 CASE 表达式将某个表达式与一组简单表达式进行比较以确定结果。

简单 CASE 表达式的语法结构如下。

```
CASE 表达式
     WHEN 表达式 THEN 表达式
     …
     [ ELSE 表达式]
END
```

② CASE 搜索函数计算一组布尔表达式以确定结果。

CASE 搜索函数的语法结构如下。

```
CASE
    WHEN 条件表达式 THEN 表达式
     …
    [ ELSE 表达式]
END
```

两种格式都支持可选的 ELSE 参数。

例 8-11 使用 CASE 函数分级显示所有选修 cs001 课程同学的成绩。

例题源程序 8.6：例 8-11

```
USE bookcase
SELECT student.sno,sname, category =
    CASE
      WHEN grade>=90 THEN '优'
      WHEN grade>=80 THEN '良'
      WHEN grade>=70 THEN '中'
      WHEN grade>=60 THEN '及格'
      ELSE '不及格'
  END
  FROM sc join student  on(sc.sno=student.sno) WHERE
     cno='cs001'
```

例 8-11 程序的执行结果如图 8-5 所示。

结果 消息

	sno	sname	category
1	2016012004	赵晖	良
2	2016012013	李莉	优
3	2016012024	吴悠	中
4	2016012030	张小雨	优

图 8-5 CASE 函数示例

8.2.4 WHILE 语句

在数据处理过程中，有时需要重复执行一些操作，这时可使用 WHILE、BREAKE 和 CONTINUE 语句控制数据处理过程。

WHILE 语句根据条件重复执行一个 SQL 语句或语句块，只要条件成立，语句或语句块就会一直重复下去。

WHILE 语句的语法结构如下：

```
WHILE 条件表达式
    BEGIN
        { SQL 语句 | SQL 语句块}
        [ BREAK ]
        { SQL 语句 | SQL 语句块}
        [ CONTINUE ]
    END
```

WHILE 语句也允许嵌套。

BREAK 语句使程序从最内层的 WHILE 循环中退出。

CONTINUE 语句使 WHILE 循环重新开始执行，忽略 CONTINUE 关键字后的语句。

例 8-12 设计程序计算多少个自然数的和会超过 5 000。

例题源程序 8.7：例 8-12

```
DECLARE @ i int, @ sum int
```

```
SET @ sum = 0
SET @ i = 1
WHILE (1 = 1)
    BEGIN
        SET @ sum=@ sum+@ i
        IF @ sum > 5000
            BREAK
        SET @ i=@ i+1
    END
PRINT '1 到'+ CAST(@ i AS VARCHAR(10)) +'整数的和为:' +CAST
    (@ sum AS VARCHAR(10))'
```

8.2.5 GOTO 语句

GOTO 语句将程序流程无条件转移到 GOTO 关键字之后的标号处。GOTO 语句和标签可在存储过程、批处理或语句块中的任何位置使用。GOTO 语句可嵌套使用。标号名称必须遵守 T-SQL 标识符命名规则。定义标号时，在标号后加上冒号。

GOTO 语句的语法结构如下。

```
标号:          --定义标签
GOTO 标号      --改变执行
```

例题源程序 8.8：例 8-13

例 8-13 计算 10 的阶乘。

```
DECLARE @ s int,@ times int
SELECT @ s=1,@ times=1
lable1:
    SELECT @ s=@ s * @ times
    SELECT @ times=@ times+1
    if @ times <= 10
        GOTO lable1
PRINT '10 的阶乘='+ str(@ s)
```

需要注意的是，结构化编程中不推荐使用 GOTO 语句。

8.2.6 RETURN 语句

RETURN 语句从过程、批处理或语句块中无条件退出，其后的语句不再执行。

语法格式如下。

```
RETURN [整数表达式]
```

8.2.7 WAITFOR 语句

WAITFOR 语句用于延迟后续的代码执行，或等到指定的时间后再执行后续代码。

语法格式如下。

```
WAITFOR { DELAY '时间' | TIME '时间'}
```

其中DELAY指定等待的时间间隔，最长可达24小时；TIME指定等待到的时间点，即触发的具体时间；时间可以是datetime数据类型，格式为hh:mm:ss，不指定日期。

例8-14 WAITFOR语句示例。

例题源程序8.9：例8-14

```
BEGIN
    WAITFOR DELAY '1:00:00'  ——控制程序1小时以后执行其后的
                               语句
    SELECT * FROM student
    WAITFOR TIME '8:00'      ——控制程序1小时以后执行其后的
                               语句
    SELECT * FROM sudent
END
```

8.3 游标与事务

在实际应用中，用户有时需要对SELECT语句返回结果集中逐行进行处理，游标则提供了这种机制，它可以定位在结果集中的任一行，并允许应用程序通过游标对数据进行修改。

游标是系统为用户开设的一个数据缓冲区，存放SELECT语句的执行结果，每个游标都有一个名字，可以用FETCH语句从游标中逐一获取行，并把行的列值赋给变量。使用游标的一般步骤是：声明游标、打开游标、移动游标指针并取得当前行数据、关闭和释放游标。

8.3.1 游标

1. 声明游标

游标的使用和普通变量一样，也需要先声明后使用。声明游标使用DECLARE CURSOR语句完成，其格式如下。

```
DECLARE 游标名 CURSOR
        [ LOCAL | GLOBAL ]                              //作用域
        [ FORWARD_ONLY | SCROLL ]                       //移动方向
        [ STATIC | KEYSET | DYNAMIC | FAST_FORWARD]
                                                        //游标类型
        [ READ_ONLY | SCROLL_LOCKS | OPTIMISTIC ]
                                                        //访问属性
```

```
FOR SELECT 语句                               //SELECT 语句
[ FOR UPDATE [ OF 列名 [ ,…n ]]]              //可修改的列
```

其中：

LOCAL | GLOBAL：说明游标的作用域。LOCAL 为局部游标，作用域为创建它的批处理、存储过程或触发器。GLOBAL 为全局游标，在由连接执行的任何存储过程或批处理中，都可以使用该游标。

FORWARD_ONLY：指定游标只能从第一行滚动到最后一行。

SCROLL：声明游标可以前后滚动，若未指定 SCROLL，则只能向前滚动。

STATIC：指定静态游标，与 INSENSITIVE 相同。

KEYSET：指定键集驱动游标。当游标打开时，只可修改除键集以外的列。

DYNAMIC：指定动态游标，可反映在滚动游标时对结果集内的行所做的所有数据更改。

FAST_FORWARD：指定只进游标，除只能向前移动外，其余同上。

READ_ONLY、SCROLL_LOCKS、OPTIMISTIC：指定对游标的访问属性。

2. 打开游标

打开游标实际上是执行相应的 SELECT 语句，把所有满足查询条件的记录从指定表读到缓冲区中。打开游标的语法格式如下。

```
OPEN  { [GLOBAL]游标名}
```

其中 GLOBAL 选项表示打开的是全局游标，否则打开局部游标。

打开游标后，游标处于活动状态，指针指向查询结果集的第一行之前。

3. 读取数据

打开游标后，就可以使用 FETCH 获得查询结果集中的某行数据。FETCH 语法格式为：

```
FETCH [ [ NEXT | PRIOR | FIRST | LAST
        | ABSOLUTE { n | @ nvar }
        | RELATIVE { n | @ nvar } ]
FROM   ]  { [ GLOBAL ]游标名}
[ INTO 变量名 [ ,…n ]]
```

其中：

NEXT：读取下一行，并将其作为当前行。如果 FETCH NEXT 为对游标的第一次提取操作，则返回结果集中的第一行。NEXT 为默认的游标提取选项。

PRIOR：返回紧邻当前行前面的结果行，并且当前行递减为返回行。如果 FETCH PRIOR 为对游标的第一次提取操作，则没有行返回并且游标置于第一行之前。

FIRST：返回游标中的第一行并将其作为当前行。

LAST：返回游标中的最后一行并将其作为当前行。

ABSOLUTE {n | @nvar}：定位到指定的行。如果n或@nvar为正数，则返回从游标头开始的第n行，并将返回行变成新的当前行。如果n或@nvar为负数，则返回从游标末尾开始的第n行，并将返回行变成新的当前行。

RELATIVE {n | @nvar}：移动相对行数。如果n或@nvar为正数，则返回从当前行开始的第n行，并将返回行变成新的当前行。如果n或@nvar为负数，则返回当前行之前第n行，并将返回行变成新的当前行。

GLOBAL：指定游标为全局游标。

INTO 变量名[,... n]：将提取操作的列数据放到局部变量中。变量列表中的各个变量从左到右与游标结果集中的相应列相关联。各变量的数据类型必须与相应的结果集列的数据类型匹配，或是结果集列数据类型所支持的隐式转换。

FETCH 语句每次只能读取一行数据。通过检测全局变量@@FETCH_STATUS的值可以了解FETCH语句的执行状态，若前一个FETCH语句执行成功该变量值为0，否则值为-1或-2。如读到最后一行数据后再执行FETCH，该变量值为-1。

4. 关闭和释放游标

使用CLOSE语句关闭游标，释放当前结果集，被关闭的游标可被再次打开。CLOSE语句格式如下。

```
CLOSE {[GLOBAL]游标名}
```

使用DEALLOCATE语句删除游标引用，组成该游标的数据结构由系统释放。不使用DEALLOCATE，再次DECLARE这个游标时，将出现“游标已存在”的错误。DEALLOCATE语句的语法格式如下。

```
DEALLOCATE {[GLOBAL]游标名}
```

5. 游标使用实例

例8-15　以系为单位，汇总各系的系平均成绩和每位学生的平均成绩和应得学分。

由于需要按系统计，因此考虑创建一个系游标，然后使用循环语句逐个汇总各系平均成绩和系内每个学生的平均成绩。

例题源程序8.10：例8-15

```
USE bookcase
BEGIN
    DECLARE @ cno VARCHAR(8)              --变量:课程编号
    DECLARE @ dname VARCHAR (30)          --变量: 系名
    DECLARE @ dno VARCHAR (6)             --变量:系编号
    DECLARE @ avggrade NUMERIC(5,1)       --变量:平均成绩

    DECLARE dep_cursor CURSOR FOR
    SELECT dno,dname FROM dept            --声明系游标
    SET NOCOUNT ON
    OPEN dep_cursor                       --打开系游标
```

```
    FETCH NEXT FROM dep_cursor INTO @ dno,@ dname
                                        --读取游标数据
    WHILE  @ @ FETCH_STATUS = 0  --检测游标数据是否读取完,
                                    如果还有数据,继续循环
        BEGIN
            --汇总系平均成绩
            SET @ avggrade =(SELECT ISNULL(avg(grade),
              0) FROM sc a ,student b,dept c,course d
                    WHERE a.sno=b.sno AND b.sdno=c.dno
                        AND b.sdno = @ dno AND a.cno =
                        d.cno)
            IF @ avggrade>0
/* 根据系平均成绩是否为 0 判断,该系的成绩是否登记,如果为 0,表明
没有登记该系的成绩 * /
                BEGIN
                    PRINT RTRIM(@ dname)+'系各门课总平均
                          成绩为'+str(@ avggrade,5,1)
                    --每个学生的平均成绩和获得的学分
                    PRINT RTRIM(@ dname) +'系每个学生的
                          平均成绩如下:'
                    SELECT e.sname ,d.avggrade ,total-
                          cpoints FROM
                        (SELECT a.sno, AVG(grade) avg-
                              grade,SUM(cpoints) to-
                              talcpoints
                          FROM student a ,sc b,course c
                              WHERE a.sno = b.sno AND
                              b.cno=c.cno
                        GROUP BY a.sno) d ,student e,
                              dept f
                      WHERE e.sno = d.sno AND e.sdno =
                              f.dno AND f.dno =@ dno
                END
            ELSE
                PRINT RTRIM(@ dname)+'系成绩没有登记'
            FETCH NEXT FROM dep_cursor INTO  @ dno,@ dname
                                        --读取游标数据
        END
        CLOSE dep_cursor                    --关闭游标
```

```
    DEALLOCATE dep_cursor               --释放游标
END
```

上述程序的基本算法是：如果系平均成绩=0，说明本系的所有课程的成绩还没有登记，否则汇总本系每个学生的所有课程平均成绩。处理完一个系之后，继续读取数据，处理下个一系。处理过程如图 8-6 所示。

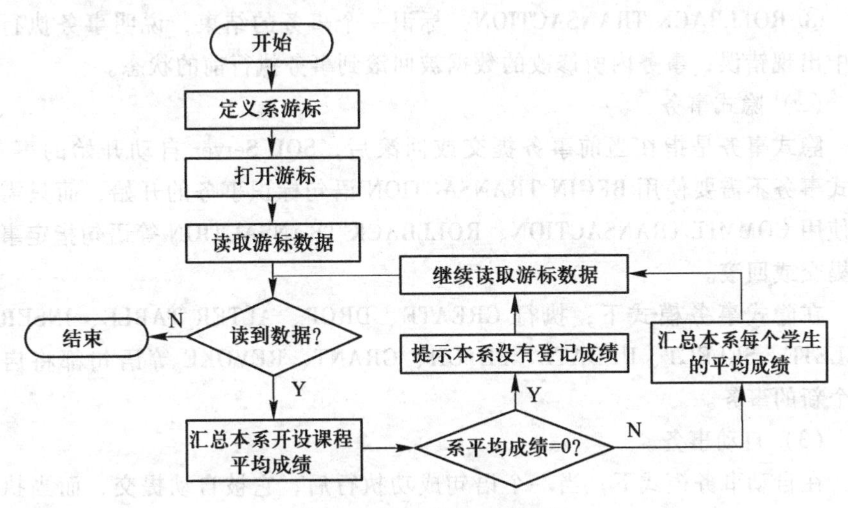

图 8-6 汇总平均成绩流程

上述 SQL 程序的执行结果如图 8-7 所示。

```
结果
计算机科学系各门课总平均成绩为 82.0
计算机科学系每个学生的平均成绩如下:
sname      avggrade     totalcpoints
---------  -----------  ----------------------
赵晖        87           3
李莉        93           11.5
吴悠        67           10
张小雨      83           17.5

管理学院系成绩没有登记
电子工程系各门课总平均成绩为 71.0
电子工程系每个学生的平均成绩如下:
sname      avggrade     totalcpoints
---------  -----------  ----------------------
刘薇薇      71           10.5

网络学院系成绩没有登记
外国语学院系成绩没有登记
数学学院系成绩没有登记
```

图 8-7 例 8-15 执行结果

8.3.2 事务

1. 事务分类

在 SQL Server 中，系统将事务模式分为显式事务、隐式事务和自动事务三种。

(1) 显式事务

显式事务是指由用户通过 T-SQL 事务语句而定义的事务，在程序中显式指明事务的开始、结束及回滚位置，这类事务又称为用户定义事务。

T-SQL 事务语句包括以下三种。

① BEGIN TRANSACTION：标识一个事务的开始；

② COMMIT TRANSACTION：标识一个事务的结束，说明事务被成功执行，事务内所修改的数据被永久保存到数据库中；

③ ROLLBACK TRANSACTION：标识一个事务的结束，说明事务执行过程中出现错误，事务内所修改的数据被回滚到事务执行前的状态。

（2）隐式事务

隐式事务是指在当前事务提交或回滚后，SQL Server 自动开始的事务。隐式事务不需要使用 BEGIN TRANSACTION 语句标识事务的开始，而只需用户使用 COMMIT TRANSACTION、ROLLBACK TRANSACTION 等语句指定事务的提交或回滚。

在隐式事务模式下，执行 CREATE、DROP、ALTER TABLE、INSERT、DELETE、SELECT、UPDATE、FETCH、GRANT、REVOKE 等语句都将启动一个新的事务。

（3）自动事务

在自动事务模式下，当一个语句成功执行后，它被自动提交，而当执行过程中产生错误时，则被自动回滚。自动事务是 SQL Server 的默认事务模式。当与 SQL Server 建立连接后，直接进入自动事务模式，直到使用 BEGIN TRANSACTION 语句开始一个显式事务，或者执行 SET IMPLICT_TRANSACTIONS ON 语句进入隐式事务模式为止。但当显式事务被提交或回滚，或者执行 SET IMPLICT_TRANSACTIONS OFF 语句后，SQL Server 又进入自动事务管理模式。

2. 事务的控制

在应用程序中通过事务语句来指定事务的开始、结束和回滚来控制事务。

（1）BEGIN TRANSACTION 语句

BEGIN TRANSACTION 语句显式指定事务的开始，其语法格式如下。

```
BEGIN TRANSACTION [事务名]
```

全局变量@@TRANCOUNT 的值记录当前连接的活动事务数，BEGIN TRANSACTION 的执行使@@TRANCOUNT 的值加 1。

（2）COMMIT TRANSACTION 语句

COMMIT 语句提交事务，它使得自事务开始以来所执行的所有数据库修改永久保存到数据库中，也标志一个事务的结束。COMMIT 语句的语法格式如下。

```
COMMIT TRANSACTION [transaction_name]
```

COMMIT TRANSACTION 的执行使@@TRANCOUNT 的值减 1。

（3）ROLLBACK TRANSACTION 语句

ROLLBACK 语句回滚事务，它标志一个事务的结束，使事务回滚到起点或指定的保存处，其语法格式如下。

```
ROLLBACK TRANSACTION [transaction_name]
```

3. 事务编程示例

例 8-16 定义事务，检查事务提交、回滚操作的执行效果。

例题源程序 8.11：例 8-16

```
USE bookcase
GO
--查询当前表中计算机系(系编号 d01)的数据
SELECT * FROM sc WHERE
      sno in (SELECT sno FROM student WHERE sdno='d01')
BEGIN TRANSACTION                    --第一个开始事务
--给计算机系成绩低于 70 分的同学加 3 分
UPDATE sc SET grade=grade+3  WHERE
   sno in (SELECT sno FROM student WHERE sdno ='d01' and
grade<70)
COMMIT TRANSACTION                   --提交第一个事务
BEGIN TRANSACTION                    --第二个开始事务
      INSERT INTO sc VALUES('2016012010','cs001',85)
                                     --增加一行数据到表中
      SELECT * FROM sc WHERE
            sno in (SELECT sno FROM student WHERE sdno='d01')
                                     --检查增加后表中的数据
ROLLBACK TRANSACTION                 --回滚第二个事务
SELECT * FROM sc WHERE
     sno in (SELECT sno FROM student WHERE sdno='d01')
                                     --检查回滚事务后表中数据的变化
```

运行此程序后，第一个事务开始前表中数据如图 8-8 所示。

第一个事务中给计算机系成绩低于 70 分的同学加 3 分后，表中数据如图 8-9 所示。

结果 消息

	sno	cno	grade
1	2016012004	cs001	87
2	2016012013	cs001	98
3	2016012013	cs002	95
4	2016012013	e001	88
5	2016012024	cs001	71
6	2016012024	m001	76
7	2016012024	m002	56
8	2016012030	cs001	90
9	2016012030	cs002	86
10	2016012030	cs010	72
11	2016012030	m001	84
12	2016012030	m002	85

图 8-8 事务开始前表中数据

结果 消息

	sno	cno	grade
1	2016012004	cs001	87
2	2016012013	cs001	98
3	2016012013	cs002	95
4	2016012013	e001	88
5	2016012024	cs001	71
6	2016012024	m001	76
7	2016012024	m002	59
8	2016012030	cs001	90
9	2016012030	cs002	86
10	2016012030	cs010	72
11	2016012030	m001	84
12	2016012030	m002	85

图 8-9 修改数据并提交后表中数据

第二个事务中插入一行数据后，表中数据如图 8-10 所示。

回滚第二个事务后，表中数据如图 8-11 所示。事务回滚后，对数据的操作将恢复到事务开始时的状态。

结果　消息

	sno	cno	grade
1	2016012004	cs001	87
2	2016012010	cs001	85
3	2016012013	cs001	98
4	2016012013	cs002	95
5	2016012013	e001	88
6	2016012024	cs001	71
7	2016012024	m001	76
8	2016012024	m002	59
9	2016012030	cs001	90
10	2016012030	cs002	86
11	2016012030	cs010	72
12	2016012030	m001	84
13	2016012030	m002	85

图 8-10　事务中插入后表中数据

结果　消息

	sno	cno	grade
1	2016012004	cs001	87
2	2016012013	cs001	98
3	2016012013	cs002	95
4	2016012013	e001	88
5	2016012024	cs001	71
6	2016012024	m001	76
7	2016012024	m002	59
8	2016012030	cs001	90
9	2016012030	cs002	86
10	2016012030	cs010	72
11	2016012030	m001	84
12	2016012030	m002	85

图 8-11　回滚事务后表中数据

8.4　存储过程

扩展阅读 8.4：使用模板创建存储过程

存储过程是被存储在数据库中的，可以接收和返回参数的 SQL 程序，它在创建时被编译和优化，是一种部署在数据库服务器端的数据库对象。创建后可被其他存储过程、函数调用。客户端应用程序可通过向数据库服务器提交 EXECUTE 命令调用存储过程。存储过程在第一次调用后将驻留在内存中，所以执行效率高。同时，存储过程运行于数据库服务器端，其数据来源及输出结果通常存储在一台计算机上，可以大大减少客户机和服务器之间的通信量。

在实际应用中，可将一些常用或比较复杂的功能代码块，如学生成绩查询、用户登录等定义为存储过程。由于存储过程可编译一次多次执行，因此使用存储过程可以提高数据库程序的性能。

存储过程同其他编程语言中的过程（子程序）相似，具有如下特点。

① 接收输入参数并以输出参数的形式将多个返回值返回至调用过程或处理。

② 包含执行数据库操作（或调用其他过程）的编程语句。

③ 先后共调用过程或批处理返回状态值，以表明成功或失败，以及失败原因。

SQL Server 主要提供两种类型的存储过程：系统存储过程和用户自定义

存储过程。

系统存储过程主要用来从系统表中获取信息，为系统管理员管理数据库提供帮助，为用户查看数据库对象提供方便。系统存储过程存储在源数据库（master）中，并且带有 sp_前缀，如 sys. sp_changedbowner。

用户自定义存储过程主要指 T-SQL 存储过程，是用户在用户数据库中创建的存储过程，是封装了可重用代码的模块或例程。存储过程可以接受输入参数、向客户端返回表格或标量结果和消息、调用数据定义语言（DDL）和数据操作语言（DML）语句，然后返回输出参数。

8.4.1 创建与维护

使用 CREATE PROCEDUR 语句在数据库中创建存储过程后，存储过程就永久保存在数据库中，直到使用 DROP PROCEDURE 语句删除它。

微视频 8.1：使用代码创建和调用存储过程操作

注意，存储过程只能在当前数据库中创建。默认情况下，用户创建的存储过程归数据库登录用户拥有，但可授权其他用户使用。

1. 创建存储过程

创建存储过程的语法格式如下。

```
CREATE PROC [EDURE]存储过程名
        [{参数名 数据类型} [ =默认值]  [OUTPUT]
        ]  [ ,…n  ]
AS
        SQL 语句[ ,…n]
```

微视频 8.2：使用模板创建和调用存储过程操作

其中，

① 存储过程是数据库对象，存储过程名必须符合标识符命名规则，且对于数据库及其所有者必须唯一。

② 参数名指定存储过程中的参数。存储过程可以有一个或多个参数，在执行过程时必须提供每个所声明参数的值（除非定义了默认值），使用@符号作为第一个字符来指定参数名称。参数名称必须符合标识符命名规则。

③ 参数的数据类型可以是 SQL Server 允许的所有数据类型。

④ 默认值指定参数的默认值。如果定义了默认值，就不必指定该参数的值即可执行存储过程。默认值必须是常量或 NULL。

⑤ OUTPUT 表明参数是输出（返回）参数，是可选参数。使用 OUTPUT 参数可以将信息返回给调用过程。

⑥ SQL 语句指存储过程中要包含的 SQL 语句。如果存储过程中包含多条 SQL 语句，应使用 BEGIN/END 块。

⑦ CREATE PROCEDURE 可以简写为 CREATE PROC。

2. 调用存储过程

可以使用 EXECUTE 命令或者其名称执行存储在服务器上的存储过程，其语法格式如下。

```
    [[ EXEC [ UTE ]]  存储过程名
```

```
[ [参数名 = ] { 参数值 | 变量 [ OUTPUT ] | [默认值]]
    [ ,… n ]
```

参数名前必须加上符号“@”。

如果不指定参数名称，参数值必须按 CREATE PROCEDURE 语句中定义的顺序给出。

变量用来保存参数或者返回参数。

OUTPUT 指定存储过程必须返回一个参数。该存储过程的匹配参数也必须由关键字 OUTPUT 创建。

如果存储过程是批处理中的第一条语句，可以省略 EXECUTE 命令，而仅使用存储过程的名字执行它。

3. 删除和修改存储过程

删除存储过程使用 DROP PROCEDURE 语句，其语法格式如下。

```
DROP PROCEDURE 存储过程名
```

修改存储过程使用 ALTER PROC［EDURE］语句，其语法格式基本同 CREATE PROC［EDURE］。

```
ALTER PROC[ EDURE]存储过程名
    [{参数名 数据类型} [ =默认值]  [OUTPUT]
     ]  [ ,… n  ]
AS
     SQL 语句[ ,… n]
```

使用 ALTER PROCEDURE 将覆盖原存在于数据库中同名的存储过程，若使用 CREATE PROCEDURE，则必须先使用 DROP PROCEDURE 删除同名的存储过程。

8.4.2 存储过程实例

例 8-17 将例 8-15 所示程序封装为存储过程。

例题源程序 8.12：例 8-17

实现功能：自动汇总各系部平均成绩、每名学生的平均成绩与获得的学分。

入口参数：无

1. 存储过程定义

```
CREATE  PROCEDURE p_AverageGrade
AS
BEGIN
  DECLARE @ cno VARCHAR(8)                  --变量:课程编号
  DECLARE @ dname VARCHAR (30)              --变量: 系名
  DECLARE @ dno VARCHAR (6)                 --变量:系编号
  DECLARE @ avggrade NUMERIC(5,1)           --变量:平均成绩
  DECLARE dep_cursor CURSOR FOR
     SELECT dno,dname FROM dept             --声明系游标
```

```
    SET NOCOUNT ON
    OPEN dep_cursor                        --打开系游标
    FETCH NEXT FROM dep_cursor INTO @ dno,@ dname
                                           --读取游标数据
    WHILE  @ @ FETCH_STATUS = 0  --检测游标数据是否读取完,如
                                   果还有数据,继续循环
       BEGIN
         --汇总系平均成绩
          SET @ avggrade = ( SELECT ISNULL ( avg ( grade ), 0 )
              FROM sc a,student b,dept c,course d
                WHERE a.sno = b.sno AND b.sdno = c.dno AND
                     b.sdno =@ dno AND a.cno =d.cno)
        IF @ avggrade>0
  /* 根据系平均成绩是否为 0 判断,该系的成绩是否登记,如果为 0,表明
     没有登记该系的成绩 */
         BEGIN
            PRINT RTRIM(@ dname)+'系各门课总平均成绩为'+str
                  (@ avggrade,5,1)
            --每个学生的平均成绩和获得的学分
            PRINT RTRIM(@ dname) +'系每个学生的平均成绩如下:'
            SELECT e.sname,d.avggrade,totalcpoints FROM
                 ( SELECT a.sno,AVG(grade)avggrade,SUM
                        (cpoints)totalcpoints
                     FROM student a,sc b,course c WHERE
                        a.sno=b.sno AND b.cno=c.cno
                 GROUP BY a.sno)d,student e,dept f
               WHERE e.sno =d.sno AND e.sdno =f.dno AND
                    f.dno =@ dno
          END
       ELSE
          PRINT RTRIM(@ dname)+'系成绩没有登记'
       FETCH NEXT FROM dep_cursor INTO  @ dno,@ dname
                                                  --读取游标数据
     END
     CLOSE dep_cursor                             --关闭游标
     DEALLOCATE dep_cursor                        --释放游标
  END
```

2. 过程调用及执行结果

执行下列语句调用存储过程。

```
SET NOCOUNT ON
EXECUTE p_AverageGrade
```

例 8-18 统计不同分数段的人数和平均成绩。

在教学管理中，教师经常需要汇总课程的考试情况，按系部统计不同分数段的人数和平均成绩，这种功能也可以通过存储过程实现。存储过程的要求如下。

实现功能：统计某系某课程不同分数段的人数和平均成绩。

入口参数：课程编号、系部编号。

例题源程序 8.13：例 8-18

1. 存储过程定义

```
--按照课程编号和系部统计最高分、最低分、不同分数段的人数、平均成绩
CREATE  PROCEDURE [dbo].[p_SatGrade]
    @ cno  VARCHAR(8),                    --入口参数:课程编号
    @ dno  VARCHAR(6)                     --入口参数:系部编号
AS
BEGIN
    DECLARE @ grade1 INT                  --待统计分数段上限
    DECLARE @ grade2 INT                  --待统计分数段下限
    DECLARE @ num INT                     --待统计分数段人数
    DECLARE @ dname VARCHAR(30)           --系部名称
    DECLARE @ cname  VARCHAR(50)          --课程名称
    --查询课程名称和系部名称
    SET @ dname =(SELECT dname FROM dept WHERE LTRIM(Rtrim
            (dno))= @ dno)
    SET @ cname =(SELECT cname FROM course WHERE LTRIM(Rt-
            rim(cno))= @ cno)
    PRINT LTRIM(Rtrim(@ dname))+'系 <' + LTRIM(Rtrim(@
          cname))+'>'+'考试成绩  按照分数段统计情况'
    --设置被统计分数段的初值
    SET @ grade1 = 100
    SET @ grade2 = 90
    WHILE (@ grade1>= 60)
    BEGIN
      SET @ num =(SELECT count(*) FROM sc a,dept b,student
c WHERE b.dno = c.sdno AND a.sno = c.sno AND b.dno = @ dno AND
a.cno =@ cno AND grade >= @ grade2 AND grade<@ grade1)
      PRINT str(@ grade2)+'   至'+str(@ grade1)+'分   人数
           为'+str(@ num)
      --调整统计分数段
```

```
        SET @ grade1 = @ grade2
        IF  @ grade1>60
          SET @ grade2 = @ grade2 -10
        ELSE
          SET @ grade2 = 0
      END
END
```

2. 过程调用及执行结果

执行下列语句调用存储过程。

```
SET NOCOUNT ON
EXEC p_ SatGrade 'cs001', 'd01'
```

存储过程的执行结果如图 8-12 所示。

```
消息
计算机科学系 《计算思维导论》考试成绩 按照分数段统计情况
    90  至  100分  人数为   2
    80  至   90分  人数为   2
    70  至   80分  人数为   1
    60  至   70分  人数为   0
     0  至   60分  人数为   0
```

图 8-12　例 8-18 存储过程执行结果

8.4.3 常用系统存储过程

SQL Server 中常用的存储过程如表 8-2 所示。

表 8-2　常用系统存储过程

存储过程名	说明
sp_databases	列出服务器上的所有数据库
sp_helpdb	报告有关指定数据库或所有数据库的信息
sp_renamedb	更改数据库的名称
sp_tables	返回当前环境下可查询的对象的列表
sp_columns	返回某个表列的信息
sp_help	查看某个表的所有信息
sp_helpconstraint	查看某个表的约束
sp_helpindex	查看某个表的索引
sp_stored_procedures	列出当前环境中的所有存储过程
sp_password	添加或修改登录账户的密码
sp_helptext	显示默认值、未加密的存储过程、用户定义的存储过程、触发器或视图的实际文本

系统存储过程使用举例。

```
EXEC sp_tables                  --当前数据库中查询的对象的列表。
EXEC sp_columns stuInfo         --返回某个表列的信息。
EXEC sp_help Course             --查看表 Course 的信息。
EXEC sp_helpconstraint Course             --查看表 Course 的约束。
EXEC sp_helpindex Student                 --查看表 Student 的索引。
EXEC sp_helptext 'view_ Student_ Course '
                                          --查看视图的语句文本。
EXEC sp_stored_procedures                 --返回当前数据库中的存储
                                            过程列表。
```

8.5 自定义函数

扩展阅读 8.5：使用模板创建自定义函数

函数是存储在数据库中可供其他程序调用的 SQL 程序，其基本特征是具有返回值，根据返回值的类型不同，SQL 提供两种类型的函数：返回单值的标量函数和返回结果集的表值函数。

函数可由用户根据需要创建，创建后就永久存在于数据库中，直到使用删除语句删除它。SQL Server 还提供了大量的内置函数即标准函数供用户调用。

SQL Server 为三种类型的用户自定义函数提供了不同的命令创建格式。

1. 创建和调用标量函数

标量函数与系统内置函数很相似。用户自定义标量函数创建后，可以重复使用。

标量函数的函数体包括一条或多条 SQL 语句，这些语句以 BEGIN 开始，以 END 结束。创建标量函数的基本语法如下。

```
CREATE FUNCTION 函数名
(
        [{参数名 数据类型 [ =默认值]} [,...n  ]
)
        RETURNS 数据类型
AS
BEGIN
        函数体
        RETURN 返回值
END
```

其中，

① 参数名前必须加“@”。

② RETURNS 子句规定了函数返回值的类型。

③ BEGIN…END 语句块之间的是函数体，其中必须包括一条 RETURN 语句，用于返回函数值。

例 8-19　设计一个自定义函数获取每门课程的选修人数。

显然，该函数将返回一个整数型的数值，属于一个标量值型的自定义函数。

例题源程序 8.14：例 8-19

```
CREATE FUNCTION Fun_Num
  (@ cno char(9))
    RETURNS int
AS
BEGIN
    DECLARE @ num int
    SELECT @ num=Count(*) FROM sc WHERE cno=@ cno
    RETURN @ num
END
```

调用标量函数：

```
SELECT dbo.Fun_Num('cs001')
```

执行结果如图 8-13 所示。

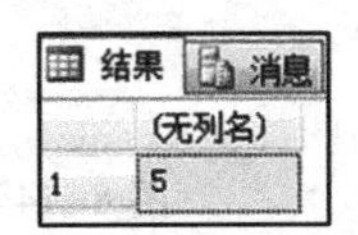

图 8-13　调用标量函数 dbo.Fun_Num

需要注意的是，调用标量函数时必须指明函数的拥有者（本例中为 dbo），否则服务器会返回内容为“……不是可以识别的函数名”的编译错误消息。

2. 创建和调用内联（单语句）表值型函数

创建内联（单语句）表值型函数的语法规则如下。

```
CREATE FUNCTION 函数名
(
        [{参数名 数据类型 [=默认值]} [    ,…n    ]
)
        RETURNS TABLE
AS
BEGIN
        函数体
        RETURN SELECT 语句
END
```

其中，

① RETURNS TABLE 子句指明了该函数的返回值是一个表。

② RETURN 子句中的 SELECT 语句确定了返回表中的数据。

例题源程序 8.15：例 8-20

例 8-20　设计一个自定义函数，输入参数为学号（sno），返回该学生选修的课程（cname）、课程成绩（grade）及获得学分（cpoints）。

```
CREATE FUNCTION Fun_Grade(@ sno char(12) )
RETURNS TABLE
AS
    RETURN
    (
        SELECT b.cno,cname,grade,cpoints FROM student a
            INNER JOIN sc b ON a.sno=b.sno
            INNER JOIN course c ON b.cno=c.cno
            WHERE a.sno=@ sno
    )
```

在调用内联（单语句）表值型函数时，不需要指明函数的拥有者，服务器会自动分析调用。

```
SELECT * FROM dbo.Fun_Grade ('2015020004')
```

执行结果如图 8-14 所示。

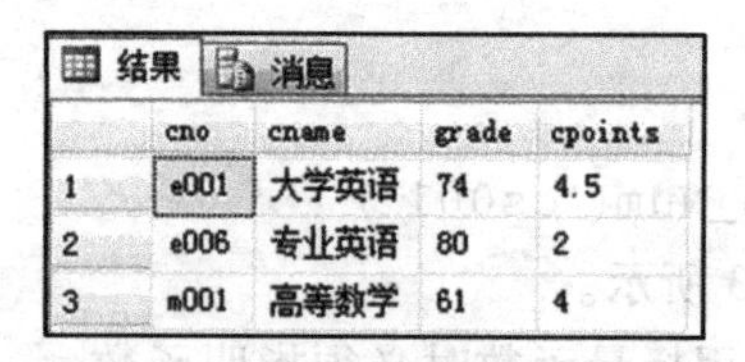

结果 消息

	cno	cname	grade	cpoints
1	e001	大学英语	74	4.5
2	e006	专业英语	80	2
3	m001	高等数学	61	4

图 8-14 调用内联（单语句）表值型函数 Test_Fun_Score

3. 创建和调用多语句表值型函数

创建多语句表值型函数的语法规则如下。

```
CREATE FUNCTION 函数名
(
    [{参数名 数据类型 [=默认值]} [ ,...n ]
)
    RETURNS 变量 TABLE
AS
BEGIN
    函数体
    RETURN
END
```

其中，

① RETURNS 子句指明了该函数的返回值是一个局部变量，而且该变量的数据类型是 TABLE。在该子句中还要对返回的表进行表结构定义。

② BEGIN...END 语句之间的语句是函数体，该函数体中必须包括一条不带参数的 RETURN 语句用于返回表。

例题源程序 8.16：例 8-21

例 8-21 创建一个多语句表值型函数，用于查询学分大于指定学分的课程信息。

```
CREATE FUNCTION Fun_Cpoints
(
   @ cpoints float
)
   RETURNS @ courseinfo TABLE
   (     cno char(8),
         cname varchar(40),
         cpoints float
   )
AS
BEGIN
      INSERT INTO @ courseinfo
            SELECT cno, cname, cpoints FROM course WHERE
                   cpoints >=@ cpoints
      RETURN
END
```

多语句表值型函数也可以在 T-SQL 语句中调用，例如要查询学分大于 2 的课程信息：

```
SELECT * FROM Fun_Cpoints(2)
```

执行结果如图 8-15 所示。

结果 | 消息

	cno	cname	cpoints
1	cs001	计算思维导论	3
2	cs002	C语言程序设计	4
3	cs010	数据库原理	3.5
4	e001	大学英语	4.5
5	e006	专业英语	2
6	m001	高等数学	4
7	m002	线性代数	3

图 8-15　调用多语句表值型函数

注意，在创建多语句表值型函数时，返回表结构中所定义字段的数据类型要与原表中各对应字段的数据类型一致，否则在插入过程中可能会发生错误。

4. 修改自定义函数

修改自定义函数使用 ALTER FUNCTION 语句，其使用方法和 CREATE FUNCTION 类似，因为函数的返回值随函数类型的不同而不一样，所以对应的也有 3 种 ALTER FUNCTION 语法定义，它们的主要区别也在于返回值定义上面。例如，修改内联（单语句）表值型函数的语法规则如下。

简述 TER FUNCTION 函数名

　(　　[{参数名 数据类型 [=默认值]} [　,… n　]])

```
    RETURNS TABLE
AS
BEGIN
    函数体
    RETURN SELECT 语句
END
```

实际上“ALTER FUNCTION”与“CREATE FUNCTION”的用法完全一样，只要将“CREATE”替换为“ALTER”，其余定义部分都可以不变。不过要注意的是，修改自定义函数时，返回值的类型不能修改，即不能用 ALTER FUNCTION 将标量函数更改为表值函数，也不能用 ALTER FUNCTION 将内联函数改为多语句函数，反之亦然。

5. 删除自定义函数

使用 DROP FUNCTION 可从当前数据库中删除函数，其语法格式如下。

```
DROP FUNCTION 函数名
```

例如，删除 Fun_Cpoints 函数：

```
DROP FUNCTION Fun_Cpoints
```

8.6 触发器

扩展阅读 8.6：使用模板创建触发器

在选课管理中，教学管理人员可能希望能动态地看到每个学生当前所修学分，实现此功能可有两种方法。

一是用查询语句随时汇总每个学生所修学分。这种方法在学生及选修课程数量巨大的情况下，查询的效率可能存在问题。

二是在学生表（student）中增加一个存放每个学生所修学分总数的列（Scpoints），在学生成绩发生变化时动态更新相应学生的总学分。本方法在查询时只要读取学生表该列数据即可。与第一种集中汇总方式相比，本方法将汇总工作分散到每次数据更改操作中，从某种程度上可以提高查询的效率。

对第二种方法的实现，数据库管理系统提供了称为触发器的编程接口。触发器是一种特殊的存储过程，当对指定表执行指定的数据修改时自动执行。就本例而言，只要在 sc 表上增加触发器，一旦 sc 表内容发生变化，就立即修改 student 的 Scpoints 字段。

可以看出使用第二种方法可以简化操作，加强数据的完整性和一致性。

8.6.1 触发器的概念

触发器是一种特殊的存储过程，SQL Server 允许为 INSERT、UPDATE、DELETE 创建触发器。当对指定表实施 UPDATE、INSERT 或 DELETE 的一种或多种数据操作时，触发器生效，从而触发一个或一系列 T-SQL 语句。

触发器可以完成存储过程能完成的功能，但又具有其显著的特点。

① 与表紧密相连，可以看作表定义的一部分。

② 不能通过名称被直接调用，更不允许修改参数，而是当用户对表中的数据进行修改时自动执行。

③ 可以用于 SQL Server 约束、默认值和规则的完整性检查，实施更为复杂的数据完整性约束。

触发器根据被激活的时机可分为 AFTER 触发器和 INSTEAD OF 触发器两种类型。

(1) AFTER 触发器

AFTER 触发器又称为后触发器，是在引起触发器执行的 SQL 语句中指定的所有操作都成功执行后（after）才被激发执行的存储过程。AFTER 触发器主要用于数据行变更后的处理或检查，一旦发现错误，可以用 Rollback Transaction 语句来回滚本次的操作。

在 SQL Server 中 AFTER 是默认触发器。

(2) INSTEAD OF 触发器

INSTEAD OF 触发器又称为替代触发器，可以定义在表和视图上。这种触发器执行时将取代原来的触发器的动作，即不执行原来 SQL 语句里的操作（INSERT、UPDATE、DELETE），而转为执行触发器本身所定义的操作。对每一种触发动作（INSERT、UPDATE 或 DELETE），每一个表或视图只能有一个 INSTEAD OF 触发器。

8.6.2 触发器工作原理

1. inserted 表和 deleted 表

SQL Server 为每个触发器都创建了两个专用表：插入表（inserted）和删除表（deleted）。这两个表由 SQL Server 自动创建和管理，是建在数据库服务器内存中的逻辑表，而不是真正存储在数据库中的物理表。用户对这两个表只有读取权限，而无修改权限。这两个表的结构与触发器所在数据表的结构完全一致，当触发器的工作完成之后，这两个表就会从内存中删除。查询这两个临时的驻留内存的表可以检测某些修改操作所产生的效果，如使用 SELECT 语句来检查 INSERT 和 UPDATE 语句执行的插入操作是否成功，触发器是否被这些语句触发等。

插入表（inserted）里存放的是 INSERT 和 UPDATE 语句所影响数据行的副本。对于 INSERT 操作来说，inserted 表里存放的是要插入的数据；对于 UPDATE 操作来说，inserted 表里存放的是要更新的数据行。在执行 INSERT 和 UPDATE 语句时，新的数据行被同时添加到 inserted 表和触发器表中。

删除表（deldeted）用于存储 DELETE 和 UPDATE 语句所影响的行的副本。对于 UPDATE 操作，deldeted 表里存放的是更新前的记录（更新完后即被删除）；对于 DELETE 操作来说，deldeted 表里存入的是被删除的旧记录。在执行 DELETE 和 UPDATE 语句时，指定的数据行从触发器表中删除并转移到 delete 表中。Deleted 表和触发器表通常没有相同的行。

一个典型的 UPDATE 事务实际上是由两个操作组成。首先，旧的数据行从被操作表中转移到 delete 表中，然后将新的数据行插入被操作表和 insert 表。

2. AFTER 触发器的工作原理

AFTER 触发器是在数据行更变完成之后才激活执行的。以删除记录为例，AFTER 触发器的工作过程如下。

① 当 SQL Server 接收到一个要执行删除操作的 SQL 语句时，SQL Server 先将要删除的记录存放在删除表里。

② 把数据表里的数据行删除。

③ 激活 AFTER 触发器，执行 AFTER 触发器里的 SQL 语句。

④ 触发器执行完毕之后，删除内存中的删除表，退出整个操作。

例如，在学生表里删除一条学生记录时，触发器首先检查该学生总学分是否为零，如果不为零则取消删除操作。该动作在数据库中的操作过程如下。

① 接收 SQL 语句，将要从学生表里删除的学生记录取出来，放在删除表里。

② 从学生表里删除该学生记录。

③ 删除表里读出该学生的总学分字段，判断是不是为零，如果为零的话，完成操作，从内存里清除删除表；如果不为零的话，用 Rollback Transaction 语句来执行回滚操作。

3. INSTEAD OF 触发器的工作原理

INSTEAD OF 触发器与 AFTER 触发器不同，AFTER 触发器是在 INSERT、UPDATE 和 DELETE 操作完成后才激活的，而 INSTEAD OF 触发器，是在这些操作进行之前就激活了，并且不再去执行原来的 SQL 操作，而去运行触发器本身的 SQL 语句。

8.6.3　触发器创建与维护

1. 创建触发器

创建触发器可以使用 CREATE TRIGGER 语句完成，其语法格式如下。

```
CREATE TRIGGER 触发器名称
    ON { 表名 | 视图名 }
    { FOR | AFTER | INSTEAD OF }
    { [ INSERT ][ , ][ UPDATE ][ , ][ DELETE ] }
AS
{
    SQL 语句[ ; ][ ,...n ]
}
```

其中，

① 触发器名称必须符合命名标识规则，并且在当前数据库中唯一。

② 表名 | 视图名为被定义触发器的表或视图。

③ AFTER 为默认的触发器类型，后触发器。此类型触发器不能在视图上定义。

④ SQL 语句定义触发器被触发后将执行的 SQL 语句。

2. 更改和删除触发器

修改触发器使用 ALTER TRIGGER 语句，其语法格式就是把 CREATE TRIGGER 中的 CREATE 改为 ALTER。例如要修改 DML 触发器可以使用以下的语法形式。

```
ALTER TRIGGER 触发器名
    ON { 表名 |视图名}
    { FOR | AFTER | INSTEAD OF }
    { [ INSERT ][ , ][ UPDATE ][ , ][ DELETE ]}
AS
    { SQL 语句[ ; ][ ,… n ]
}
```

删除触发器使用 DROP TRIGGER 语句，其语法如下。

```
DROP TRIGGER 触发器名
```

8.6.4 触发器应用

1. DML 触发器的应用

例 8-22 在 sc 表上编写触发器，实现自动根据成绩自动汇总每个学生获得的总学分，并修改学生的总学分。

假设在 bookcase 数据库的 student 表中增加一个字段“总学分（Scpoints）”。

```
ALTER TABLE student ADD Scpoints float
```

Scpoints 的值等于 sc 表中的学生选课的学分（cpoints）之和，因此在 sc 对进行变动（包括插入新记录、修改成绩、删除选课记录）时都需要更新 student 表中 Scpoints 的值。

触发器的定义如下。

例题源程序 8.17：例 8-22

```
CREATE TRIGGER t_cpoints ON sc FOR INSERT, UPDATE ,DELETE
AS
   DECLARE @ scpoints float          --总学分
   DECLARE @ sno CHAR(10)            --学号
   DECLARE insert_cursor   CURSOR for SELECT sno FROM IN-
                              SERTED
   DECLARE delete_cursor   CURSOR for SELECT sno FROM DE-
                              LETED
BEGIN
   --处理删除的记录
   OPEN delete_cursor
```

```
      FETCH NEXT FROM delete_cursor INTO @ sno
      WHILE @ @ FETCH_STATUS = 0
        BEGIN
            SET @ scpoints =(SELECT sum(cpoints) FROM course
a,sc b WHERE a.cno=b.cno AND b.grade>60 AND b.sno=@ sno)
            UPDATE student SET Scpoints = @ scpoints WHERE
                    sno=@ sno
            FETCH NEXT FROM delete_cursor  INTO @ sno
        END
      CLOSE delete_cursor
      DEALLOCATE delete_cursor
    --处理修改和增加的记录
    IF UPDATE (grade)
       BEGIN
            OPEN insert_cursor
            FETCH NEXT FROM insert_cursor  INTO @ sno
            WHILE  @ @ FETCH_STATUS = 0
              BEGIN
                  SET @ scpoints =( SELECT SUM(cpoints ) FROM
course a,sc b WHERE a.cno=b.cno AND b.grade>60 AND b.sno=@ sno)
                  UPDATE student  SET Scpoints  = @ scpoints
                         WHERE sno=@ sno
                  FETCH NEXT FROM insert_cursor  INTO @ sno
              END
          CLOSE insert_cursor
          DEALLOCATE insert_cursor
      END
    END
```

触发器一旦创建成功，sc 表内容发生变化时，就会自动触发 cpoints 执行。该触发器汇总学生通过考试的课程的学分数，并修改 student 表中的总学分字段值，以此来保证数据的一致性。但是需要注意的是，由于触发器自动执行的作用，会影响 sc 表的修改速度。

为了减少触发器对表的增、删、改记录执行速度的影响，可以通过限制触发和降低被触发操作的复杂性来实现。

(1) 限制触发，只有特定列变更，才触发操作，可以使用以下两种方法。

1) 使用 columns_updated( ) 确定是否影响指定列，只有指定列发生变化时才触发操作。

2) 使用 IF UPDATE（列名）子句可用来确定 INSERT 或 UPDATE 语句

是否影响到表中的一个特定列。当列被赋值时，该子句即为 TRUE。使用这种方法，如果特定列被赋值，执行一些操作，否则不作任何操作。这样可以减小触发器对维护表的执行速度的影响。

（2）降低被触发操作的复杂性，减少操作涉及的记录数，加快被触发操作的执行速度。

可使用 inserted、deleted 逻辑表，只对插入或删除操作关联的记录完成特定操作。如上例中使用 inserted、deleted 逻辑表。当向表中插入记录时，新记录写入 inserted 逻辑表中。当从表中删除记录时，被删除的记录保存在 deleted 逻辑表中。当修改表的记录时，原记录保存在 deleted 逻辑表中，修改过的记录保存在 inserted 逻辑表中。当修改 sc 表时，cpoints 触发器只统计发生变化的记录，并对应修改成绩发生变化的学生的学分。

2. 基于视图的 INSTEAD OF 触发器

执行 INSTEAD OF 触发器可以替代原始的触发动作。INSTEAD OF 触发器扩展了视图更新的类型，可用于更新那些没有办法通过正常方式更新的视图。例如，通常在一个基于连接的视图上不能进行 INSERT 操作，此时可通过 INSTEAD OF INSERT 触发器来实现数据的删除。

在 bookcase 数据库中建立一个视图 v_sc，查询学生选课情况。

```
CREATE VIEW v_sc
AS
  SELECT a.sno, sname, b.cno, cname, grade, cpoints FROM
         student a
         INNER JOIN sc b ON a.sno=b.sno
         INNER JOIN course c ON b.cno=c.cno
```

例 8-23　在 v_sc 视图上创建一个 INSTEAD OF INSERT 触发器实现通过视图向 student 表和 sc 表插入数据。

例题源程序 8.18：例 8-23

```
CREATE TRIGGER t_v_sc ON v_sc
INSTEAD OF INSERT
AS
BEGIN
    DECLARE @ sno char(10)
    SELECT @ sno=sno FROM inserted
    IF NOT EXISTS (SELECT * FROM student WHERE sno=@ sno)
      INSERT INTO student(sno,sname)
        SELECT  i.sno,i.sname FROM  inserted i
    INSERT INTO sc(sno,cno,grade)
      SELECT sno,cno,grade
          FROM  inserted
END
```

向视图插入一条数据：

```
INSERT INTO t_v_sc (Stu_ID,Stu_Name,Course_ID,Term,
     Score,Credit)
     VALUES('200611012907','高红','1','200901',85,3)
```

本章小结

SQL 程序可以完成复杂的数据处理，减少数据库服务器与数据库应用程序之间传输的数据量。SQL 程序的执行以批为单位进行。

游标提供了一种数据缓存机制，允许逐行访问 SELECT 返回的结果集中的数据。

用户自定义函数和存储过程都是对 SQL 代码的封装，可改善执行性能；一次编写，多次调用，减少开发时间。触发器是一种特殊的存储过程，但触发器主要是通过事件进行触发而被执行的，而存储过程可以通过存储过程名字而被直接调用。

将数据库行为特征设计为 SQL 程序，实现数据查询、数据修改和数据完整性控制的过程结合了计算思维的约简、嵌入、转化等方法。将 SQL 程序封装为存储过程、自定义函数、触发器体现了计算思维的自动化本质。

习题

习题答案：
第 8 章

1. 什么是批处理？批处理的作用是什么？

2. 注释在程序中的用途是什么？SQL Server 支持哪两种注释？

3. T-SQL 流控制语句包括哪些语句？其功能是什么？

4. 在 WHILE 循环中，条件表达式控制循环体内语句的执行，如何避免出现死循环？BREAK 与 CONTINUE 语句的作用分别是什么？

5. 利用字符串函数，将字符串‘this is an example’的左右空格去掉。

6. 什么是游标？如何使用游标？

7. 设计一个存储过程用于计算某门课程成绩最高分、最低分、平均分，参数为课程号。

8. 设计一个存储过程完成下列功能。

输入学生的学号，根据该学生所选课程的平均成绩显示提示信息。如果该生的平均成绩在 60 分以上，显示“此学生成绩合格，成绩为××分”，否则显示“此学生成绩不合格，成绩为××分”。

9. 设计一个用户自定义标量函数，函数名称为“getmax( )”，功能是返回 student 表中年龄最大的学生的姓名。

10. 设计一个内联（单语句）表值型函数，根据课程安排序号，查询讲授该课程的教师信息，包括教师编号、姓名、年龄、职称。

11. 设计一个多语句表值型函数，根据学生编号，查询其所选课程信息。

12. 在学生表（student）上创建一个触发器，在删除某个学生的信息时，该触发器将从选课表中删除其所有选课信息。

13. 在课程表（course）上设置替代触发器“禁止修改”，在修改课程编号（cno）时，如已有学生选修该课程，则不允许修改，否则允许修改。

第9章

数据库应用程序设计

数据库应用系统的开发可选择的程序设计语言和开发环境有很多。Java语言和 Eclipse 编程环境是其中较为常用的一种模式。本章以第一章介绍的教学管理系统为例，基于面向对象的方法，分别以 C/S 和 B/S 两种结构形式，完成部分模块的开发，以展示基于 Java 的数据库应用系统开发的过程。

电子教案：第9章 数据库应用程序设计

限于篇幅，本章通过数据库访问公共类、登录页面、系统主界面、系统菜单、修改密码、成绩查询、用户管理页面、数据管理等典型功能的实现重点介绍应用程序访问、操作数据库对象和数据的常用方法，包括连接数据库，执行 SQL 语句或调用数据库对象获取数据库中的数据，对数据库中的数据进行数据操作，如插入、删除、修改数据。读者可参照本章介绍的方法完善整个系统功能。

本章的知识结构如图 9-1 所示。

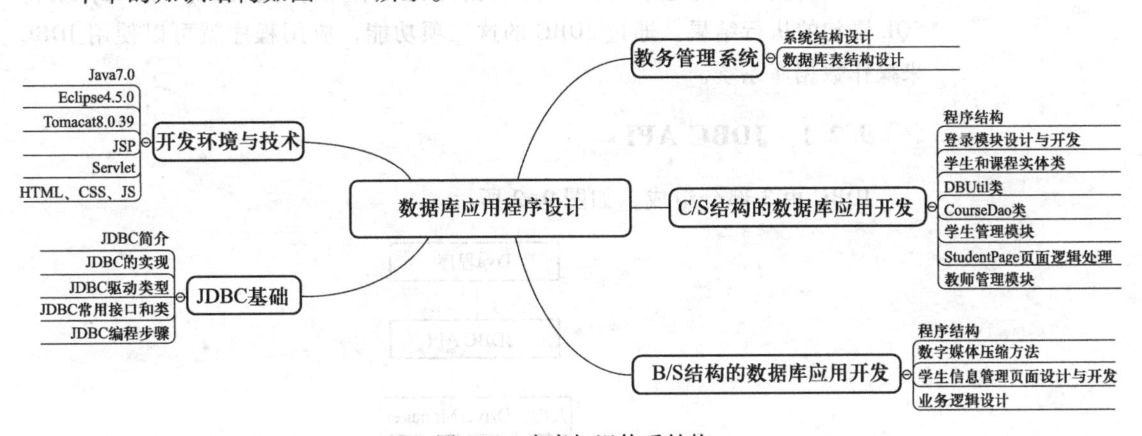

图 9-1 本章知识体系结构

9.1 开发环境与技术

Java 面世以来，受到诸多开发者及企业的支持，因而支持 Java 开发的环境和工具也层出不穷。本章实例开发选用的基于 Java 开发的语言、工具和环境包括：

扩展实例 9.1：开发环境资源下载和创建说明文档

① JDK 版本：Java 7.0

② 集成开发环境：Eclipse 4.5.0

③ Web 服务器：Tomacat 8.0.39

④ 数据库管理系统：Microsoft SQL Server 2014

⑤ B/S 客户端开发语言：HTML（hypertext markup language，超文本标记语言）、CSS（cascading style sheets，层叠样式表）、JS（JavaScript，Java 脚本）

⑥ B/S 服务器端开发语言：JSP（Java server pages，Java 服务器端页面）、Servlet（server applet）。

⑦ C/S 客户端：Java Swing 组件

微视频 9.1：Java EE 开发环境的搭建和部署

9.2 JDBC基础

JDBC（Java database connectivity，Java数据库连接）是一套基于Java的数据库编程接口，由Java语言编写的类和接口组成。它支持基本SQL功能的通用应用编程接口（API），实现了独立于特定DBMS的、通用的SQL访问和存储结构。使用JDBC，可以在不同的数据库功能模块层次上提供统一的用户界面，实现不同数据库的连接和访问操作。

JDBC提供三项基本功能：与数据库建立连接；执行SQL语句；获得SQL语句的执行结果。通过JDBC的这三项功能，应用程序就可以使用JDBC来操作数据库系统。

9.2.1 JDBC API

JDBC由3部分组成，如图9-2所示。

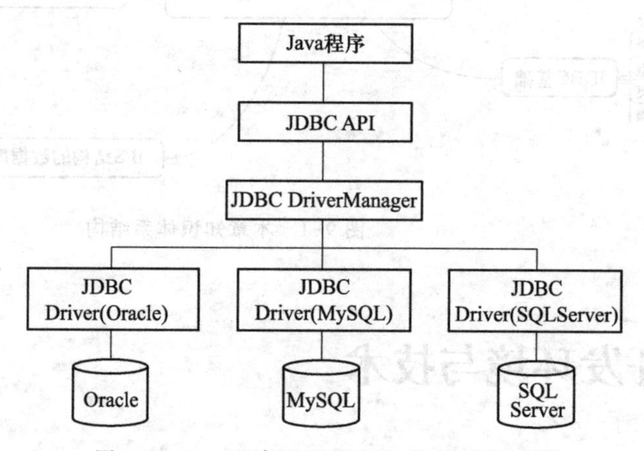

图9-2 Java程序通过JDBC API访问数据库

1. JDBC API

JDBC API类库是JDBC的核心，它为应用程序提供统一的数据库访问接口。利用JDBC API可以创建数据库连接、执行SQL语句、检索结果集、访问数据库元数据等。Java程序员可以利用这些类库来开发数据库应用程序。

2. JDBC驱动管理器

java. sql. DriverManager类负责注册特定JDBC驱动，以及根据特定驱动建立与数据库的连接。JDBC驱动程序管理器可确保使用正确的驱动程序来访问每个数据源。

3. JDBC驱动

JDBC驱动（JDBC driver）由数据库供应商或者第三方工具提供商开发，实现了JDBC驱动API，负责与特定的数据库连接，处理通信细节。在实际应用中将它注册到JDBC驱动管理器中。

9.2.2 JDBC 应用模型

JDBC 支持两层和三层两种应用模型。

在两层应用模型中，Java 应用程序通过 JDBC 与特定的数据库进行连接，JDBC 负责与 DBMS 进行通信。Java 应用程序将 SQL 语句传送给数据库，并将执行结果返回给用户。这是一种典型的客户/服务器（Client/Server）模型应用。数据库与应用程序可运行在同一机器上或通过网络连接在不同机器上。应用程序所在计算机是 Client，运行数据库的计算机是 Server。

在三层应用模型中。用户一般通过浏览器调用 JSP 程序，JSP 程序通过 JDBC API 发出 SQL 请求。该请求首先传递给 Web 服务器，在服务器端通过 JDBC 与数据库进行连接，由数据服务器处理该 SQL 语句，然后将结果返回给 Web 服务器，最后由服务器将结果发送给用户。用户在浏览器中阅读获得的结果。越来越多的开发者选择三层模型。因为三层模型为用户提供了方便，用户可以使用易用的高级 API，然后由中间层将其转换为低级调用，而不用关心低级调用的复杂细节。"中间层"还可以进行对访问的控制并协同数据库的更新。

9.2.3 JDBC 驱动类型

扩展阅读 9.1：JDBC 驱动类型

由于 Java 程序运行在不同的操作系统和硬件平台之上，因此 JDBC 驱动器的实现也多种多样。SUN 公司将 JDBC 驱动分为 4 类，即 Type1、Type2、Type3 和 Type4。目前常用的是 Type 3 和 Type 4。

1. Type 3：JDBC-网络协议驱动器（中间件驱动器）

在 Type 3 驱动器中使用一个 3 层架构访问数据库，其结构如图 9-3 所

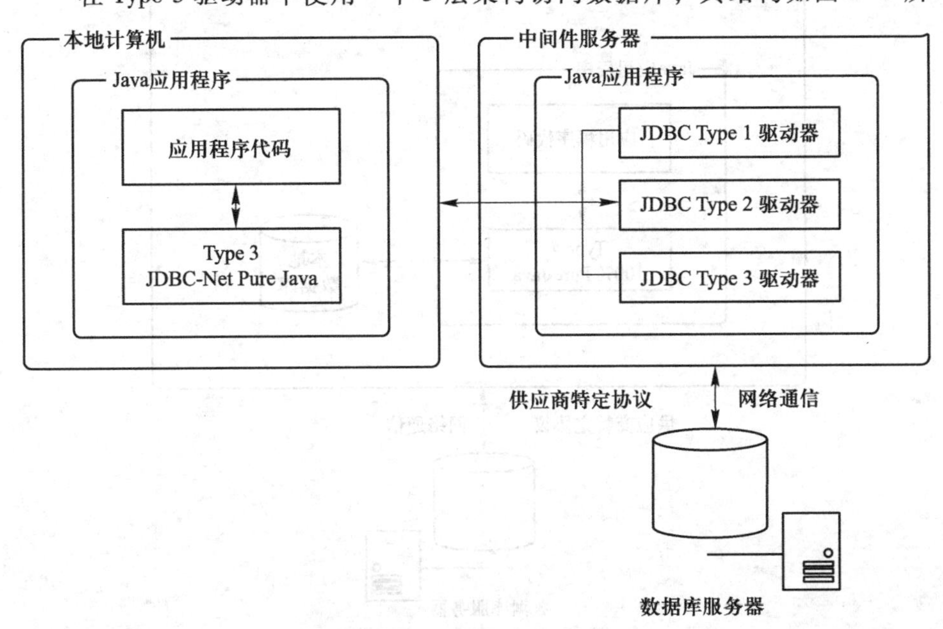

图 9-3 JDBC 中间件驱动器结构图

示。首先JDBC客户端使用标准的网络socket与一个中间件服务进行通信，然后，再由中间服务器将socket信息转换为符合具体数据库系统要求的调用形式，最后再交给数据库服务器进行执行。

这种类型驱动器非常灵活，因为它不要求在客户端安装任何代码，并且一个单个的驱动器能够访问多个数据库。

优点：① 因为客户端与中间件服务器之间的通信独立于数据库，因此，不需要在客户端安装任何数据库厂商的API库，客户端可以很容易移植到一个新的数据库。② 中间件服务器可以实现典型的中间件服务，比如连接、查询结果集的缓存、负载均衡、日志和验证等服务。③ 如果中间件支持，一个驱动可以处理多种类型的数据库。

缺点：① 需要在中间件集成数据库特定的代码。② 中间件可能导致额外的延迟，不过这一点可通过良好的中间件服务来克服它。

2. Type 4：数据库协议驱动器

Type 4驱动器的结构如图9-4所示，一个纯基于Java的驱动器通过socket连接与提供商的数据库直接通信。这是一种性能最高驱动器，它通常由数据库供应商提供。这种驱动十分灵活，不需要在客户端或服务器端安装特定的软件。

优点：① 驱动完全使用Java语言编写，实现了驱动器的平台独立。② 驱动器不需要将请求翻译为一个中间形式（如ODBC）。③ 客户端应用程序直接连接到数据库服务器，不需要翻译或使用中间件，提高了性能。

缺点：由于不同数据厂商通常使用不同网络协议，因此驱动器与数据库是相关的。

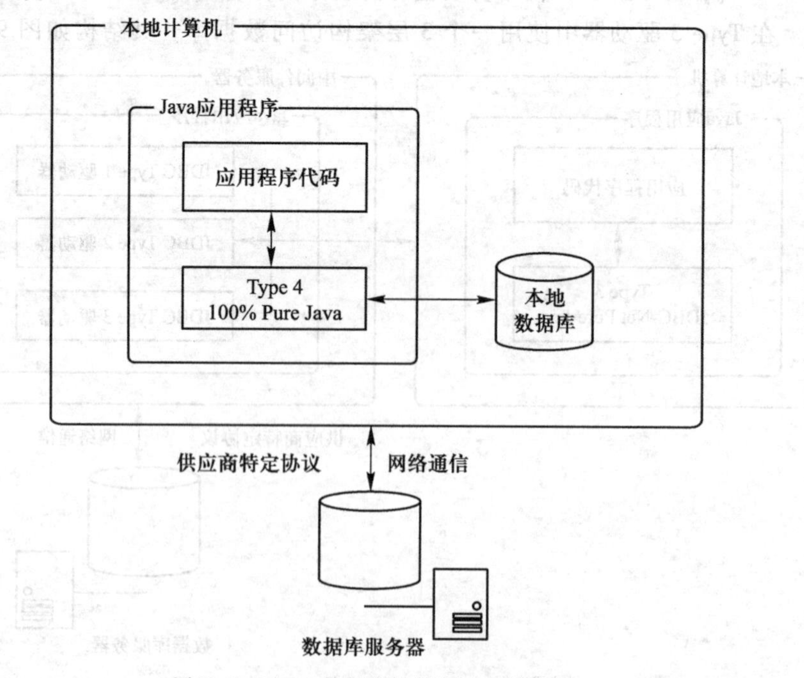

图9-4 JDBC数据库协议驱动器结构图

若只需要访问一种数据库，比如 Oracle、Sybase 等，那么优先选择 Type 4；若同时需访问多种类型的数据库，则优先选择 Type 3。

9.2.4 JDBC 常用接口和类

JDBC API 主要由 java.sql 类包提供，其关键的接口和类包括以下几种。

① Driver 接口和 DriverManager 类：前者表示驱动器，后者表示驱动管理器。

② Connection 接口：表示数据库连接。

③ Statement 接口：负责执行 SQL 语句。

④ PreparedStatement 接口：负责执行预编译的 SQL 语句。

⑤ CallableStatement 接口：负责执行 SQL 存储过程。

⑥ ResultSet 接口：表示 SQL 查询语句返回的结果集。

java.sql 包中的主要接口和类的类框图如图 9-5 所示。

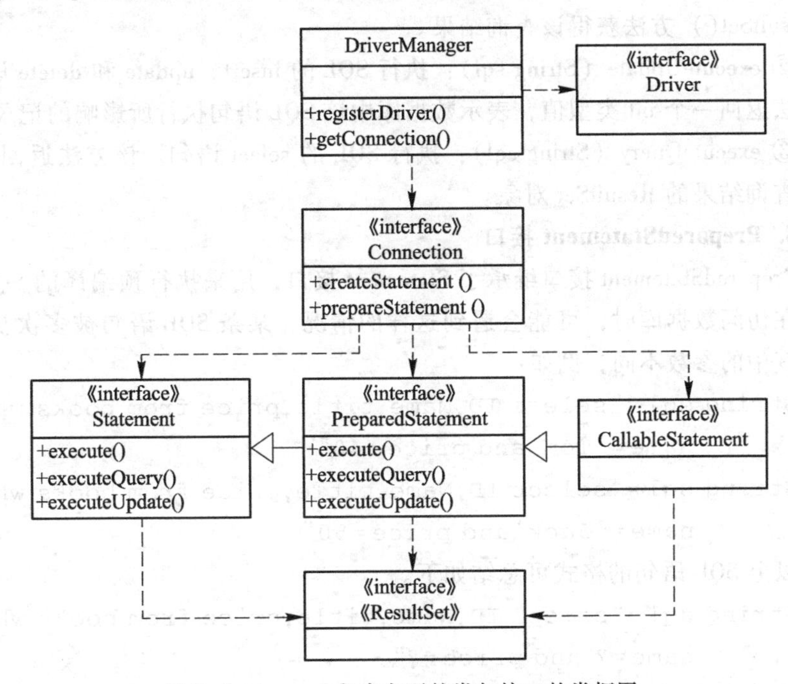

图 9-5 java.sql 包中主要的类与接口的类框图

1. Driver 接口和 DriverManager 类

所有 JDBC 驱动都必须实现 Driver 接口。在编写访问数据库的 Java 程序时，必须把特定数据库的 JDBC 驱动器的类库加入环境变量 CLASSPATH 中。

DriverManager 类用来建立和数据库的连接及管理 JDBC 驱动。DriverManager 类的方法都是静态的，主要包括以下方法。

① registerDriver（Driver driver）：在 DriverManger 中注册 JDBC 驱动器。

② getConnection（String url，String user，String pwd）：建立和数据库的连接，并返回表示数据库连接的 Connection 对象。

③ getLonginTime（int seconds）：设定等待建立数据库连接的超时时间。

④ setLongWriter（PrintWriter out）：设定输出 JDBC 日志的 PrintWriter 对象。

2. Connection 接口

Connection 接口代表 Java 程序和数据库的连接，主要包括以下方法。

① getMetaData()：返回表示数据库的元数据的 DatabaseMetaData 对象。元数据包含了描述数据库的相关信息，如数据库中的表的结构、字段类型等信息。

② createStatement()：创建并返回 Statement 对象。

③ prepareStatement（String sql）：创建并返回 PreparedStatement 对象。

3. Statement 接口

Statement 接口提供了3个执行 SQL 语句的方法。

① Execute（String sql）：执行各种 SQL 语句。该方法返回一个 boolean 类型值，为 true 时，表示所执行的 SQL 语句具有查询结果。可通过 Statement 的 getResultSet() 方法获得该查询结果。

② executeUpdate（String sql）：执行 SQL 的 insert、update 和 delete 语句。该方法返回一个 int 类型值，表示数据库中该 SQL 语句执行所影响的记录数。

③ executeQuery（String sql）：执行 SQL 的 select 语句。该方法返回一个表示查询结果的 ResultSet 对象。

4. PreparedStatement 接口

PreparedStatement 接口继承了 Statement 接口，用来执行预编译的 SQL 语句。在访问数据库时，可能会遇到这样的情况，某条 SQL 语句被多次执行，仅仅其中的参数不同，例如：

```
String sql="select ID,Name,title,price from books where
     name='Tom'and price=40"
String sql="select ID,Name,title,price from books where
     name='Jack'and price=50"
```

以上 SQL 语句的格式可总结如下。

```
String sql="select ID,Name,title,price from books where
     name=? and price=?"
```

这种情况下，使用 PreparedStatement 来执行 SQL 语句，这样做的优点如下。

① 简化了程序代码。

② 提高了访问数据库的性能。PreparedStatement 执行预编译的 SQL 语句，数据库只需要对这种 SQL 语句编译一次，然后就可以多次执行。而当每次用 Statement 来执行 SQL 语句时，数据库都需要对该 SQL 语句进行编译。

5. ResultSet 接口

ResultSet 接口表示 select 查询语句得到的结果集。调用 ResultSet 对象的 next() 方法，可以使游标定位到结果集的下一条记录。调用 ResultSet 对象的 getXXX() 方法，可以获得一条记录中某个字段的值。

9.2.5 JDBC 编程步骤

进行 JDBC 编程前首先应准备好编程环境，然后再进行 JDBC 编程。

1. 编程环境准备

编程前准备工作，包括以下几步。

① 下载对应数据库的 JDBC 驱动程序。

② 设置 CLASSPATH 环境变量。

2. JDBC 编程基本步骤

JDBC 编程的基本步骤包括以下几步。

(1) 导入所需要的包

```
import java.sql.*
```

(2) 注册 JDBC 驱动

通常我们使用 Class 类的 forName 静态方法来加载驱动，代码如下。

```
Class.forName(driverClass); //加载驱动
```

其中 driverClass 是数据库驱动类所对应的字符串，例如加载 MySQL、Oracle 和 SQL Server 数据库驱动的代码如下。

```
//加载 MySQL 驱动
Class.forName("com.mysql.jdbc.Driver");
//加载 Oracle 驱动
Class.forName("oracle.jdbc.driver.OracleDriver");
//加载 SQL Server 驱动
Class.forName( "com.microsoft.sqlserver.jdbc. SQLServer
     Driver");
```

加载驱动通过指定数据库驱动字符串告诉 Java 程序使用哪个 JDBC 类库来连接数据库。

(3) 建立与数据库的连接

DriverManager 类提供了 getConnection 方法获取数据库连接。

```
DriverManager.getConnection ( String url, String user,
                 String pass);
```

使用 DriverManager 来获取数据库连接时，通常需要传入 3 个参数：数据库 URL、登录数据的用户名和密码。这三个参数中用户名和密码通常由 DBA（数据库管理员）分配，而且该用户还应该具有相应权限，才可以执行相应的 SQL 语句。

连接 MySQL、Oracle 和 SQL Server 数据库 URL 的格式如下。

```
jdbc:mysql://hostname:port/databasename
                          //连接 MySQL 的数据库 URL
jdbc:oracle:thin:@ hostname:port:databasename
                          //连接 Oracle 的数据库 URL
jdbc:sqlserver://hostname:port;databasename
```

//连接 SQL Server 的数据库 URL

（4）创建 Statement 对象，准备执行 SQL 语句

Connection 创建 Statement 有三种方法。

① createStatement()：创建基本的 Statement 对象。

② prepareStatement（String sql）：根据传入的 SQL 语句创建预编译的 PrepareStatement 对象。

③ prepareCall（String sql）：根据传入的 SQL 语句创建 CallableStatement 对象。

（5）使用 Statement 执行 SQL 语句

使用 Statement 执行 SQL 语句，返回一个 ResultSet 对象。Statement 执行 SQL 语句的方法有三个。

① execute：可以执行任何 SQL 语句，但比较麻烦。

② executeUpdate：主要用于执行 DML 和 DDL 语句。执行 DML 返回受 SQL 语句影响的行数，执行 DDL 返回 0。

③ executeQuery：只能执行查询语句，执行后返回代表查询结果的 ResultSet 对象。

（6）访问 ResultSet 中的记录集

ResultSet 对象里保存了 SQL 语句查询的结果。ResultSet 对象主要提供了两类方法。

① next、previous、first、last、beforeFirst、afterLast、absolute 等移动记录指针的方法。

② getXXX 获取记录指针指向行中特定列的值。该方法既可以使用列索引作为参数，也可以使用列名作为参数。使用列索引作为参数性能更好，使用列名作为参数可读性更好。

（7）回收数据库资源

不再访问数据库时，要回收、释放数据库资源，包括关闭访问数据库时创建的对象，如 Resultset、Statement 和 Connection 等对象。

在实际应用中，一般将数据库访问过程整合成一个类。本章所附实例中，将其创建成工具类 DBUtil，设置关于数据库的类型、数据库的名称、管理员的用户名和密码并建立连接和关闭数据库的方法，参见后文 9.4.3 节。

9.3　教学管理系统

教学管理系统的需求分析与数据库设计已在第 3、4 章进行，本章引用前面章节需求分析与数据库设计的结果。

9.3.1 系统结构设计

根据第 3 章的系统需求分析结果，可将系统划分为 3 大模块 10 个子模块，系统模块结构图如图 9-6 所示。

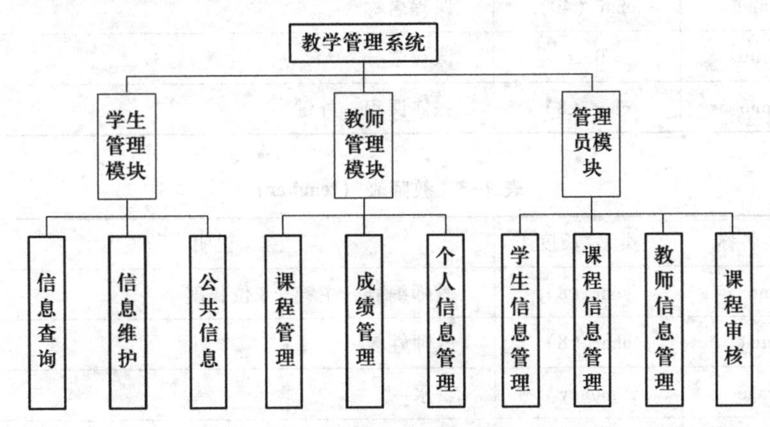

图 9-6 系统模块结构图

限于篇幅，本章通过学生模块、教师模块（见本书提供的电子资源）、管理员模块的开发分别介绍 C/S 结构和 B/S 结构的 Java 数据库应用系统的设计方法。

系统采用 MVC 架构来设计，MVC 是 Model（模型）、View（视图）、Controller（控制器）的缩写，将应用程序的输入、处理和输出分开，其中 View 层处理界面显示，Controller 层用来处理用户的交互与事件，Model 层则用来定义实体对象与处理业务逻辑。

本系统中学生模块和教师模块采用 C/S 结构、管理员模块采用 B/S 结构进行设计。

9.3.2 数据库表结构

根据系统逻辑结构设计结果，系统需创建学生、课程、教师、系、选课、讲授 6 张数据表，它们的表结构如表 9-1～9-6 所示。

表 9-1 学生表（student）

属性名称	类型（长度）	说明
sno	char（10）	学号，主键，10 位长度，例如 2016012004，其中前 4 位 2016 说明学生年级（也就是入学年份）
sname	char（4）	姓名
sgender	char（2）	性别，根据字段约束，只能取值“男”或“女”
sbirth	datetime	出生日期
sdno	char（6）	系代码
spasswd	varchar（20）	登录口令

表 9-2　课程表（course）

属性名称	类型/长度	说明
cno	char（8）	课程编号，主键，8 位长度，例如 cs001
cname	char（40）	课程名称
cpoints	float	课程学分
cpno	char（8）	先修课程，外键

表 9-3　教师表（teacher）

属性名称	类型/长度	说明
tno	char（8）	教师编号，主键，8 位长度
tname	char（8）	教师姓名
twage	money	薪水
tprotitle	char（10）	职称
tdno	char（6）	系编号，外键

表 9-4　系表（dept）

属性名称	类型/长度	说明
dno	char（6）	系编号，主键，6 位长度
dname	char（30）	系名称
daddress	char（40）	地址
dphone	char（15）	联系电话
ddirector	char（8）	系负责人

表 9-5　选课表（sc）

属性名称	类型/长度	说明
sno	char（10）	学生编号，与 cno 组成联合主键
cno	char（8）	课程编号，与 sno 组成联合主键
grade	float	分数

表 9-6　讲授表（tc）

属性名称	类型/长度	说明
tno	char（8）	教师编号，与 cno 组成联合主键
cno	char（8）	课程编号，与 tno 组成联合主键

9.4 程序结构与公用类

9.4.1 程序结构

本系统中学生模块和教师模块采用 C/S 结构，设计模式采用 MVC 设计模式。其中在 View 层由 SwingView 包实现，用于处理界面显示；Controller 层由 util 包和 dao 包实现，util 包管理 JDBC 的连接，dao 包处理用户的交互，正确提供 View 层的数据；Model 层由 entity 包实现，建立所需的课程、教师、学生等实体类以及相关的逻辑处理。SwingView包中 4 个文件，ChangeCoursePage. java、LoginPage. java、StudentPage. java 和 TeacherPage. java，分别对应变更课程、登录、学生和教师界面。

管理员模块采用 B/S 结构，应用了 JSP+Servlet+JavaBean 的组合，程序也采用 MVC 架构设计。新增加了 WebContent 目录，包中有 CSS、JS 以及 JSP 等文件。其中最重要的界面文件是 index. jsp。本系统通过该文件完成界面的功能。另外 StudentServlet. java 文件完成该模块的业务逻辑。

系统程序的文件构成如图 9-7 所示。其中公用类（即所有模块都要用到的类，包括 C/S 结构和 B/S 结构）分别是：entity 包中有 4 个文件，Course. java、Department. java、Student. java 和 Teacher. java，对应课程、院系、学生、教师等 4 个实体类；dao 包中有 4 个文件，CourseDao. java、DeptDao. java、StudentDao. java 和 TeacherDao. java，对应课程、院系、学生、教师的交互控制；util 包中只有 1 个文件，DBUtil. java，完成数据库连接等功能。

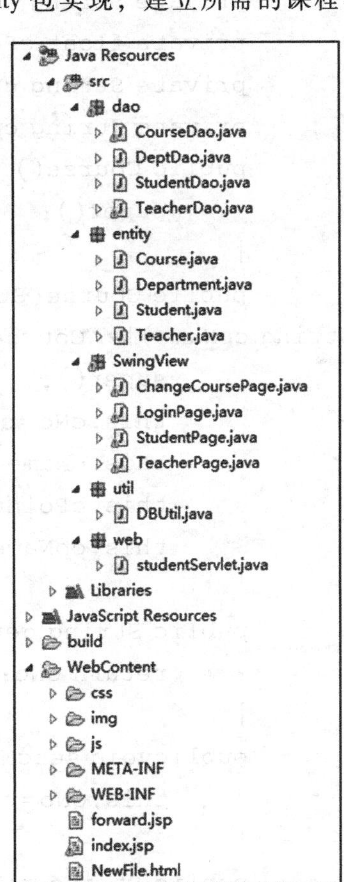

图 9-7 系统程序的文件构成

9.4.2 实体类

所谓实体类，也是 MVC 模式中的模型类，是对应需求分析中实体关系图（E-R 图）中的实体建立的类。实体类中包含了实体属性和实体的基本方法。每个实体类对应数据库中的一张表。比如课程类 Course 对应表 9-2 中的课程表，课程类的属性包含了表9-2中的字段，课程类的方法是为读取或设置课程类对象的每个字段的值而建立的 get 和 set 方法。下面是课程类的代码。学生类与教师类与此相似。

类 Course 的代码如下所示。

/* 此处为了简化程序代码起见，Course 属性增加了一个 cpName，即先修课程名称，而 Course 方法传递参数改为由 cpNo 改为 cpName 先修课程名称。*/

```
public class Course{
    private String cNo;       //课程编号
    private String cName;     //课程名
    private float cPoints;    //课程学分
    private String cpNo;      //先修课程编号
    private String cpName;    //先修课程名称
    public Course(){
        super();
    }
    public Course(String cNo,String cName,floatcPoints,
String cpName){//Course 方法传递参数改为学前课程名称。
        super();
        this.cNo=cNo;
        this.cName=cName;
        this.cPoints=cPoints;
        this.cpName=cpName;
    }
    public String getcNo(){                    //获取课程编号方法
        return cNo;
    }
    publicvoid setcNo(String cNo){             //设置课程编号方法
        this.cNo=cNo;
    }
    public String getcName(){
        return cName;
    }
    Public void setcName(String cName){
        this.cName=cName;
    }
    Public float getcPoints(){
        return cPoints;
```

```
    }
    Public void setcPoints(floatcPoints){
        this.cPoints=cPoints;
    }
    public String getCpNo(){
        return cpNo;
    }
    Public void setCpNo(String cpNo){
        this.cpNo=cpNo;
    }
    public String getCpName(){
        return cpName;
    }
    Public void setCpName(String cpName){
        this.cpName=cpName;
    }
}
```

9.4.3 DBUtil 类

如 9.2.5 节末尾所述，为了使得访问数据库的操作更加独立和方便，一般会单独建立一个工具类来完成数据库连接和关闭等操作。Apache 组织曾经发布一个第三方的 Commons DbUtils 开源工具类库，对 JDBC 进行简单封装。使用它能够简化 JDBC 应用程序的开发，同时也不会影响程序的性能。本文为便于读者理解，建立了一个简单的 DBUtil 类，在该类中设置关于数据库的类型、数据库的名称、管理员的用户名和密码并建立连接和关闭数据库的方法。主要代码如下所示。

```
public class DBUtil{
//加载 SQL Server 的驱动
    private static final String driverName="com.microsoft.
          sqlserver.jdbc.SQLServerDriver";
//设置数据库的路径和名称
    private static final String dbURL="jdbc:sqlserver://
          localhost:1433;DatabaseName=bookcase";
//设置用户名和密码
    private static final String userName="sa";
    private static final String userPwd="123";
//连接数据库操作
    public static Connection getConnection(){
        //此处是连接数据库的方法
```

```
            Connection conn=null;
            try{
                Class.forName(driverName);
                        //加载 SQL Server 驱动
            //建立数据库连接
                conn = DriverManager.getConnection(dbURL,
userName,userPwd);//使用 DriverManager 获取数据库连接
            }catch(Exception e){
                e.printStackTrace();
                try{
                    throw e;
                }catch(Exception e1){
                    e1.printStackTrace();
                }
        }
        Return conn;//将数据库连接返回调用方法
    }
    //关闭数据库操作
    public static void close(Connection conn){
            //此处是关闭数据库连接的方法
        if(conn! =null){
            try{
                System.out.println("关闭连接");
                conn.close();//关闭连接
            }catch(SQLException e){
                e.printStackTrace();
                try{
                    throw e;
                }catch(SQLException e1){
                    e1.printStackTrace();
                }
            }
        }
    }}
```

9.4.4 Dao 类

Dao（data access object）称为数据访问对象，Dao 类的作用是在使用数据库的应用程序中实现业务逻辑和数据访问逻辑分离，从而使应用程序的维护变得简单。它通过将数据访问实现（通常使用 JDBC 技术）封装在 Dao 类

里，提高应用程序的灵活性。Dao 类负责对实体对象的增、删、改、查操作，通过调用 DBUtil 访问数据库并完成对数据库的操作，最后将结果返回。下面以 CourseDao 为例，展示代码的结构。CourseDao. java 的主要代码如下。

```
package dao; //表示 CourseDao.java 属于 dao 包中的一个类
/* 导入所需要的类 */
import java.sql.Connection;
import java.sql.PreparedStatement;
import java.sql.ResultSet;
import java.util.ArrayList;
import java.util.List;
import entity.Course; //导入课程实体类
import entity.Student; //导入学生实体类
import util.DBUtil; //导入上节定义的工具类 DBUtil
public class CourseDao{ //以下是 CourseDao 类的部分内容
/*类中主要定义了完成数据库操作的各种方法,下面分别解析查询、删除
方法 */
    //查询所有课程
    public List<Course>findAll(){ //定义方法,执行后以一个
课程列表的形式返回执行结果,其中列表 List 是一种数据类型

        List <Course>courses=new ArrayList<>();
            //初始化课程列表对象,存储查询结果
        Connection conn=null;
        PreparedStatement stmt=null;
        ResultSet rs=null;
        try{
          conn=DBUtil.getConnection();
          //调用上节的 DBUtil.getConnection 方法,建立连接
          String sql="SELECT c1.cno,c1.cname,c1.cpoints,
                 c1.cpno,c2.cname FROM"
                 +"course c1 LEFT JOIN course c2 ON c1.cpno
                 =c2.cno"; //定义查询 SQL 语句字符串
          stmt=conn.prepareStatement(sql);
            //创建预编译的 Statement 对象
          rs=stmt.executeQuery();
            //执行 sql 语句,本次是查询语句
          while(rs.next()){
              //做循环,依次将查询结果保存到 courses 这个
                 列表对象中
```

```
                Course course=new Course();
                course.setcNo(rs.getString(1));
                course.setcName(rs.getString(2));
                course.setcPoints(rs.getFloat(3));
                course.setCpNo(rs.getString(4));
                course.setCpName(rs.getString(5));
                courses.add(course);
            }

        }catch (Exception e){
            e.printStackTrace();
        }finally{
            DBUtil.close(conn);//存储完毕后关闭数据库连接
        }
        return courses;//返回执行结果
    }
    //根据课程编号查询单个课程信息
    public Course findById(String cNo){
//查询单个课程,不需要列表 List.方法的形参是课程编号,返回课程对象

        Course course=new Course();
        Connection conn=null;
        PreparedStatement stmt=null;
        ResultSet rs=null;
        try{
            conn=DBUtil.getConnection();
            String sql="select c1.cno,c1.cname,c1.cpoints,
                c1.cpno,c2.cname"
                    +"from course c1 LEFT JOIN course
c2 ON c1.cpno=c2.cno"+"where c1.cno=?";
//SQL 查询语句:根据课程编号查询
            stmt=conn.prepareStatement(sql);
                //SQL 查询语句:根据课程编号查询
            stmt.setString(1,cNo);//设置? 处的参数值
            rs=stmt.executeQuery();
              //执行 sql 语句,本次是查询语句
            while(rs.next()){
                course.setcNo(rs.getString(1));
                course.setcName(rs.getString(2));
```

```
                course.setcPoints(rs.getFloat(3));
                course.setCpNo(rs.getString(4));
                course.setCpName(rs.getString(5));
            }
        }catch(Exception e){
            e.printStackTrace();
        }finally{
            DBUtil.close(conn);
        }
        return course;
    }
//删除单个课程
    public void deleteById(String cId){ //根据课程号删除指
            定课程,无返回值
        Connection conn=null;
        PreparedStatement stmt=null;
        ResultSet rs=null;
        try{
            conn=DBUtil.getConnection();
             String sql ="delete from course where cno
                    =?";//SQL 语句:根据课程编号删除
             PreparedStatement rs=conn.prepareStatement
               (sql);//创建预编译的 Statement 对象
            rs.setString(1,cId);//设置? 处的参数值
             rs.executeUpdate();//executeUpdate()用于
执行 INSERT、UPDATE 或 DELETE 语句以及 SQL DDL(数据定义语言)语句,
例如 CREATE TABLE 和 DROP TABLE
        }catch(Exception e){
            e.printStackTrace();
            throw new RuntimeException("删除失败",e);
        }finally{
            DBUtil.close(conn);
            }
    }}
```

依此类推可在 dao 包下建立 StudentDao、TeacherDao 建立所需要的对数据库的操作。

9.5 C/S 结构的数据库应用开发

例题源程序 9.1:
LoginPage. java

9.5.1 登录模块

假设学生、老师及管理员已经由预先设定了合法账号，输入用户名密码即可登录。

设计登录界面时，首先要进行初始化。main () 方法是系统启动的入口。初始化程序中使用到了 Java Swing 提供的多个组件。以教师登录为例，登录模块的时序图如图 9-8 所示。

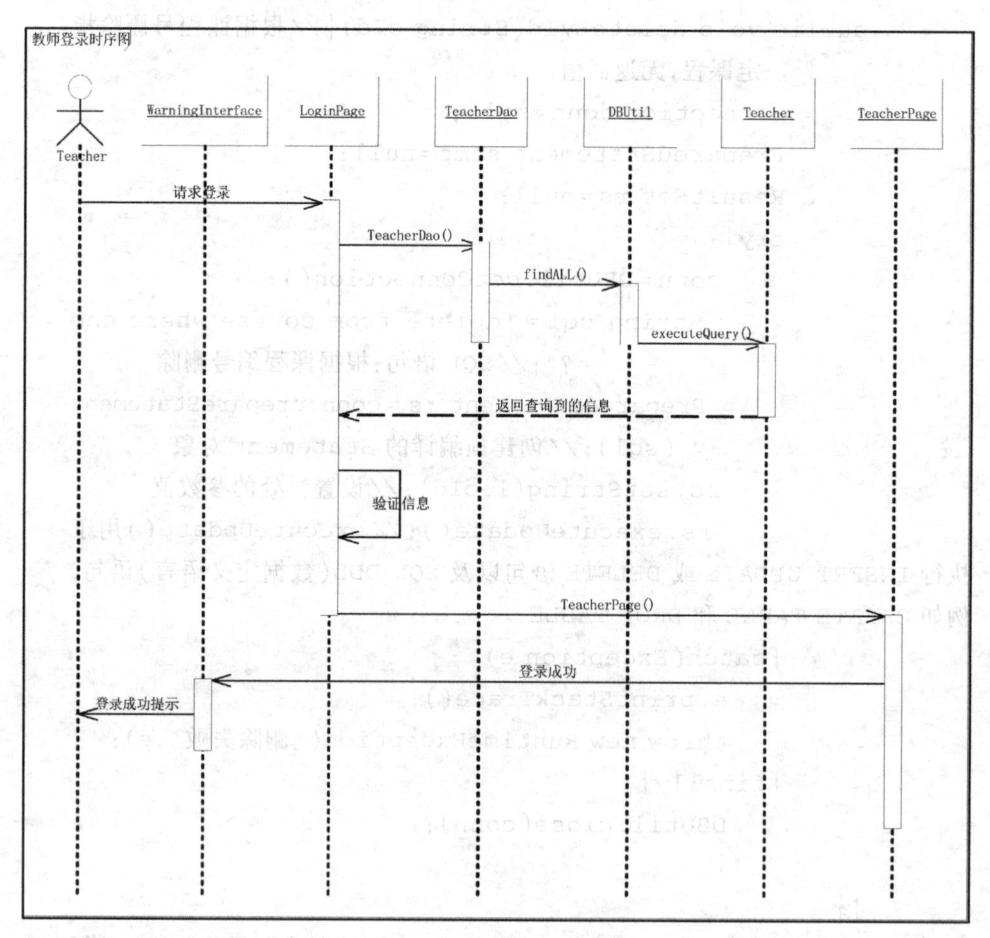

图 9-8 教师登录时序图

登录界面的程序的结构及主要代码如下（读者可参考时序图深入了解程序执行过程及公共类的应用）。

```
public class LoginPage extends JFrame implements Item-
        Listener{
```

```
    private int MANAGER=0x1;
    private int TEACHER=0x2;
    private int STUDENT=0x3;
    private int mSelectType=TEACHER;
    private String name;
    /** *Create the frame. */
    public LoginPage(){
        setDefaultCloseOperation(JFrame.EXIT_ON_CLOSE);
        setBounds(100,100,530,348);
        initView();
    }
/** *初始化界面*/
    private void initView(){
        …… //此方法主要完成界面的设计和展现,较为简单,文中
不再详述,参见本书提供的电子资源 LoginPage.java 完整代码
    }
/**
    *对用户身份做出判断
    */
    @Override
    public void itemStateChanged(ItemEvent e){ //当用户
在界面上用鼠标选择登录身份时,自动执行本方法,改变 mSelectType 的值
        if(e.getSource()==mRadioTeacher){
            mSelectType=TEACHER;
        }else if(e.getSource()==mRadioSudent){
            mSelectType=STUDENT;
        }
    }
/** *初始化事件*/
private void initEvent(){
        mRadioTeacher.addItemListener(this);
            //增加教师选项的事件监听器
        mRadioSudent.addItemListener(this);
            //增加学生选项的事件监听器
         mBtnLogin.addActionListener(new ActionLis-
            tener(){ //增加登录选项的事件监听器

            @Override
            public void actionPerformed(ActionEvent e){
```

```
                    verifyUseInfo(mSelectType);//调用
verifyUseInfo()根据mSelectType值是TEACHER还是STUDENT来验
证身份
                }
            });
        }
        /* *
        *根据用户的账号和选择的身份类型选择判断信息是否合法
        *@ param mSelectType
        */
        private void verifyUseInfo(int mSelectType){

            name =mTxtUserNo.getText().toString().trim
                ();//接收界面输入的名字
            password =mTxtPassWord.getText().toString().
                trim();//接收界面输入的密码
            boolean flag=false;
            if (mSelectType= =TEACHER){//如果选择的是教师
                类型
                TeacherDao teacherDao = new TeacherDao
                    ();//创建TeacherDao类对象
                List<Teacher>teachers =teacherDao.findALL
                    ();//执行findALL方法,查询所有教师
                for(int i=0;i<teachers.size();i++){//一
一比较教师数据表中有没有名字和密码与输入字段相等的一条数据
                    if (teachers.get(i).gettName().trim
                        ().equals(name)){
                        if (teachers.get(i).gettPassword
                            ().equals(password)){
                            flag=true;//如果存在,则标志变量
                                为真
                            mTeacherPage=new TeacherPage
                                (name);//创建教师界面类对象
                            mTeacherPage.setTitle("教师界
                                面");
                            mLoginPage.setVisible(false);
                                //隐藏登录界面
                            mTeacherPage.setVisible(true);
                                //显示教师页面
```

```
                }
            }
        }
        if(! flag){
            System.out.println("查无此用户");
            //在控制台输出信息:查无此用户
        }
    }else if(mSelectType==STUDENT){
    //如果选择的是学生类型
        StudentDao studentDao=new StudentDao();
                        //创建 StudentDao 类对象
        try{
            List<Student>students=studentDao.
                findAll();
            for(int i=0;i<students.size();i++){
                if (students.get(i).getsNo().equals
                    (name)){
                    if (students.get(i).getsPassword
                        ().equals(password)){
                        flag=true;
                        mStudentPage=new Student
                            Page(name);
                        mStudentPage.setTitle
                            ("学生界面");
                        mLoginPage.setVisible
                            (false);
                        mStudentPage.setVisible
                            (true);
                        System.out.println("登录
                            成功");
                    }
                }
            }
            if(! flag){
                System.out.println("查无此用户");
            }
        }catch(SQLException e){
            e.printStackTrace();
        }
```

```
        }}
    public String getName(){ //获得输入的用户名
        return name;
    }
    public void setName(String name){ //设置用户名
        this.name=name;
    }
    /* *  * Launch the application. * /
    public static void main(String[]args){ //主函数,程
      序入口
        mLoginPage=new LoginPage();
        mLoginPage.setVisible(true);
        mLoginPage.setTitle("教务管理系统");
    }
}
```

登录界面的布局采用 AbsoluteLayout 布局，用 Java Swing 的可视化界面完成如图 9-9 所示的界面。为了增强代码的可读性，用 initView（）方法把有关界面的操作封装起来。用字段 name 来表示用户输入的用户名，MANAGER、STUDENT、TEACHER 分别表示用户的身份。

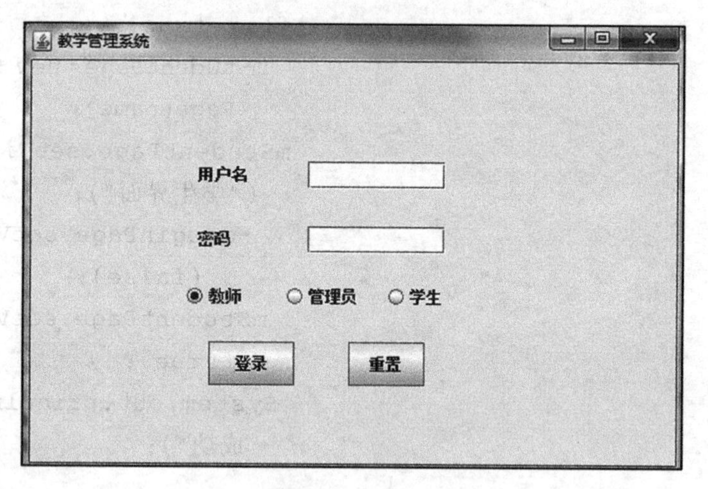

图 9-9　登录界面

在登录界面选择［学生］，输入用户名和密码，单击“登录”按钮，将触发事件，调用 LoginPage. java 中的 verifyUseInfo( ) 方法，由该方法通过判断身份是教师还是学生，进而调用并打开相应的页面，如选择是学生，则调用 StudentPage. java。

9.5.2　学生管理模块

学生管理模块的各个类间关系如图 9-10 所示。Student 类和 Course 类是

实体类，与数据库中的表关联，StudentDao 类和 CourseDao 类对模型进行操作，进行对数据的处理。在 StudentPage 中初始化页面和用户的点击事件。

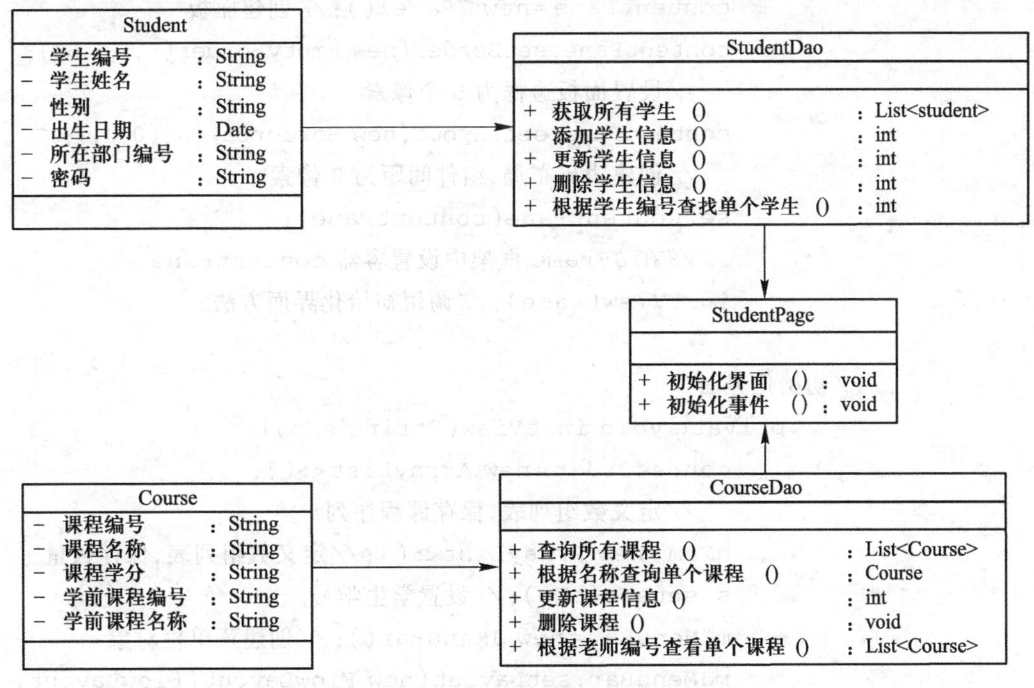

图 9-10 学生管理模块的类图

StudentPage 类创建学生操作的界面，学生管理的主界面采用 BorderLayout 布局，使用菜单栏 JMenuBar 来实现学生管理模块的功能，JTable 组件显示课程信息，并用 JLabel 组件显示已选择的课程数，并设置确定按钮 JButton。

主要代码如下。

```
public class StudentPage extends JFrame{
    private List<Course>courses;
            //声明 Course 类对象列表,用于存储操作课程数据表
              的结果
    private List<Boolean>booleans;
            //声明布尔类型变量列表
    private List<Integer>courseOrder;
            //声明整型类型变量列表,存储课程次序
    List<Course>cNum;
    StudentDao stuInfoDao=new StudentDao();
      //创建 StudentDao 类对象
    Student s=new Student(); //创建 Student 实体类对象
    public StudentPage(String name){
           //定义 StudentPage 类的构造方法
       setDefaultCloseOperation(JFrame.EXIT_ON_CLOSE);
```

```
        setBounds(100,100,648,376);
            //设置页面大小和位置,左上角和右下角坐标
        contentPane=new JPanel();//创建面板
        contentPane.setBorder(new EmptyBorder(5,5,5,5));
            //设置面板边框为5个像素
        contentPane.setLayout(new BorderLayout(0,0));
            //创建边界布局,组件间距为0像素
        setContentPane(contentPane);
            //在JFrame框架中设置容器contentPane
        initView(name);//调用初始化界面方法
    }
//初始化界面
    private void initView(String sNo){
        courseOrder=new ArrayList<>();
            //定义数组列表,保存课程序列
        cNum=new ArrayList<>();//定义数组列表,保存数量
        s.setsNo(sNo);//设置学生学号
        mJMenuBar=new JMenuBar();//创建菜单栏对象
        mJMenuBar.setLayout(new FlowLayout(FlowLayout.
          LEFT));//菜单栏的组件布局左对齐
        mMenuQuery=new JMenu("信息查询");//查询菜单
        mMenuChange=new JMenu("信息维护");
                                        //信息维护菜单
        mMenuCommon=new JMenu("公共信息");
                                        //公共信息菜单
        mJMenuBar.add(mMenuQuery);
                                        //把查询菜单加入菜单栏
        mJMenuBar.add(mMenuChange);
                                        //把信息维护菜单加入菜单栏
        mJMenuBar.add(mMenuCommon);
                                        //把公共信息菜单加入菜单栏
        mItemSelect=new JMenuItem("网络选课");
                                        //创建[网络选课]菜单项
        mItemMyCourse=new JMenuItem("我的课程");
                                        //创建[我的课程]菜单项
        mMenuQuery.add(mItemSelect);
                                //在查询菜单中添加[网络选课]菜单项
        mMenuQuery.add(mItemMyCourse);
                                //在查询菜单中添加[我的课程]菜单项
```

```
mItemInfo=new JMenuItem("个人信息");
                                    //创建菜单项
mItemMyPassword=new JMenuItem("密码修改");
                                    //创建菜单项
mMenuChange.add(mItemInfo);//添加菜单项
mMenuChange.add(mItemMyPassword);//添加菜单项
contentPane.add(mJMenuBar,BorderLayout.NORTH);
                              //将菜单栏添加到界面容器里
courseDao=new CourseDao();
                              //创建 CourseDao 类对象
courses=courseDao.findAll();
  //调用 findAll(),查询所有课程,存储到课程对象列表
booleans=new ArrayList<>();//创建数组列表
for(int i=0;i<courses.size();i++){
   booleans.add(false);
      //booleans 数组列表都为 false
}
ctsm=new CourseTableSuperModel(courses,boole-
ans);//创建 CourseTableSuperModel 类对象保存查到的数据
mJTableCourse=new JTable(ctsm);
  //为课程创建表格类对象
mJTableCourse.setRowHeight(30);//设置行高
mScrollPane=new JScrollPane(mJTableCourse);
                                       //设置滚动条
 contentPane.add(mScrollPane,BorderLayout.
   CENTER);//添加滚动条并居中
mJPanelChoose=new JPanel();//创建选择面板类对象
mJLabelShow=new JLabel("已选择了 0 门课程");
                                       //创建标签对象
mBtnOk=new JButton("确定");//创建按钮对象
GridBagLayout gb=new GridBagLayout();
                                       //创建网格布局
mJPanelChoose.setLayout(gb);
  //设置选择面板的布局为网格布局 gb
GridBagConstraints gbc=new GridBagConstraints
  ();//创建布局约束类对象
gbc.fill=GridBagConstraints.HORIZONTAL;
                                       //水平填充
gbc.weightx=3;//组件随窗口放大倍数为 3 倍
```

```
            gb.setConstraints(mJLabelShow,gbc);
                                        //设置标签的放大倍数
            mJPanelChoose.add(mJLabelShow);
              //将标签加入选择面板
            gbc.weightx=1;//组件随窗口放大倍数为1倍
            gb.setConstraints(mBtnOk,gbc);
              //设置按钮的放大倍数为1倍
            mJPanelChoose.add(mBtnOk);//将按钮加入选择面板
            gbc.weightx=6;//组件随窗口放大倍数为6倍
            mJLabel=new JLabel();//创建标签
            gb.setConstraints(mJLabel,gbc);
              //设置标签的放大倍数
            mJPanelChoose.add(mJLabel);
              //将标签加入到选择面板
            mJPanelChoose.setBorder(new EmptyBorder(5,5,
              5,5));//设置选择面板的边界框
             contentPane.add(mJPanelChoose,BorderLayout.
SOUTH);//将选择面板放到容器中并向下对齐
    }
    class CourseTableSuperModel extends AbstractTableModel
      {//定义课程表内部类
        private List<Course>courses;//定义课程类列表
        private List<Boolean>booleans;//定义布尔类列表
        private String[]columns;//定义字符串数组
        @ SuppressWarnings("rawtypes")
        Class[]typeArray={Object.class,Object.class,Ob-
ject.class,Object.class,Boolean.class};
//定义一维数组,保存课程表各字段
          public  CourseTableSuperModel (List < Course >
            courses,List<Boolean>booleans){//构造方法
            this.courses=courses;//课程类实例化
            this.booleans=booleans;//布尔类实例化
            columns=new String[]{"课程编号","课程名称","课程
学分","学前课程","是否选择"};//课程表数据项名
    }
```

在StudentPage类中采用FlowLayout布局，运用控件菜单条JMenuBar加载各种菜单项，然后用JTable显示所有课程信息。JTable采用TableModel的实现方法，在程序中用CourseTableSuperModel继承ExtractTableModel来实现

表格。界面如图 9-11 所示。

学生界面

信息查询　信息维护　公共信息

课程编号	课程名称	课程学分	学前课程	是否选择
cs001	计算思维导论	3.0		
cs002	C语言程序设计	4.0	计算思维导论	
cs010	数据库原理	3.5	C语言程序设计	
e001	大学英语	4.5		
e006	专业英语	2.0	大学英语	
h001	dhahh	6.0	计算思维导论	
m001	高等数学	4.0		
m002	线性代数	3.0		

已选择了0门课程　确定

图 9-11　进入学生操作界面

如图 9-11 所示，学生登录系统后可以进行信息查询、信息维护和公共信息的管理。在信息查询中可以查看所有的网络选修课和自己所选择的课程。学生用户从图 9-11 展示的学生界面中选择［信息查询］→［我的课程］进行查看自己的课程的操作，如图 9-12 所示。

学生界面

信息查询　信息维护　公共信息

网络选课

我的课程

课程编号	课程名称	课程学分	学前课程	是否选择
	计算思维导论	3.0		
cs002	C语言程序设计	4.0	计算思维导论	
cs010	数据库原理	3.5	C语言程序设计	
e001	大学英语	4.5		
e006	专业英语	3.0	大学英语	
h001	dhahh	6.0	计算思维导论	
m001	高等数学	4.0		
m002	线性代数	3.0		

已选择了0门课程　确定

图 9-12　点击菜单项中的［我的课程］选项

如图 9-13 所示，在［我的课程］的界面，可以看到所选课程的编号、姓名、学分和学前课程。

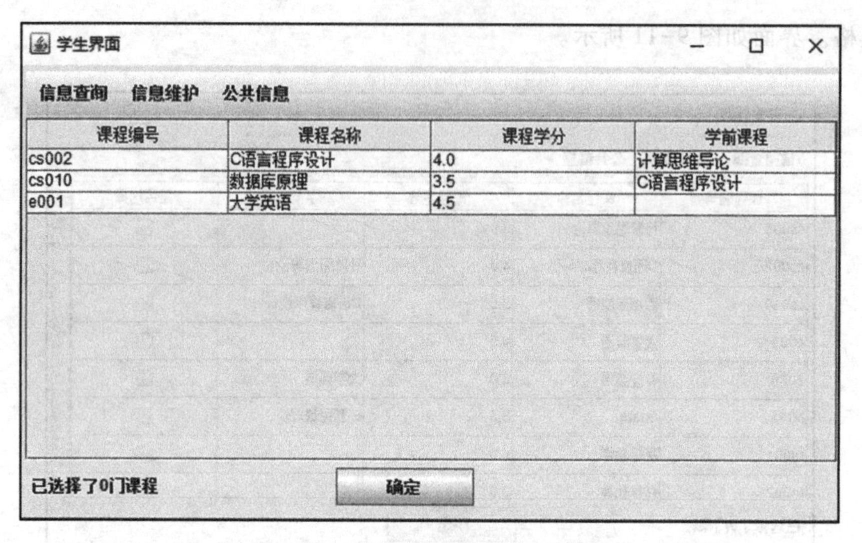

图 9-13 显示［我的课程］的信息

例题源程序 9.2：StudentPage. java

9.5.3 选课操作的逻辑处理

在 LoginPage 界面中添加判断验证登录者身份信息的方法，如果是学生的话就直接跳转到 StudentPage 界面。

StudentPage 页面的逻辑处理如下。

① 当单击表格中的复选框时选中课程，并且在页面底端显示选中的课程数量。

② 单击确定按钮后数据库中录入学生所选的课程。

③ 单击菜单项中的［我的课程］查看本学生所选的课程。

程序的时序图如图 9-14 所示。

主要代码实现如下。

第一步代码如下。

```
int num=0;  //用户选择课程的数量
private void initEvent(String sNo){ //定义初始化事件方法
    courseOrder=new ArrayList<>(); //创建所选课程次序数
      组列表
    cNum=new ArrayList<>(); //创建单个学生的课程数组列表
    s.setsNo(sNo); //将登录学生名字赋予学生类对象 s
    //设置表格的监听事件
    mJTableCourse.addMouseListener(new MouseAdapter(){
        Public void mouseClicked(MouseEvent e){
                                        //仅当鼠标单击时响应
            int r=mJTableCourse.getSelectedRow();
                                        //鼠标选择的行
            int c=mJTableCourse.getSelectedColumn();
```

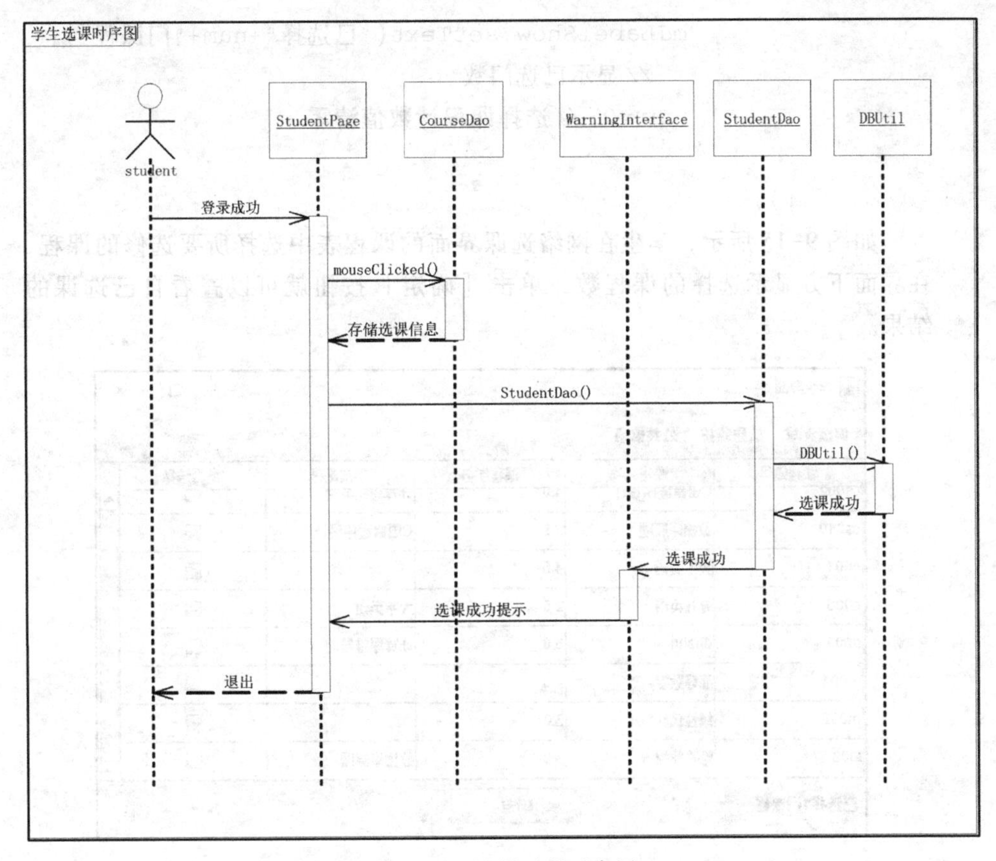

图 9-14 选课过程时序图

```
                                    //鼠标选择的列
//从第 0 行开始,第 4 行代表选择列。所以判断条件须有 c = = 4
        if(c = =4 &&booleans.get(r)){//如果已选课,再
          单击为取消该课程
          booleans.set(r,false);
        }else if(c = =4 &&! booleans.get(r)){
                                    //如未选课,单击选课
          booleans.set(r,true);
        }
        for(int i =0;i<booleans.size();i++){
                                    //做循环计数,统计选课门数
          if(booleans.get(i)){
            ++num;
            courseOrder.add(i);//添加课程序号
        }}
        }
        //学生每次选择课程后刷新表格界面和已选择的课程
        ctsm.fireTableDataChanged();//刷新表格
```

```
            mJLabelShow.setText("已选择"+num+"门课程");
                //显示已选门数
            num=0;//选择课程计数值清零
        }
    });
```

如图9-15所示，学生在网络选课界面的课程表中选择所要选修的课程，在界面下方显示选择的课程数，单击［确定］按钮就可以查看自己选课的结果。

学生界面

信息查询　信息维护　公共信息

课程编号	课程名称	课程学分	学前课程	是否选择
cs002	C语言程序设计	4.0	计算思维导论	☐
cs010	数据库原理	3.5	C语言程序设计	☐
e001	大学英语	4.5		☐
e006	专业英语	2.0	大学英语	☑
h001	dhahh	6.0	计算思维导论	☐
m001	高等数学	4.0		☐
m002	线性代数	3.0		☐
t003	修改数据	3.0	数据库原理	☐

已选择1门课程　确定

图9-15　选择要添加的课程

第二步代码如下。

```
//设置[确定]按钮的单击事件,添加学生所选的课程
mBtnOk.addMouseListener(new MouseAdapter(){
    public void mouseClicked(MouseEvent e){
        //插入所选择的课程
        for (int i=0;i<courseOrder.size();i++){//做循环
            stuInfoDao.saveSC(s,courses.get(courseOr-
                der.get(i)));//插入所选课程
        }
        //清空数据,恢复初始化界面
        courseOrder.clear();//所选课程次序记录清空
        for(int j=0;j<booleans.size();j++){
            booleans.set(j,false);//选择项全设置为未选
        }
        mJLabelShow.setText("单击菜单[我的课程],查看选课情
            况");//提醒单击[我的课程]
    }
});
```

第三步代码如下。

```
//添加菜单项[我的课程]的点击事件
mItemMyCourse.addActionListener(new ActionListener(){
    @ Override
    public void actionPerformed(ActionEvent e){
        CourseDao courseDao=new CourseDao();
        List<String>cNos=courseDao.findcNoBysNo(s);
        //判断用户是否已经执行了选课操作然后进行不同的操作
        if(cNum.isEmpty()){//如果学生课程数组为空
            for(int i=0;i<cNos.size();i++){做循环,将学
              生所选课程信息放入 cNum
                cNum.add(courseDao.findById(cNos.get
                  (i)));//课程按顺序放入 cNum
            }
            ctm=new CourseTableModel(cNum);//将课程信
              息传递给 ctm 对象
            mJTable=new JTable(ctm);//将 ctm 对象添加到
              mJTable 表中
            mJPanelResult=new JScrollPane(mJTable);
              //创建面板对象,将表纳入
            mScrollPane.setVisible(false);//设置 mScroll-
              Pane 隐藏
            contentPane.add(mJPanelResult,BorderLayout.
              CENTER);//设置 mJPanelResult 田间到 cont-
              entPane。
            contentPane.validate();//验证 contentPane
            contentPane.repaint();//刷新显示 contentPane
        }else{//如果学生课程数组为空
            cNum.clear();//清空
            for(inti=0;i<cNos.size();i++){
                cNum.add(courseDao.findById(cNos.get
                  (i)));//课程按顺序放入 cNum
                ctm.fireTableDataChanged();//刷新 ctm
                  对象
                mScrollPane.setVisible(false);//设置
                  mScrollPane 隐藏
                mJPanelResult.setVisible(true);//设置
                  mJPanelResult 显示
                contentPane.validate();//验证 content-
```

```
                              Pane
                          contentPane.repaint();//验证 content-
                              Pane
                    }
               }
          }
});
```

如图 9-16 所示，再次进入［我的课程］的界面可以看到选择的课程。

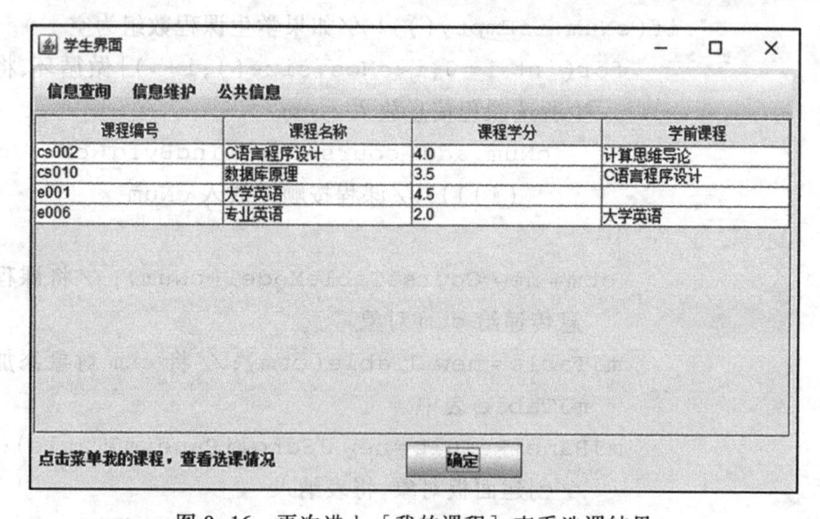

图 9-16　再次进入［我的课程］查看选课结果

例题源程序 9.3:
TeacherPage. java

9.5.4　教师管理模块

在教师管理模块中主要实现了教师可以查看自己发布的课程的功能，查询过程中可以根据课程名称和课程编号来查询。教师可以对自己的课程进行修改。教师管理模块和学生管理模块的实现过程一样，都是先创建实体类 Teacher，在界面的设计中同样采用 BorderLayout 布局，JTree 负责显示教师管理模块的功能，JTable 显示课程数据，JTextField 接收用户的输入。在该模块实现的业务逻辑主要有以下几个。

① 用户双击表格时，弹出对话框提示用户是否对所选课程进行编辑。

② 如果用户单击［确定］，则转到编辑界面进行编辑。

③ 用户可以在输入框中输入要查询的课程名称或者编号，查询需要找的课程（此查询为模糊查询）。

图 9-17 显示的是教师管理模块的类图，各个类的关系和学生管理模块的图一样，Teacher 和 Course 类是实体类，CourseDao 和 TeacherDao 属于 dao 层，TeacherPage 负责页面的初始化和点击事件的初始化。该部分代码及说明参见电子资源库。

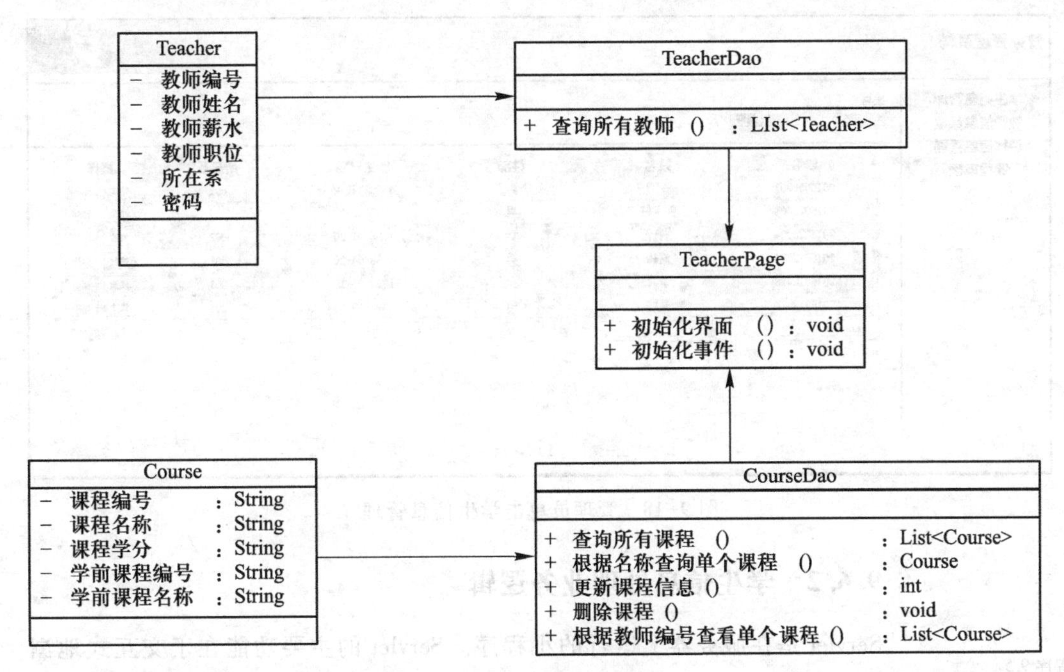

图 9-17 教师模块的类图

9.6 B/S 结构的数据库应用开发

9.6.1 学生信息管理模块

例题源程序 9.4：Index. jsp

本例主要完成了学生信息管理部分。教师管理、课程管理均类似，感兴趣的读者可自主完善。创建一个页面文件 index. jsp，在 index. jsp 中采用 div 标签进行排版布局，用 table 标签来显示数据，用 jQuery 来对页面上的元素进行动态操作。界面用 EL（expression language）表达式来显示从数据库读取的学生信息，EL 是为了使 JSP 写起来更加简单。表达式语言的灵感来自于 ECMAScript和 XPath 表达式语言，它提供了在 JSP 中简化表达式的方法，让 JSP 的代码更加简化。添加时用 Form 表单将学生信息提交到控制器保存到数据库，修改时应用 jQuery 的 AJAX 请求将修改的数据传递到控制器进行保存。AJAX 即“Asynchronous Javascript and XML”（异步 JavaScript 和 XML），是指一种创建交互式网页应用的网页开发技术。通过在后台与服务器进行少量数据交换，AJAX 可以使网页实现异步更新。这意味着可以在不重新加载整个网页的情况下，对网页的某部分进行更新。

页面效果如图 9-18 所示，管理员单击［学生信息管理］会出现所有的学生信息，包括学生的编号、姓名、性别、出生日期、所在系的编号和可以进行的操作。主要代码见本书提供的电子资源。

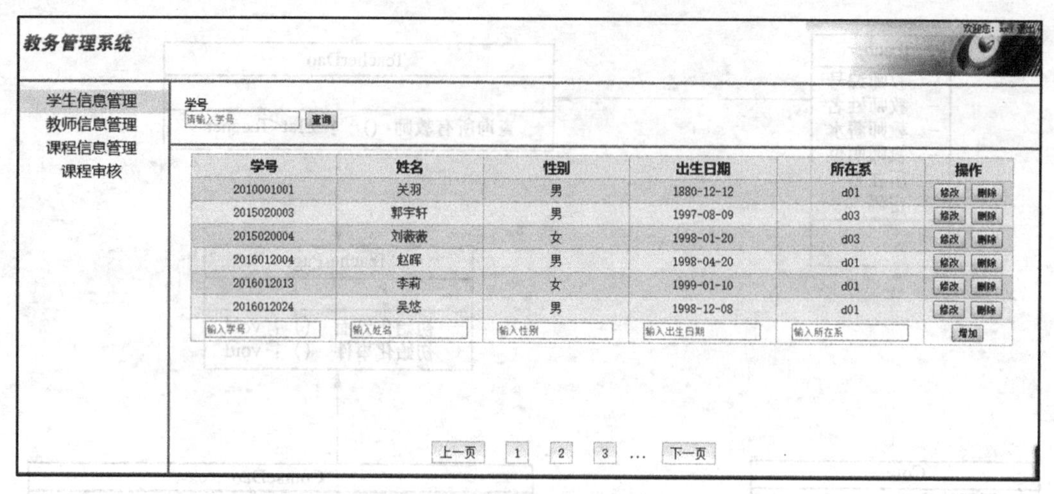

图 9-18　管理员单击学生信息管理

9.6.2　学生信息处理业务逻辑

例题源程序 9.5：StudentServlet. java

Servlet 是在服务器上运行的小程序。Servlet 的主要功能在于交互式地浏览和修改数据，生成动态 Web 内容。这个过程如下。

① 客户端发送请求至服务器端。

② 服务器将请求信息发送至 Servlet。

③ Servlet 生成响应内容并将其传给服务器。响应内容动态生成，通常取决于客户端的请求。

④ 服务器将响应返回给客户端。

Servlet 导入特定的属于 Java Servlet API 的包。一个 Servlet 就是 Java 编程语言中的一个类，它被用来扩展服务器的性能，服务器上驻留着可以通过“请求-响应”编程模型来访问的应用程序。

StudentServlet 是针对学生信息管理模块编写的 Servlet 程序。读者可以参考该程序写出教师信息管理、课程信息管理等模块的 Servlet 程序。StudentServlet 的业务逻辑，包括对学生信息的添加、修改、删除以及查询。StudentServlet 的类声明部分和 service ( ) 方法代码如下。

```
package web;
import java.io.IOException;
import java.sql.Date;
import java.sql.SQLException;
import java.util.List;
import javax.servlet.ServletException;
import javax.servlet.http.HttpServlet;
import javax.servlet.http.HttpServletRequest;
import javax.servlet.http.HttpServletResponse;
```

```
import dao.StudentDao;
import entity.Student;
public class studentServlet extends HttpServlet{
        private static final long serialVersionUID=1L;
        @ Override
        protected void service(HttpServletRequest req,Ht-
tpServletResponse res)throws ServletException,IOException{
                //获取请求路径
                String path=req.getServletPath();
                if ("/addStudent.do".equals(path)){
                    //添加学生信息
                     add(req,res);
                }else if("/findStudent.do".equals(path)){
                    //查找学生信息
                     try{
                         find(req,res);
                     }catch(SQLException e){
                         e.printStackTrace();
                     }
                }else if("/modifyStudent.do".equals(path)){
                    //修改学生信息
                     update(req,res);
                }else if("/delStudent.do".equals(path)){
                    //删除学生信息
                     delete(req,res);
                }else if("/findBySno.do".equals(path)){
                    //按学号查找
                     try{
                         findBySno(req,res);
                     }catch(SQLException e){
                         //TODO Auto-generated catch block
                         e.printStackTrace();
                     }
                }else{
                     throw new RuntimeException("无效的路径!");
                }
        }}
    }
```

在 StudentServlet 中，根据请求的路径来判断用户进行何种操作，调用相应的方法。从 Request 域中获取用户在页面输入的数据，调用相应的 dao 方法，完成数据库操作后，将从数据库读取到的且需要显示到界面的信息放到 Request 域中，并进行页面跳转。以查找功能为例，其执行的时序图如图 9-19 所示。

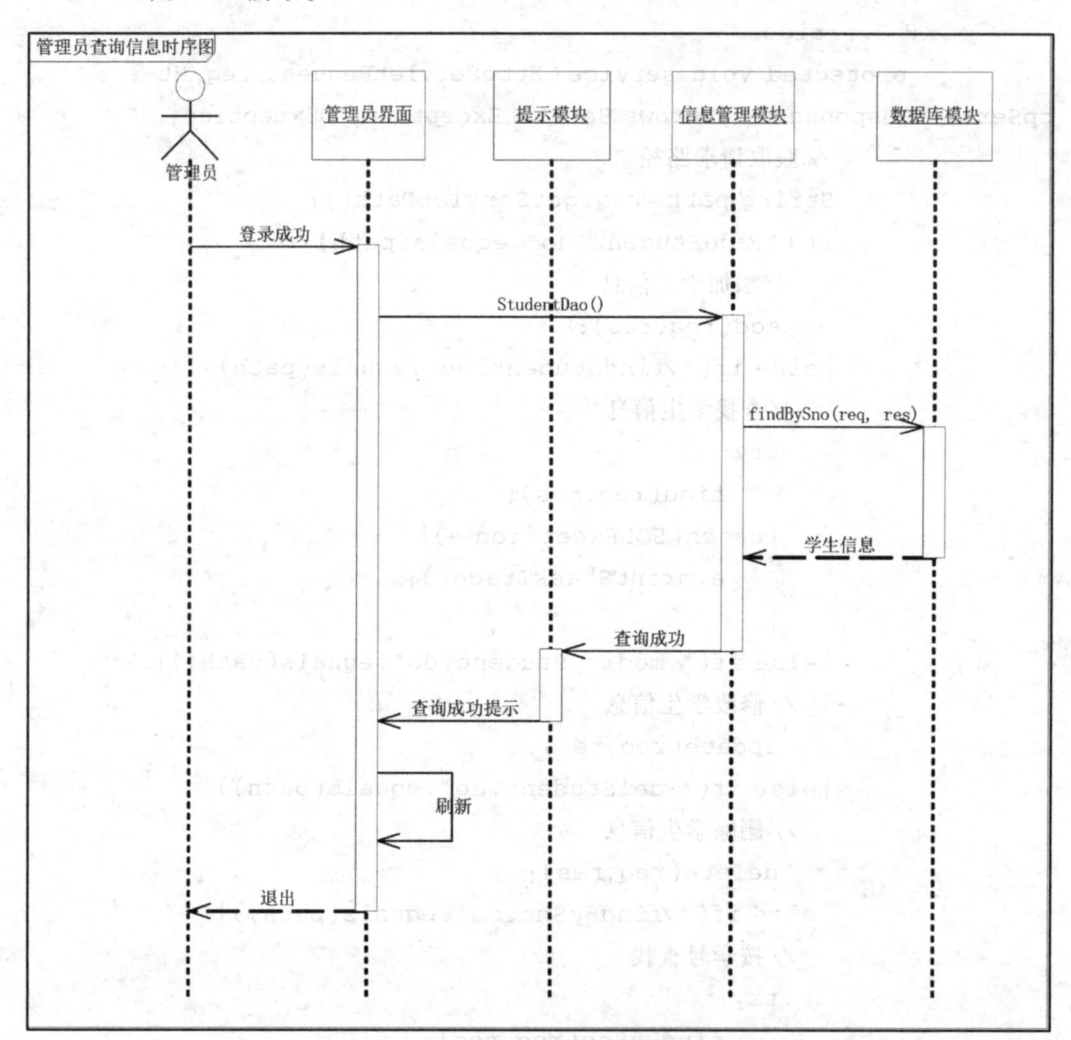

图 9-19 管理员查询学生信息时序图

完成查找功能的 find ( ) 方法代码如下。

```
private void find(HttpServletRequest req,HttpServletRe-
   sponse res)//查找信息
        throws ServletException,IOException,SQLException{
        res.setContentType("text/html;charset=utf-8");

        StudentDao dao=new StudentDao();//实例化 dao 层
        List<Student>list=dao.findAll();//查询所有的学生
```

```
        req.setAttribute("list",list);
                              //将查到的学生信息存到转发器中
        //转发
        req.getRequestDispatcher("index.jsp").forward
          (req,res); //调转到首页
    }
```

在对学生信息选择操作之后，需要显示操作后的信息列表。以上述查询全部信息为例，显示学生信息列表时，从数据库查询所有学生信息，放到request域中，传递到前端界面显示，如图 9-20 所示为查找所有学生信息的结果。而输入“2016”后的查询信息如图 9-21 所示。

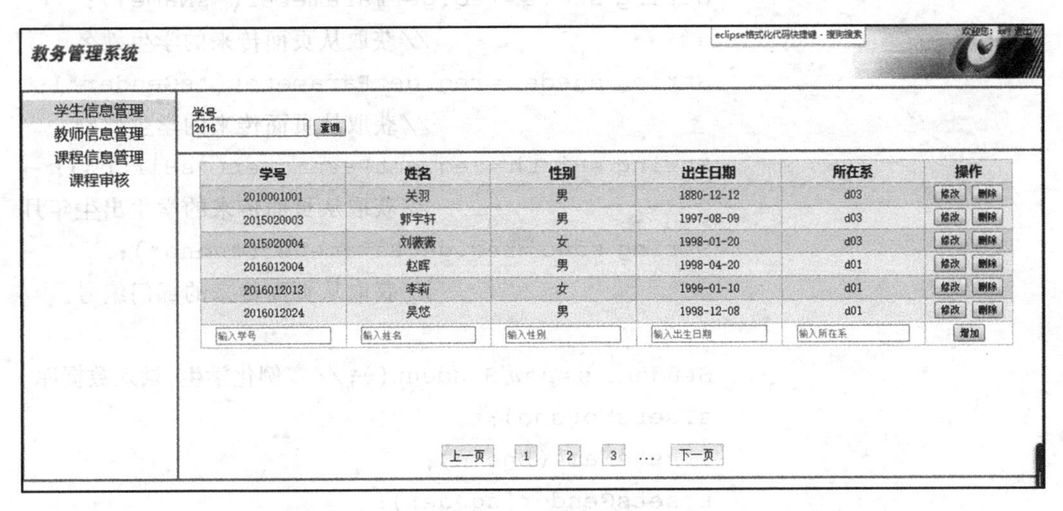

图 9-20 查询页面

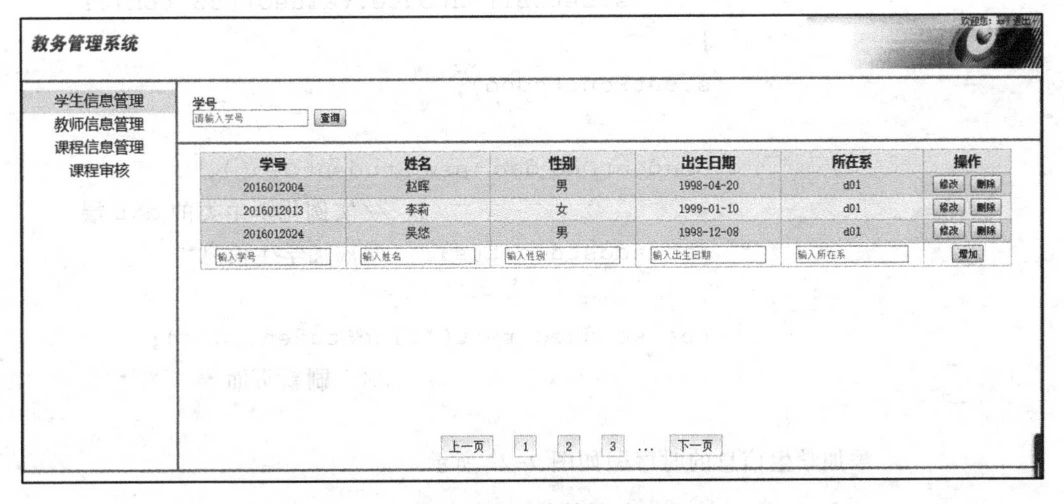

图 9-21 查询结果页面

再以添加学生信息为例。添加学生信息时，从 request 域中获取 form 表单提交的信息，封装到 Student 实体类中，调用 StudentDao 中的方法保存到数据库，操作成功之后重定位到学生信息管理页面。

```
private void add(HttpServletRequest req,HttpServletRe-
  sponse res)throws IOException{
        req.setCharacterEncoding("utf-8");
        res.setContentType("text/html;charset=utf-8");

        String sno=req.getParameter("sNo");
                            //获取从页面传来的学生编号
        String sname=req.getParameter("sName");
                            //获取从页面传来的学生姓名
        String sgeder=req.getParameter("sGender");
                            //获取从页面传来的学生性别
        String sBirth=req.getParameter("sBirth");
                            //获取从页面传来的学生出生年月
        String sdno=req.getParameter("sdno");
                            //获取从页面传来的部门编号

        Student s=new Student();//实例化学生,录入数据库
        s.setsNo(sno);
        s.setsName(sname);
        s.setsGender(sgeder);
        if(sBirth!=null &&! sBirth.equals("")){
            s.setsBirth(Date.valueOf(sBirth));
        }
        s.setSdno(sdno);

        StudentDao dao=new StudentDao();
                              //实例化学生类的 dao 层
        dao.addstudnet(s);  //添加学生信息

        res.sendRedirect("findStudent.do");
                              //  刷新页面
  }
```

添加学生信息的时序图如图 9-22 所示。

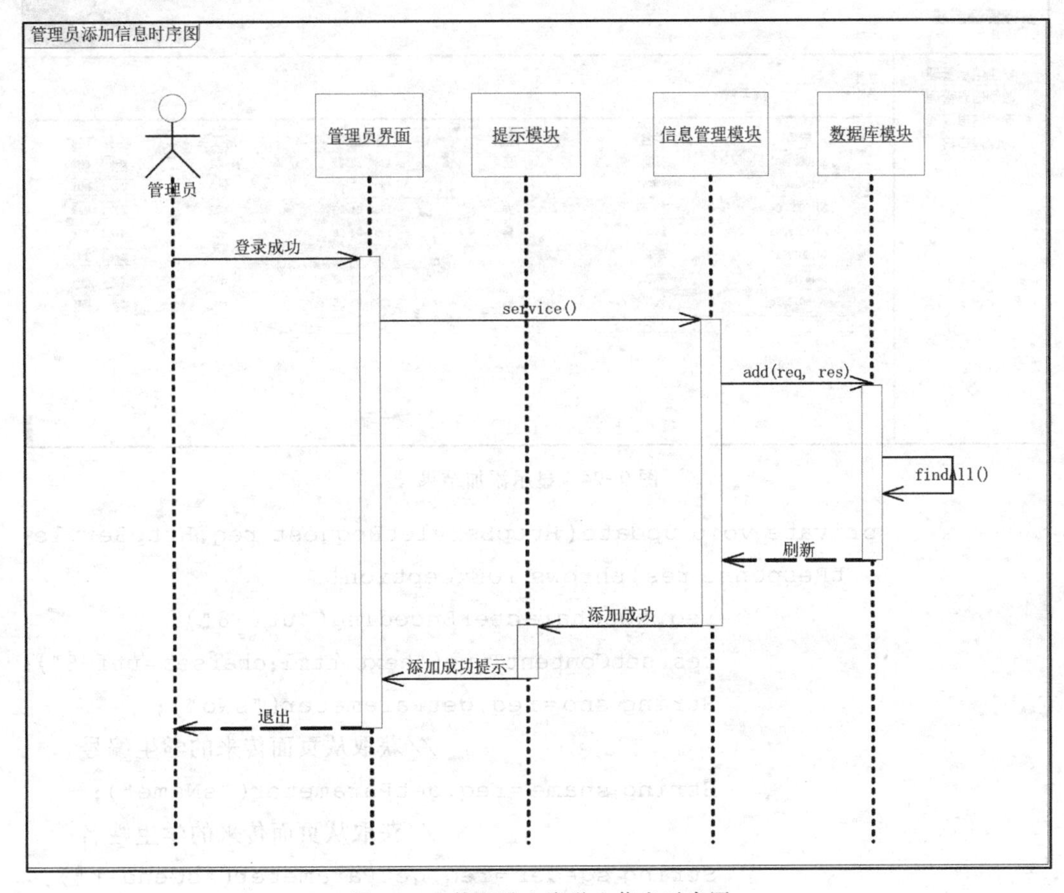

图 9-22 管理员查询学生信息时序图

管理员可以在［增加］按钮所在行的各个输入框输入需要添加的学生信息，如图 9-23 所示。

教务管理系统

学生信息管理
教师信息管理
课程信息管理
课程审核

学号 请输入学号 查询

学号	姓名	性别	出生日期	所在系	操作
2010001001	关羽	男	1880-12-12	d01	修改 删除
2015020003	郭宇轩	男	1997-08-09	d03	修改 删除
2015020004	刘薇薇	女	1998-01-20	d03	修改 删除
2016012004	赵晖	男	1998-04-20	d01	修改 删除
2016012013	李莉	女	1999-01-10	d01	修改 删除
2016012024	吴悠	男	1998-12-08	d01	修改 删除
2016012025	张飞	男	1995-02-25	d03	增加

图 9-23 添加学生信息

如图 9-24 所示单击增加按钮会在界面中显示刚增加的学生信息。代码如下。

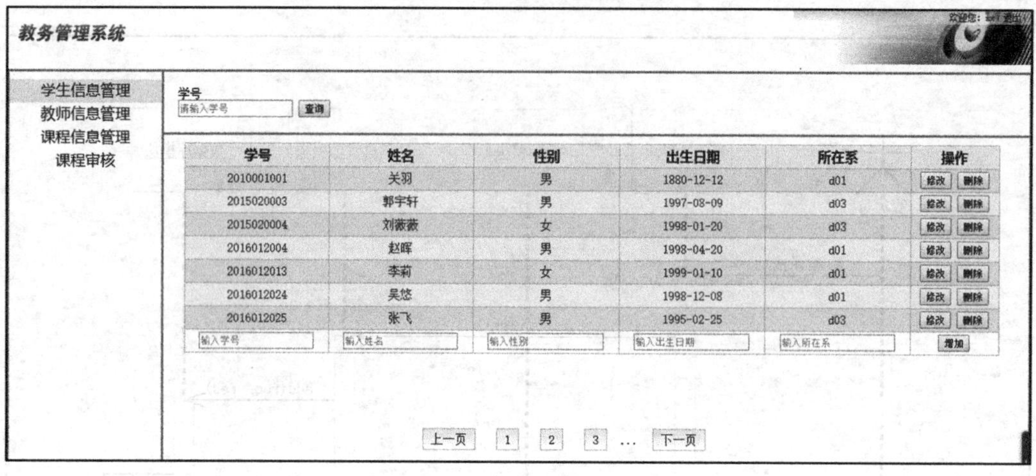

图 9-24　显示添加结果

```
private void update(HttpServletRequest req,HttpServletResponse res)throws IOException{
        req.setCharacterEncoding("utf-8");
        res.setContentType("text/html;charset=utf-8");
        String sno=req.getParameter("sNo");
                                    //获取从页面传来的学生编号
        String sname=req.getParameter("sName");
                                    //获取从页面传来的学生姓名
        String sgeder=req.getParameter("sGender");
                                    //获取从页面传来的学生性别
        String sBirth=req.getParameter("sBirth");
                                    //获取从页面传来的学生出生年月
        String sdno=req.getParameter("sdno");
                                    //获取从页面传来的学生部门

        Student s=new Student();
                                    //实例化学生,在数据库中更新
        s.setsNo(sno);
        s.setsName(sname);
        s.setsGender(sgender);
        if(sBirth!=null&&!sBirth.equals("")){
            s.setsBirth(Date.valueOf(sBirth));
        }
        s.setSdno(sdno);

        StudentDao dao=new StudentDao();
```

```
                    //实例化学生的 dao 层。
        dao.update(s,sno);   //更新学生信息

        res.sendRedirect("findStudent.do");
                    //刷新页面
    }
```

基于 B/S 的 Java 应用开发方兴未艾，大量的新技术新工具层出不穷。本节围绕数据库的应用介绍的内容仅是冰山一角。Java 技术，尤其是围绕大型软件进行的大型数据库的应用开发尚待读者进一步深入研修，本文不再赘述。

例题源程序 9.6：第 10 章实例完整代码

本章小结

本章首先介绍了数据库应用开发的环境与技术、JDBC 的基本概念、驱动类型、常用接口和类、利用 JDBC 访问数据库的步骤。然后以教务管理系统为例，给出系统的结构设计和数据库表设计，最后分别通过 C/S 和 B/S 两种开发模式给出了数据库应用开发的流程与代码。详细讲解了 Driver 接口和 DriverManager 类、Connection 接口、Statement 接口、PreparedStatement 接口、ResultSet 接口等常用类和接口，并基于这些类和接口给出完成数据库访问的过程。本章还详细介绍了 MVC 开发模式及实现过程。因篇幅限制，本章大量代码放到电子资源库中，请读者结合电子资源内容完成对本章知识的理解与分析。

习题

习题答案：第 9 章

1. 简述基于 Java 开发数据库应用程序的环境与技术。
2. 简述 JDBC 的功能。
3. JDBC 常用的接口和类有哪些？关系如何？
4. 简述 C/S 和 B/S 的区别。
5. 简述 MVC 开发模式的结构。
6. 试完成教务管理系统的整体调试。

第 10 章

数据库新技术

随着计算机系统功能的不断增强和计算机应用领域的不断拓展，数据库应用系统的环境也在不断变化，其应用也更加广泛和深入。新型计算机体系结构和增强的计算能力促进了数据库技术的发展，各种学科技术与数据库技术交叉融合，形成了各种新型的数据库系统，如面向对象数据库系统、分布式数据库系统、并行数据库系统、多媒体数据库系统、NoSQL 数据库等。为了满足特定应用领域的数据管理要求，人们开发了工程数据库、统计数据库、图形/图像数据库、文档数据库、XLM 数据库、数据仓库等。这些新型应用对 DBMS 提出了新的要求。

电子教案：第 10 章 数据库新技术

本章主要介绍面向对象数据库、分布式数据库、空间数据库、NoSQL 数据库、大数据技术。本章知识体系结构如图 10-1 所示。

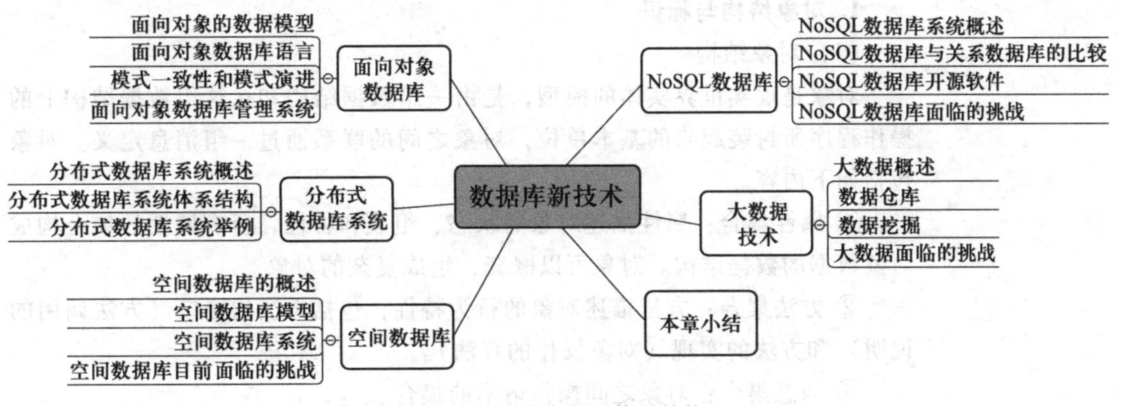

图 10-1 本章知识体系结构

10.1 面向对象的数据库系统

面向对象的数据库系统（object-oriented database system，OODBS）是数据库技术与面向对象程序设计方法相结合的产物。它既是一个 DBMS，又是一个面向对象的系统，因而既具有 DBMS 的特性，如持久性、辅存管理、数据共享（并发性）、数据可靠性（事务管理和恢复）、查询处理和模式修改等，又具有面向对象的特征，如类型/类、封装性/数据抽象、继承性、重载/滞后联编、计算机完备性、对象标识、复合对象和可扩充等特性。

有关面向对象数据模型和面向对象数据库系统的研究在数据库研究领域主要沿着 3 个方面展开。

一是以关系数据库和 SQL 为基础的扩展关系模型。

二是以面向对象程序设计语言为基础，研究持久的程序设计语言，支持面向对象模型。

三是建立新的面向对象数据库系统，支持面向对象数据模型。

10.1.1 面向对象的数据模型

面向对象（object-oriented，OO）数据模型提出于 20 世纪 70 年代末，是一种采用面向对象方法构建的、可扩充的数据模型。它吸收了概念数据模型和知识表示模型的一些基本概念，又借鉴了面向对象程序设计语言和抽象数据类型的一些思想。

扩展阅读 10.1：
面向对象数据库模型的意义

OO 模型采用面向对象观点来描述现实世界实体（对象）的逻辑组织、对象间限制、联系等的模型，其核心概念是对象。对象是现实世界实体的模型，每一个对象都拥有一个全局唯一的对象标识（object identifier，OID）。对象封装了属性和方法。类之间存在继承、泛化、组成等关系。

1. 对象结构与标识

（1）对象结构

对象是现实世界实体的模型，是由一组数据结构和在这组数据结构上的操作程序所封装起来的基本单位，对象之间的联系通过一组消息定义。对象包括如下内容。

① 属性集合：属性描述对象的状态、组成和特性，所有属性的集合构成对象数据的数据结构。对象可以嵌套，组成复杂的对象。

② 方法集合：方法描述对象的行为特性，包括方法的接口（方法调用的说明）和方法的实现（对象操作的算法）。

③ 消息集合：对象之间操作请示的集合。

（2）对象标识

在面向对象数据库中每个对象有唯一的、不变的标识，对象的属性、方法会随时间变化，但对象的标识始终不变。

（3）封装

每个对象是其状态与行为的封装。封装是对象外部界面与内部实现之间实行清晰隔离的一种抽象，外部与对象的通信只能通过消息实现。

2. 类结构与继承

在面向对象的数据库中，具有相同属性和方法的所有对象形成类，对象是类的实例。类中的对象共享一个定义，相互之间的区别仅在于属性的取值不同。

类的概念与关系模式类似，表 10-1 列出了对照关系。

表 10-1 类与关系模式的对照表

类	类的属性	对象	类的一个实例
关系模式	关系的属性	关系的元组	关系的一个元组

类本身也可以看作一个对象，称为类对象。面向对象数据库模式是类的集合，在一个面向对象数据库模式中，会存在多个相似但又有所不同的类。因此，面向对象数据模式提供了类层次结构，以实现这些要求。

(1) 类的层次结构

在面向对象数据模式中，一组类可以形成一个类层次。一个面向对象数据模式可能有多个类层次。在一个类层次中，一个类继承其所有基类的属性、方法和消息。图 10-2 所示为“马”类的层次结构。

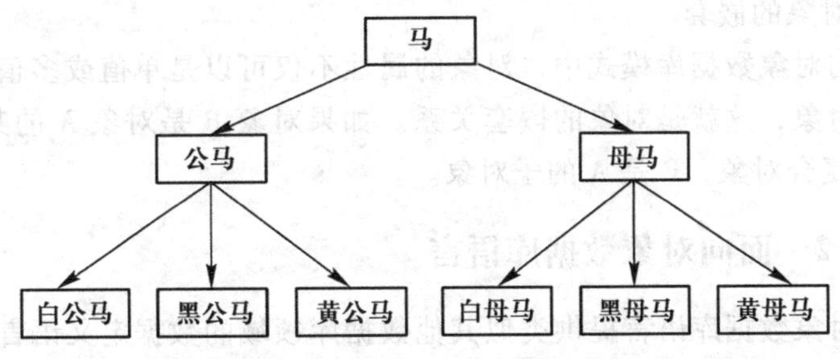

图 10-2 “马”类的层次结构

作为最高一级的类（马），具有所有马应具备的属性、方法和消息。作为基类的下一类子类（公马、母马），除继承其基类的属性、方法和消息外。还各自具备其所在子类的属性、方法和消息，依此类推，基类与子类反映“从属”（IS-A）关系，子类与子类之间既有共同之处，又相互有所区别。基类是子类的抽象，子类是基类的具体化。类层次可以动态扩展，一个新的子类可以从一个或多个已有的类导出。

(2) 继承

在面向对象模式中，继承分为单继承和多重继承。

① 单继承：一个子类只能继承一个基类的特性。

② 多重继承：一个子类能够继承多个基类的特性。

图 10-2 中的实例是单继承的层次结构。一个派生类不仅可以从一个基类派生，也可以从多个基类派生，也就是说，一个派生类可以有两个或多个基类（或者说，一个子类可以有两个或多个父类）。例如，马与驴杂交所生下的骡子，就有两个基类——马和驴。骡子既继承了马的一些特征，也继承了驴的一些特征。一个派生类有两个或多个基类的称为多重继承（multiple inheritance），这种继承关系所形成的结构如图 10-3 所示。

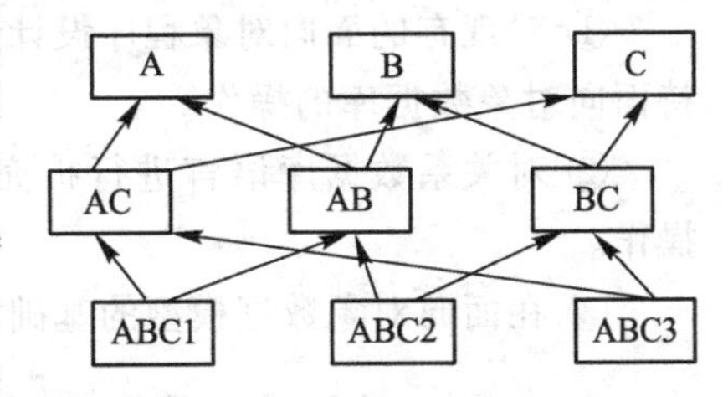

图 10-3 多重继承的层次结构

继承性的特点如下。

① 继承性是建立数据模式的有力工具，提供了对现实世界简洁而精确的描述。

② 继承性提供了信息重用的机制。

由于子类继承了基类的特性，可以避免许多重复定义。然而，由于子类除继承基类的特性外还需要定义自己的特性，这时可能与从基类继承的特性（包括属性、方法和消息）发生冲突，这种冲突可能发生在子类与基类之间，也可能发生在子类的多个直接基类之间。这类冲突一般由系统解决，解决方法是制定优先级别规则，一般在子类与基类之间规定子类优先的规则，在子类的多个直接基类之间规定有限次序，按照这种次序定义继承规则。

子类对其直接基类（也称父类）既有继承也有发展，继承的部分就是重用的部分。

（3）对象的嵌套

扩展阅读10.2：对象嵌套关系的作用

在面向对象数据库模式中，对象的属性不仅可以是单值或多值的，还可以是一个对象，这就是对象的嵌套关系。如果对象B是对象A的某个属性，则称A是复合对象，B是A的子对象。

10.1.2 面向对象数据库语言

面向对象数据库语言提供类似其他数据库领域的数据定义语言、数据操纵语言及查询语言的功能，用于说明和操纵类定义及对象实例。面向对象数据库语言一般具有下列用途与能力。

1. 类的定义与操纵

面向对象数据库语言可以用于操纵类，即生成、存取、修改、销毁类，包括操作特征说明、继承性与约束。

2. 操作、方法定义

面向对象数据库语言可以用于说明对象操作的定义与实现。在操作的实现中，对象语言命令可以用于操作对象的局部数据结构，而封装性允许并且隐藏了操作可以由不同的程序设计语言实现的事实。

3. 对象的操纵

面向对象数据库语言可以用于操纵（如生成、存取、修改、销毁）类的实例对象。

面向对象数据库语言的实现方法有如下多种。

① 对现有的面向对象程序设计语言如C++、Smalltalk进行扩展，使之支持面向对象数据库的操作。

② 对关系数据库语言进行扩充，使之支持面向对象的数据模型和对象操作。

③ 在面向对象数据模型的基础上，开发全新的面向对象的语言。

10.1.3 面向对象数据库模式的一致性和模式演进

面向对象数据库模式是类的集合。模式为适应需求而随时间的变化称为模式演进。模式演进主要包括创建新类、删除旧类、修改类的属性和操作等。面向对象的数据库模式应当提供相应的操作以支持这些模式演进。

1. 模式的一致性

在进行模式演进的过程中必须保持模式的一致性。所谓模式的一致性，指的是模式自身内部不能出现矛盾和错误。模式一致性主要由模式一致性约束来描述。模式的一致性约束可分为唯一性约束、存在性约束和子类性约束。如果模式能满足这些一致性约束，则称它是一致的。

(1) 唯一性约束

唯一性约束包括两方面内容。

① 在同一个模式中，所有类的名字必须是唯一的。

② 类中的属性和方法名字必须是唯一的，包括从基类中继承的属性和方法。但模式中不同种类的成分可以同名，同一个类中的属性和方法不能有相同的名字。

(2) 存在性约束

存在性约束指的是显式引用的某些成分必须存在。例如，每一个被引用的类必须在模式中定义；某操作代码中调用的操作必须给出说明；每个定义的操作必须存在一个实现的程序等。

(3) 子类性约束

① 子类和基类的联系不能形成环。

② 如果子类是通过多继承形成的，则这种多继承不得造成冲突。

③ 如果模式只支持单继承，则必须标明子类的基类。

2. 面向对象模式演进的实现

一致性的问题是实现模式演进的关键问题。面向对象中类集的改变比关系数据库中关系模式的改变要复杂得多。因此，在面向对象数据库模式演进的实现中，必须具有模式一致性验证的功能。

扩展阅读 10.3：面向对象中类集的改变

数据库模式修改操作不但要修改有关类的定义。而且要修改相关类的所有对象，使之与修改后的类定义一致。在面向对象数据库中，采用转换方法修改对象，即将已有的对象根据新的模式结构进行转换，以适应新的模式。例如，给某类增加一个属性时，可以将这个类的所有实例都增加这个属性；删除某类中的一个属性时，将这个类的所有实例的这个属性都删除。

根据发生时间的不同，模式转换方式分为两种。

① 立即转换方式，即一旦发生变化，立即执行所有变换。

② 延迟转换方式，即模式发生变化后并不立即进行转换，等到低层数据库载入时，或该对象被存取时才执行转换。

立即转换方式的缺点是系统为了执行转换操作要占用一些时间。延迟转换方式的缺点在于以后应用程序存取一个对象时，要把它的结构与其所属类的定义比较，完成必需的修改，这样就会影响到程序运行的效率。

10.1.4 面向对象数据库管理系统

一个实际的 OODBMS 通常由类管理、对象管理和对象控制 3 个主要部分组成。

1. 类管理

类管理主要对类的定义和类的操纵进行管理。具体内容如下。

① 类定义：包括定义类的属性集、类的方法、类的继承性以及完整性约束条件等，通过类定义可以建立一个类层次结构。

② 类层次结构的查询：包括对类的数据结构、类的方法、类间关系的查询等。

③ 类模型演进：面向对象数据库模式是类的集合，类模式为适应需求的变化而随时间变化称为类模式演进。它包括创建新的类、删除或修改已有的类属性和方法等。

④ 类管理中的其他功能：如类的权限建立与删除、显示、打印等。

2. 对象管理

对象管理主要完成对类中对象的操纵管理，主要内容如下。

① 对象的查询：在类层次结构图中，通过查询路径查找所需对象。查询路径由类、属性继承路径等部分组成，一个查询可用一个路径表达式表示。

② 对象的增、删和修改操作。

③ 索引与簇集：为提高对象的查询效率，按类中属性及路径建立索引以及对类及路径建立簇集。

3. 对象控制

① 通过方法与消息实现完整性约束条件的表示及检验。

② 引入授权机制等实现安全性功能。

③ 并发控制与事务处理的具体实现更为复杂，事务处理还需增加长事务及嵌套事务处理的功能。

④ 故障恢复。

10.2　分布式数据库系统

作为数据库技术与网络技术相结合的产物，分布式数据库始于20世纪70年代中期。20世纪90年代以来，分布式数据库进入到商品化应用阶段，传统关系数据库产品都已发展成以计算机网络和多任务操作系统为核心的分布式数据库产品。

10.2.1　分布式数据库系统概述

1. 分布式数据库系统

扩展阅读10.4：集中式数据库系统与分布式数据库系统的区分

分布式数据库系统是利用通信网络把多个数据库系统连接起来，对用户可以提供一个虚拟数据库系统服务的系统。分布式数据库由一组分散在计算机网络中、安装在不同计算实体中的数据库组成。网络中的每个节点都具有独立处理数据的能力，即是站点自治的，可以执行局部应用，同时也可以通过网络通信系统执行全局应用。

分布式数据库（distributed database，DDB）的概念强调以下两点内容。

① 分布性。和集中式数据库不同，数据库中的数据不是存储在同一场地上，更确切地讲，不存储在同一计算机的存储设备上。

② 逻辑整体性。和分散在计算机网络不同节点上的集中式数据库的集合不同，分布式数据库中的数据逻辑上互相联系，是一个整体（逻辑上如同集中数据库）。而集中式数据库各节点的数据之间没有内在的逻辑联系。所以在讨论分布式数据库时就有了全局数据库（逻辑上）和局部数据库（物理上）的概念。

在分布式数据库系统中，不必每个站点都设置自己的数据库，如图 10-4 所示，服务器 3 没有自己的数据库。在这个系统中，三台服务器通过网络相连，每个服务器有若干个客户机，用户可以通过每台客户机对本地服务器的数据库执行局部应用，也可以对两个或两个以上的服务器执行全局应用。这个系统就是分布式系统。

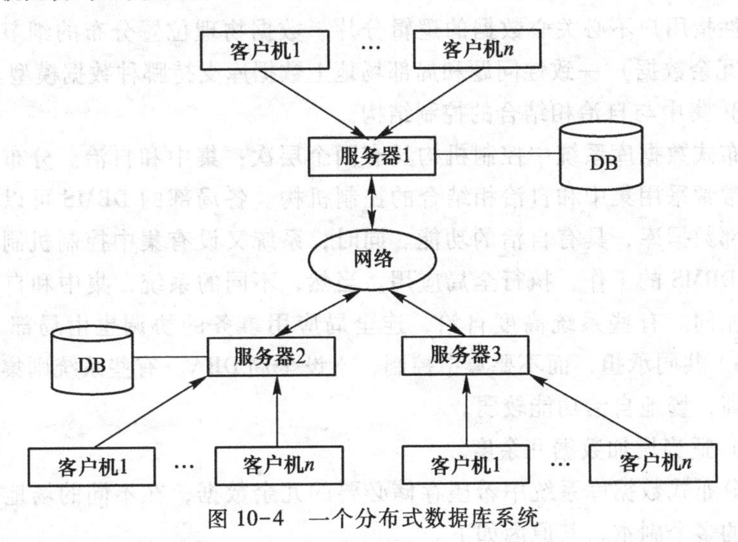

图 10-4　一个分布式数据库系统

按照各站点的数据库管理系统是否相同，可以把分布式数据库系统分为同构系统（homogeneous）和异构系统（heterogeneous）。

同构分布式数据库，所有的站点都使用共同的数据库管理系统，它们之间彼此熟悉，合作处理业务需求。异构分布式数据库中，不同的站点有不同的模式和不同的数据库管理系统。

2. 分布式数据库目标

分布式数据库系统的目标，主要包括技术和组织两个方面。

① 适应部门分布的组织结构，降低费用

使用数据库的单位在组织上和地理上常常是分布的，分布式数据库系统的结构应符合部门分布的组织结构，允许各个部门对自己常用的数据存储在本地，在本地录入、查询、维护、实行局部控制。由于计算机资源靠近用户，因而可以降低通信代价，提高响应速度，使这些部门使用数据库更方便、更经济。

② 提高系统的可靠性、可用性。改善系统的可靠性与可用性是分布式数据库系统的主要目标之一。

将数据分布于多个场地，并增加适当的冗余度可以提供更好的可靠性。对于那些可靠性要求高的系统，这一点尤其重要。

③ 充分利用数据库资源，提高现有集中式数据库的利用率。

④ 逐步扩展处理能力和系统规模

当一个单位规模扩大要增加新部门时，分布式数据库系统的结构为扩展系统的处理能力提供了较好的途径，在分布式数据库系统中可以增加新节点，而不影响现有系统的结构和系统的正常运行，这样做比在集中式系统中扩大系统规模要灵活、方便、经济得多。

扩展阅读 10.5：集中式数据库系统与分布式数据库系统的关系

3. 分布式数据库系统特点

（1）数据独立性

在分布式数据库系统中，数据独立性除了数据的逻辑独立性与物理独立性外，还包括数据分布独立性亦称分布透明性（distribution transparency）。分布透明性指用户不必关心数据的逻辑分片、数据物理位置分布的细节、重复副本（冗余数据）一致性问题和局部场地上数据库支持哪种数据模型。

（2）集中与自治相结合的控制结构

分布式数据库系统中控制机构具有两个层次：集中和自治。分布式数据库系统常常采用集中和自治相结合的控制机构。各局部的 DBMS 可以独立地管理局部数据库，具有自治的功能。同时，系统又设有集中控制机制，协调各局部 DBMS 的工作，执行全局应用。当然，不同的系统，集中和自治的程度不尽相同。有些系统高度自治，连全局应用事务的协调也由局部 DBMS、局部 DBA 共同承担，而不要集中控制，不设全局 DBA。有些系统则集中控制程度较高，场地自治功能较弱。

（3）适当增加数据冗余度

在分布式数据库系统中希望存储必要的冗余数据，在不同的场地存储同一数据的多个副本，其原因如下。

① 提高系统的可靠性、可用性

当某一场地出现故障时，系统可以对另一场地上的相同副本进行操作，不会因一处故障而造成整个系统的瘫痪。

② 提高系统性能

系统可以选择用户最近的数据副本进行操作，降低通信代价，改善整个系统的性能。但是，冗余副本之间数据不一致的问题是分布式数据库系统必须着力解决的问题。一般地讲，增加数据冗余度方便了检索，提高了系统的查询速度、可用性和可靠性，但不利于更新，增加了系统维护的代价。因此应在这些方面做出权衡，进行优化。

（4）全局的一致性、可串行性和可恢复性

分布式数据库系统中各局部数据库应满足集中式数据库的一致性、并发事务的可串行性和可恢复性。除此以外还应保证数据库的全局一致性、全局并发事务的可串行性和系统的全局可恢复性。这是因为在分布式数据库系统中全局应用要涉及两个节点以上的数据，全局事务可能由不同场地上的多个操作组成。

分布式数据库系统的特点是与系统“分布式”共生，因而也产生了一系列较集中式数据库系统更复杂、难度更大的技术问题。

(1) 数据的分割、分布与冗余度

一般，通信系统存在较高的通信延时问题，处理通信和传输信息的代价是昂贵的。因此，如何进行合适的数据分割、数据分布及冗余度调整，以满足局部自治性、减少场地间通信次数和传输量，是提供高效率和高可靠性的关键。这是进行分布式数据库设计所要解决的主要问题。

(2) 异构数据库的互联

在异构分布式数据库系统中，需要综合已经存储在网络上各场地中数据库中的数据，它们由各自的 DBMS 管理，各自使用独立的数据模型。异构分布式数据库系统对存储在局部系统中的数据，应提供一个面向全局的单一视图，即构造一个全局模式，将来自各个局部 DBMS 的不同的数据模型表示的数据描述，综合（转换）成一个统一的总体视图。其中应明显的包含局部 DBMS 数据间的关系。一旦总体视图形成，每个相对于总体视图的用户查询，必须转换成对各个独立 DBMS 数据的局部访问。

(3) 分布式数据查询处理

分布式数据库系统应向用户提供一个统一的数据访问接口。对用户来说，使用分布式数据库系统应与使用集中式数据库系统一样，就如同所有数据都存储在自己使用的计算机中，实现数据分布的完全透明性。但是，实际数据是分布的，使得查询处理中需要场地间数据的传递，多场地的数据查询也使得并行化处理成为可能。因此，对分布式查询处理，要充分利用处理的可并行性并对数据进行合理分布来优化查询处理，使得查询的费用最小。由此可见，分布式查询处理优化的目的既要考虑通信费用最小(尤其对远程网络来说更是如此)，还要考虑包括 CPU、I/O 等在内的局部开销最小。

(4) 分布式数据更新处理

由于分布式数据库系统一般存在数据的多副本存储（冗余）情形，不同场地数据的更新会引起数据的不一致性。系统必须以最小的代价保持各冗余副本的一致性。这是很复杂的问题，要解决这一问题对分布式数据库来说是很困难的。若采用本地数据更新的操作方法，虽然比较简单和可靠，但往往需要进行复杂的一致性和完整性检测。

(5) 分布式事务的并发控制

分布式数据库系统中多个事务同时读写相同数据的可能性较集中式数据库系统要大得多，因为这些事务可以来自一个场地，也可来自不同场地。系统的并发控制机制必须做出协调，以保证结果的正确性和分布式数据库的完整性与一致性。同时要尽可能提高处理的并行性，以提高系统的效率。

(6) 可靠性

分布式数据库系统主要优点之一是增进系统的可靠性。为此，需要有一定的机制处理场地和通信线路的失效，以保证当系统中某一场地或通信线路失效时，系统的其余部分能继续正确地运行，并能有效地恢复失效的部件。

（7）目录管理

分布式数据库系统的目录，即分布式数据库系统的数据字典。与分布式数据的分布与冗余一样，目录系统本身也构成一个分布式数据库，同样需要解决类似的问题。目录中的数据被访问的频率不尽相同，它与目录数据的内容有关。例如关于逻辑结构定义、数据的位置等信息被访问的频率较高，而其他信息被访问的频率较低，因此，目录的分布与冗余也存在对某一费用函数的优化。

10.2.2　分布式数据库系统体系结构

1. 模式结构

在集中式数据库利用三层模式结构、两级映射来实现较高的数据逻辑独立性与物理独立性。而分布式数据库是基于网络连接的集中式数据库的逻辑集合，其模式结构呈现出既保留了集中式数据库模式特色，又有更为复杂结构的情形。

图 10-5 所示为分布式数据库系统的一种模式结构的示意图。在这个结构中各级模式的层次清晰，可以概括和说明分布式数据库系统的概念和结构。

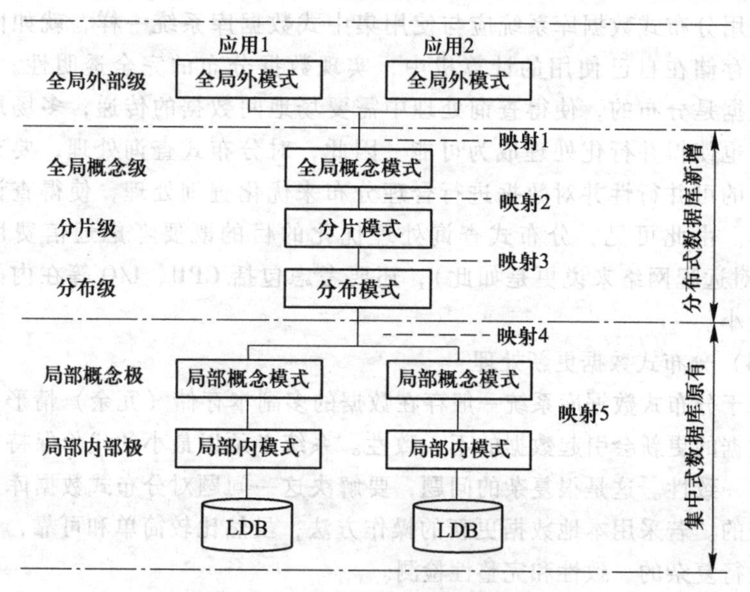

图 10-5　分布式数据库模式结构

图 10-5 的模式结构从整体上具有 6 层模式结构，可以分为两大部分，最底两层是集中式数据库原有的模式结构部分，代表各个站点局部分布式数据库结构；其上面 4 层是分布式数据库系统新增加的结构部分。

（1）全局外模式结构

全局外模式（global external schema）是全局应用的用户视图，可以看作全局概念模式的一个子集。一个分布式数据库可以有多个全局外模式。

（2）基于分布的概念模式结构

该层是基于分布式数据库基本要求而构建的，其中包括 3 个结构层面。

① 全局概念模式（global conceptual schema）类似于集中式数据库的概念模式，定义分布式数据库中全体数据的逻辑结构，是整个分布式数据库所有全局关系的描述。

② 分片模式（fragmentation schema）描述了数据在逻辑上是怎样进行划分的。每个全局关系都可以划分为若干个互不相交的片（fragment），片是全局关系的逻辑划分，在物理上位于网络的若干个节点上。

③ 分配模式（allocation schema）定义了片的存储节点，也就是说定义了一个片位于哪一个节点或哪些节点。

(3) 局部数据库模式结构

全局关系经过逻辑划分被划分成为一个或多个逻辑分片，每个逻辑分片被放置在一个或多个站点，称为逻辑分片在某站点的物理映像或分片。分配在同一站点的同一全局概念模式的若干片段（物理片段）构成该全局模式在该站点的一个物理映像。一个站点局部概念模式是该站点所有全局概念模式在该处物理映像的集合。全局概念模式与站点独立，局部概念模式与站点相关。

局部内模式层是分布式数据库中关于物理数据库的描述，与集中式数据库内模式相似，但描述的内容不仅包含局部本站点数据存储，也包含全局数据在本站点的存储描述。

2. 5 级映射与分布透明

在集中式数据库中，数据独立性通过两级映射实现，其中外模式与概念模式之间映射实现逻辑独立性，概念模式与内模式之间映射实现物理独立性。在分布式数据库体系结构中，6 层模式之间存在着 5 级映射，分别如下。

扩展阅读 10.6：5 级映射间的关系

① 映射 1：全局外模式层到全局概念模式层之间的映射。

② 映射 2：全局概念模式层到分片层之间的映射。

③ 映射 3：分片层到分配层之间的映射。

④ 映射 4：分配层到局部概念模式层之间的映射。

⑤ 映射 5：局部概念模式层到局部内模式层之间的映射。

分布式数据库中映射和相应数据的独立性如图 10-6 所示。

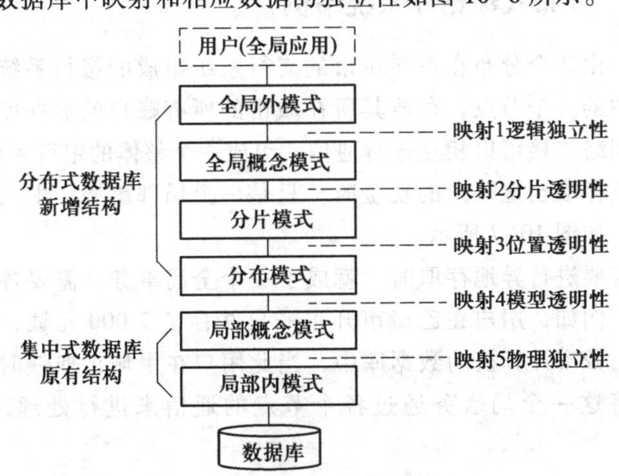

图 10-6 5 级映射与数据独立性

(1) 分片透明性

分片透明性（fragmentation transparency）是最高层面的分布透明性，由位于全局概念层和分片层之间的映射 2 实现。当 DDB 具有分片透明性时，应用程序只需要对全局关系操作，不必考虑数据分片及其存储站点。当分片模式改变时，只需改变映射 2 即可，不会影响全局概念模式和应用程序，从而完成分片透明性。

(2) 位置透明性

位置透明性（location transparency）由位于分片层和分配层的映射 3 实现。当 DDB 不具有分片透明性但具有位置透明性时，编写程序需要指明数据片段名称，但不必指明片段存储站点。当存储站点发生改变时，只需改变分片模式到分配模式之间的映射 3，而不会影响分片模式、全局概念模式和应用程序。

(3) 局部数据模型透明性

局部数据模型透明性（local data transparency）也称为局部映像透明性或模型透明性，由位于分配模式和局部概念模式之间的映射 4 实现。当 DDB 不具有分片透明性和位置透明性但具有模型透明性时，用户编写的程序需要指明数据片段名称和片段存储站点，但不必指明站点使用的是何种数据模型，而模型转换和查询语言转换都由映射 4 完成。

分布式数据库的分层、映射模式结构为分布式数据库提供了一种通用的概念结构，这种框架具有较好的数据管理优势，其主要表现在下列几个方面。

① 数据分片与数据分配分离，形成了“数据分布独立性”的状态。

② 数据冗余的显式控制、数据在不同站点的分配情况在分配模式中理解和把握，便于系统管理。

③ 局部数据库管理系统独立性，允许用户在不考虑局部数据库管理系统专用数据模型情况下，研究 DDB 管理的相关问题。

10.2.3　分布式数据库系统举例

假设一个由 3 个分布在不同城市的支行系统组成的银行系统。每个支行是这个系统中的一个节点，存放其所在城市的所有账户的数据库，而各个支行之间通过网络连接可以相互进行通信，组成一个整体的银行系统。

当用户只存取当地账户的现金时，只是一个局部事务，由当地的支行系统独立解决，如图 10-7 所示。

当用户需要进行异地存取时，就成了一个全局事务，需要各个节点进行通信来解决。例如，用户在乙城市开了账户并存了 2 000 元钱，则此用户的账户存放在乙城市计算机的数据库中，当此用户在甲城市取钱时，甲城市的计算机就要将这一全局事务通过各个节点的通信来进行处理，如图 10-8 所示。

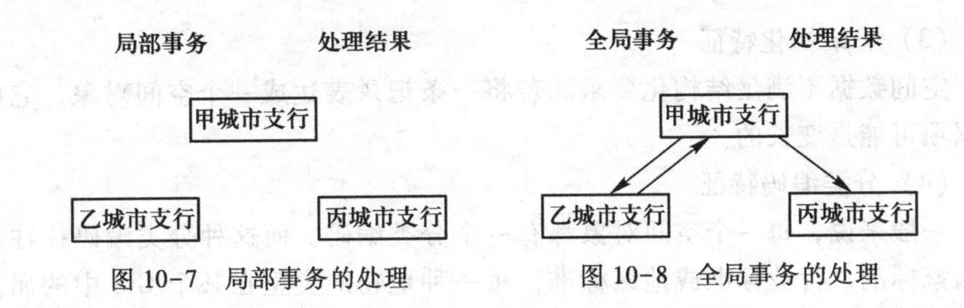

图 10-7 局部事务的处理

图 10-8 全局事务的处理

10.3 空间数据库

随着越来越多的应用开始包含空间对象，这要求数据库支持关于空间对象信息的存储、索引、查询、维护等功能，空间数据库应运而生。

空间数据库技术作为地理信息系统数据组织的核心技术，是地理、测绘科学、计算机科学和信息科学相结合的产物。它在解决一些有巨大挑战性的科学问题方面（如全球气候变化、基因研究等）正在发挥越来越重要的作用。随着数字地球、数字城市等概念的提出与应用，空间数据库，特别是大型的空间数据库，必将具有更广阔的应用前景。

10.3.1 空间数据库的概述

1. 空间数据库

空间数据库主要是为地理信息系统（geographic information system，GIS）提供空间数据的存储和管理方法。

空间数据库系统由空间数据库存储系统、空间数据库管理系统、数据三个部分所组成。其中空间数据库存储系统指的是 GIS 在计算机存储介质上存储的应用相关的地理空间数据的总和，一般是以一系列特定结构文件的形式存储在硬盘、光盘等存储介质中的。空间数据库管理系统则是指能够对介质上存储的地理空间数据进行语义和逻辑上的定义，提供必需的空间数据查询检索和存取功能，以及能够对空间数据进行有效维护和更新的一套软件系统。空间数据库管理系统的实现是建立在常规的数据库管理系统之上的。它除了需要完成常规数据库管理系统所必需的功能之外，还需要提供特定的针对空间数据的管理功能。

2. 空间数据库的特点

（1）抽象特征

空间数据描述的是真实世界所具有的综合特征，非常复杂，必须经过抽象处理。

扩展阅读 10.7：抽象性对数据的影响

（2）空间特征

空间特征是空间数据最主要的特征，描述空间物体的位置、形态及空间拓扑关系等。

(3) 非结构化特征

空间数据不满足结构化要求。若将一条记录表达成一个空间对象，它的数据项可能是变长的。

(4) 分类编码特征

一般来说，每一个空间对象都有一个分类编码，而这种分类编码往往属于国家标准、行业标准或地区标准，每一种地物的类型在某个 GIS 中的属性项个数是相同的。因而在许多情况下，一种地物类型对应一个属性数据表文件。当然，如果几种地物类型的属性项相同，也可以有多种地物类型共用一个属性数据表文件。

(5) 数据量庞大

空间数据库面向的是地学及其相关对象，而在客观世界中它们所涉及的往往都是地球表面信息、地质信息、大气信息等极其复杂的现象和信息，所以描述这些信息的数据容量很大，容量通常达到 GB 级。如果考虑影像数据的存储，可能达几百个 GB 乃至 TB 级。

扩展阅读 10.8：空间数据模型与传统数据模型的区别

10.3.2 空间数据库模型

空间数据模型是关于现实世界中空间实体及其相互联系的概念，是空间数据的组织和设计空间数据库模式以及进行空间信息处理和应用的基础。它不但决定了系统数据管理的有效性，而且是系统灵活性的关键。

1. 三维空间数据模型

地理空间在本质上就是三维的。从三维 GIS 的角度出发考虑，地理空间具有与二维空间不同的三维特征。

① 集合坐标上增加了第三维信息，即垂向坐标信息。

② 垂向坐标信息的增加导致空间拓扑关系的复杂化。

③ 三维地理空间中的三维对象还具有丰富的内部信息（如属性分布、结构形式等）。

2. 时空数据模型

扩展阅读 10.9：设计时空数据模型时的基本指导思想

时空数据模型的语义更丰富、对现实世界的描述更准确。但是对于海量数据的组织和存取却存在困难。时空海量数据的处理必然导致数学模型发生根本变化。目前主要通过时空数据库技术的研究，在空间数据库的框架中用时空数据模型实现时空功能。

一般来说，一个合理的时空数据模型必须具备节省存储空间、加快存取速度、表现时空语义等因素。

3. 面向对象空间数据模型

空间数据模型设计的核心是研究在计算机储存介质上如何科学、真实地描述、表达和模拟现实世界中地理实体或现象、相互关系以及分布特征，不仅要把各种地理要素抽象成点、线和面，还必须进一步研究它们之间的关系(空间关系)。空间关系通过一定的数据模型来描述与表达具有一定位置、属性和形态的空间之间的相互关系。当我们用数字形式描述地图信息，并使系统具有特殊的空间查询、空间分析等功能时，就必须把空间关系映射成适合计算机处理的数据结构。由此可以看出，空间数据的空间关系是空间数据库的设计和建立以及进行有效的空间查询和空间决策分析的基础。要提高空间分析能力，就必须解决空间关系的描述与表达等问题。

10.3.3 空间数据库系统

1. 空间信息系统

空间数据库可以指任何描述现实现象的语义及空间属性相关的任何数据集。图 10-9 是在对象关系数据库管理系统（OR-DBMS）上搭建的空间数据库管理系统（SDBMS）的三层体系结构示意图。该体系结构最左层是空间应用。该应用层不直接与 OR-DBMS 联系，而是通过中间层空间数据库（SDB）与 OR-DBMS 交互。中间层主要包括三个部分：空间应用接口，核心技术，DBMS 接口。最右层是 DBMS 层，主要是对象关系数据库。

空间应用	空间数据库：空间应用接口	空间数据库：核心技术	空间数据库：DBMS的接口	DBMS
GIS	抽象数据类型（点、线、面）	空间概念模型	索引结构	对象-关系数据库服务器
MMIS	数据模型	空间数据类型和操作	空间连接	
CAD	数据解释离散化	空间查询语言基于代价模型的空间操作算法	基于代价的选择估计	
	网络	空间索引访问方法（带并发控制）	批量加载并发控制恢复/备份	
	海量数据		试图派生数据	
	可视化			

图 10-9 空间数据结构三层体系结构

GIS 空间数据系统是一个存储空间和非空间数据的数据库系统，在它的数据模型和查询语言中能提供空间数据类型，可以进行空间动态索引，并提供空间查询和空间分析的能力。

扩展阅读 10.10：空间数据库技术对 GIS 的作用

2. 基于 MapBase 的 GIS 平台

MapBase 是全面面向对象化的 GIS 对象模型，通过关系数据库来存储空间数据，并且通过接口实现使用文件方式存储图形数据。每一个图形对象使用唯一的对象标识 UID 来索引图形单元，并且每个图形单元对象都有一个实体对象标识（CEID）用来表示空间实体。

扩展阅读 10.11：MapBase 系统内部的 MFC 的对象组

目前 MapBase 已经应用于多种行业，并且已经衍生出多个种类的产品。

10.3.4 空间数据库目前面临的挑战

空间数据库是 GIS 最基本且重要的组成部分之一，数据库的布局和存取能力对 GIS 的功能实现和工作效率影响极大，数据库技术的发展也推动着

GIS的不断前进。在空间数据库技术不断完善的今天，仍存在着很多不利因素制约着GIS的发展，还有很多问题有待解决。

1. 数据共享问题

① 地理信息的标准化。地理信息标准通过约定或统一规定来表述客观世界，是对地理客体的模拟、抽象和简化过程。当前的地理信息标准存在着推荐性标准与强制性标准之分。

② 数据文件格式统一性。不同的空间数据库系统，其数据文件格式自然不同。如何确定空间数据库系统应包括的数据文件及其数据类型，以保证不同系统的数据可以共享，使已建立的基础数据库的数据可以得以利用。这就需要一个统一的标准作为基础，且基本保证各种系统的数据在转换中不受损失。

③ 数据共享的政策。地理信息共享政策是一种人们必须遵守的行为准则或行为规范，其调整内容涉及社会经济的各个领域，在不同的社会环境中有着不同的政策。由于数据的采集与整理需要投入大量的人力、物力和财力，在数据共享方面存在着服务性与商业性的矛盾。在西方国家数据共享政策是服务性与商业性相结合的，一般都有偿使用，按照商业活动方式运作，由商业部门自主决定数据价格及使用限制条款的部分。我国对地理信息共享政策的制定是从全国最大多数用户的利益出发，但其中仍存在着多数用户利益与少数用户利益、长远利益与眼前利益的冲突。

2. 数据“瓶颈”问题

随着空间数据库应用的范围越来越广，数据量越来越大，尽管数据的压缩、存储与管理等技术也在不断地进步，海量空间数据输入的高额费用仍然是空间数据库应用及发展中的一大障碍。

3. 数据安全问题

WebGIS正逐渐成为空间数据库的主要发展方面，随之而来的问题就是数据的安全性问题。早期的GIS应用中，客户端一般采用文件共享的方式访问服务器上的空间数据文件。从客户端极易盗取和修改数据文件，带来了重大的安全隐患。这样数据库系统管理员必须设定不同用户群的访问权限，避免用户直接访问服务器上的共享文件，使用户只能按照规定方式访问空间数据库。此外，还需要采用适合的网关、防火墙等系统安全技术，最大限度地防止外部的攻击。

10.4 NoSQL数据库

NoSQL数据库，指的是非关系型的数据库。随着互联网Web 2.0网站的兴起，传统的关系数据库在应付Web 2.0网站，特别是超大规模和高并发的SNS类型的Web 2.0纯动态网站方面，已经显得力不从心，暴露了很多难以克服的问题，而非关系型的数据库则由于其本身的特点得到了非常迅速的发展。

10.4.1 NoSQL 数据库系统概述

1. NoSQL 数据库系统

NoSQL（not only SQL），最初表示反 SQL 运动，用新型的非关系型数据库取代关系数据库，现在表示关系型数据库和非关系型数据库各有优缺点，彼此都无法互相取代。

Web 和 Java 开发者是 NoSQL 的主要倡导者，他们中许多人在创业的初期历经了资金短缺并因此与传统的关系型数据库 Oracle 说再见，然后效仿 Google 和 Amazon 的道路建设起自己的数据存储解决方案，并随后将自己的成果开源发布。

2. NoSQL 数据库的特点

NoSQL 数据库的主要特点包括以下几个方面。

（1）灵活的可扩展性

各种新类型的 NoSQL 数据库主要是为了进行透明的扩展来利用新节点而设计的，而且，它们通常都是为了低成本的商用硬件而设计的。

（2）大数据

现在，大量的“大数据”可以通过 NoSQL 系统（例如 Hadoop）来处理，它们能够处理的数据量远远超出了最大型的关系型数据库管理系统所能处理的极限。

（3）可管理性

NoSQL 数据库从一开始就是为了降低管理方面的要求而设计的；从理论上来说，自动修复、数据分配和简单的数据模型，的确可以让管理和调优方面的要求降低很多。

（4）经济

NoSQL 数据库通常使用廉价的商用服务器集群来管理膨胀的数据和事务数量，而关系型数据库管理系统通常需要依靠昂贵的专有服务器和存储系统来做到这一点。

（5）灵活的数据模型

NoSQL 数据库在数据模型约束方面是更加宽松的，甚至可以说并不存在数据模型约束。

3. NoSQL 数据库与关系数据库的比较

NoSQL 并没有一个准确的定义，但一般认为 NoSQL 数据库应当具有以下的特征。模式自由（schema-free）、支持简易备份（easy replication support）、简单的应用程序接口（simple API）、最终一致性（或者说支持 BASE 特性，不支持 ACID）、支持海量数据（huge amount of data）。NoSQL 和关系型数据库的简单比较如表 10-2 所示。

表10-2 NoSQL数据库与关系数据库比较表

比较标准	关系型数据库管理系统（RDBMS）	NoSQL	备注
数据库原理	完全支持	部分支持	RDBMS有数学模型支持，NoSQL没有
数据规模	大	超大	RDBMS的性能会随着数据规模的增大而降低；NoSQL可以通过添加更多设备以支持更大规模的数据
数据库模式	固定	灵活	使用RDBMS都需要定义数据库模式，NoSQL则不用
查询效率	快	简单查询非常高效、较复杂的查询性能有所下降	RDBMS可以通过索引，能快速地响应记录查询（point query）和范围查询（range query）；NoSQL没有索引，虽然NoSQL可以使用MapReduce加速查询速度，仍然不如RDBMS
一致性	强一致性	弱一致性	RDBMS遵守ACID模型；NoSQL遵守BASE（basically available、softstate、eventuallyconsistent）模型
扩展性	一般	好	RDBMS扩展困难；NoSQL扩展简单
可用性	好	很好	RDBMS为保证严格的一致性，提供较弱的可用性
标准化	是	否	RDBMS已经标准（SQL）；NoSQL还没有行业标准
技术支持	高	低	RDBMS经过几十年的发展，有很好的技术支持；NoSQL在技术支持方面不如RDBMS

10.4.2 NoSQL数据库开源软件

1. Membase

Membase是NoSQL家族的一个新的重量级的成员。Membase是开源项目，源代码采用了Apache 2.0的使用许可。Membase容易安装、操作，可以从单节点方便地扩展到集群，而且为Memcached（有限协议的兼容性）实现了即插即用功能，在应用方面为开发者和经营者提供了一个比较低的门槛。作为缓存解决方案，Memcached已经在不同类型的领域（特别是大容量的Web应用）有了广泛的使用，其中Memcached的部分基础代码被直接应用到了Membase服务器的前端。

而且，Membase具备很好的复用性。在安装和配置方面，Membase提供了有效的图形化界面和编程接口，包括可配置的告警信息。

Membase 的目标是提供对外的线性扩展能力，包括为了增加集群容量，可以针对统一的节点进行复制。另外，对存储的数据进行再分配仍然是必要的。

2. MongoDB

MongoDB 是一个介于关系数据库和非关系数据库之间的产品，是非关系数据库当中功能最丰富，最像关系数据库的。Mongo 最大的特点是它支持的查询语言非常强大，其语法有点类似于面向对象的查询语言，几乎可以实现类似关系数据库单表查询的绝大部分功能，而且还支持对数据建立索引。它的特点是高性能、易部署、易使用、存储数据非常方便。

3. Hypertable

Hypertable 是一个开源、高性能、可伸缩的数据库，它采用与 Google 的 Bigtable 相似的模型。

扩展阅读 10.12：Bigtable 相关介绍

4. Apache Cassandra

Apache Cassandra 最初由 Facebook 开发，用于储存特别大的数据。Facebook 目前在使用此系统。

Cassandra 的主要特性包括分布式、基于列的结构化、高伸展性。

10.4.3 NoSQL 数据库面临的挑战

1. 成熟度

大多数的 NoSQL 数据库都是“前期制作”版本，许多关键性的功能还有待实现。

2. 技术支持

大多数的 NoSQL 系统都是开源项目，虽然对于每个 NoSQL 数据库来说，通常也会有一个或多个公司对它们提供支持，但是，那些公司通常是小型的创业公司，在支持的范围、支持的资源或可信度方面，和 Oracle、Microsoft 或 IBM 无法相提并论。

3. 分析和商业智能化

NoSQL 数据库大多数功能都是面向 Web 应用程序而设计的。在一个应用程序中，具有商业价值的数据早就已经超出了一个标准的 Web 应用程序需要的“插入—读取—更新—删除”的范畴，而在进行商业信息挖掘方面，NoSQL 数据库几乎没有提供专用查询和分析的工具。

4. 管理

NoSQL 的设计目标是提供一个“零管理”的解决方案，但是，就目前而言，还远远没有达到这个目标。安装 NoSQL 还是需要很多技巧的，同时，维护它也需要付出很多的努力。

5. 专业知识

几乎每一个 NoSQL 开发者都正处于学习状态中。虽然这种情况会随着时间的推移而改变，但是现在，找到一些有经验的关系型数据库管理系统程序员或管理员要比找到一个 NoSQL 专家容易得多。

10.5 大数据技术

随着以博客、社交网络、基于位置的服务LBS为代表的新型信息发布方式的不断涌现以及云计算、物联网等技术的兴起，数据正以前所未有的速度在不断地增长和累积，大数据时代已经来到。

根据专业人士做出的估测，数据一直都在以每年50%的速度增长，也就是说每两年就增长一倍（大数据摩尔定律）。这意味着人类在最近两年产生的数据量相当于之前产生的全部数据量，预计到2020年，全球将总共拥有35 ZB的数据量，相较于2010年，数据量将增长近30倍。这不是简单的数据增多的问题，而是全新的问题。

10.5.1 大数据概述

1. 大数据的概念

什么是大数据？一般而言，大家比较认可关于大数据的4V说法，即“Volume、Variety、Value、Velocity”。大数据的这4个特点，包含4个层面的含义。第一，数据体量巨大。从TB级别跃升到PB级别；第二，数据类型繁多。网络日志、视频、图片、地理位置信息等。第三，价值密度低，商业价值高。以视频为例，连续不间断监控过程中，可能有用的数据仅仅有一两秒。第四，处理速度快。

2. 从数据库到大数据

大数据的出现，必将颠覆传统的数据管理方式。在数据来源、数据处理方式和数据思维等方面都会对其带来革命性的变化。

传统的数据库和大数据的差异主要体现在数据规模、数据类型、模式和数据关系、处理对象、处理工具等方面。

3. 大数据与云计算

首先，大数据与云计算在整体上是相辅相成的。大数据着眼于“数据”，关注实际业务，提供数据采集分析挖掘，看重的是信息积淀，即数据存储能力。云计算着眼于“计算”，关注IT解决方案，提供IT基础架构，看重的是计算能力，即数据处理能力。没有大数据的信息积淀，则云计算的计算能力再强大，也难以找到用武之地；没有云计算的处理能力，则大数据的信息积淀再丰富，也终究只是镜花水月。

其次，在技术上大数据根植于云计算。云计算关键技术中的海量数据存储技术、海量数据管理技术、MapReduce编程模型，都是大数据技术的基础。

4. 大数据技术

大数据本身是一个现象而不是一种技术，伴随着大数据的采集、传输、处理和应用的相关技术就是大数据处理技术，是一系列使用非传统的工具来对大量的结构化、半结构化和非结构化数据进行处理，从而获得分析和预测结果的一系列数据处理技术，或简称大数据技术。

大数据技术的内容主要包括：数据采集技术、数据存取技术（关系数据库、NoSQL、SQL等）、基础架构技术（云存储、分布式文件存储等）、数据处理技术、统计分析技术、数据挖掘技术、模型预测技术（预测模型、机器学习、建模仿真等）及结果呈现技术。

10.5.2 数据仓库

大数据价值的完整体现需要多种技术的协同。文件系统提供最底层存储能力的支持。为了便于数据管理，需要在文件系统之上建立数据库系统。通过索引等的构建，对外提供高效的数据查询等常用功能。最终通过数据分析技术从数据库中的大数据提取出有益的知识。

1. 从数据库到数据仓库

整个20世纪80年代到90年代初，联机事务处理一直是数据库应用的主流。然而，当联机事务处理系统应用到一定阶段的时候，人们发现单靠拥有联机事务处理系统已经不足以获得市场竞争的优势，需要对其自身业务的运作以及整个市场相关行业的态势进行分析，给出有利的决策，这种决策需要对大量的业务数据包括历史业务数据进行分析才能得到。在如今这样激烈的市场竞争环境下，这种基于业务数据的决策分析比以往任何时候都显得更为重要。

在应用中人们发现，如果将大量基于联机事务处理的传统数据库业务数据直接应用于决策支持系统（DSS）并非是行之有效的，甚至可能是行不通的，原因如下。

① 事务处理和分析处理的性能要求不同：前者要求存取操作频率高、时间短，而DSS应用程序可能需要连续使用几个小时，消耗大量的系统资源。

② 数据集成问题：DSS需要集成的数据，全面而正确的数据是有效地分析和决策的首要前提，相关数据收集得越完整，得到的结果就越可靠。而绝大多数企业内数据的真正状况是分散而非集成的。

扩展阅读10.13：数据分散的原因

③ 数据动态集成问题：静态集成的最大缺点在于，如果在数据集成后数据源中数据发生了变化，这些变化将不能反映给决策者，导致决策者使用的是过时的数据。集成数据必须以一定的周期（如24小时）进行刷新，即称其为动态集成。显然，事务处理系统不具备动态集成的能力。

④ 历史数据问题：对于决策分析而言，历史数据是相当重要的，许多分析方法必须以大量的历史数据为依托，没有历史数据的详细分析，是难以把握企业的发展趋势的。DSS对数据在空间和时间的广度上都有了更高的要求，而事务处理环境难以满足这些要求。

⑤ 数据的综合问题：在事务处理系统中积累了大量的细节数据，一般而言，DSS并不对这些细节数据进行分析。在分析前，往往需要对细节数据进行不同程度的综合，而事务处理系统不具备这种综合能力。

要提高分析和决策的效率和有效性，分析型处理及其数据必须与操作型处理及其数据相分离，必须把分析型数据从事务处理环境中提取出来。为此，人们设想专门为业务的统计分析建立一个数据中心，它的数据来自联机事务处理系统，异构的外部数据源、脱机的历史业务数据等，按照 DSS 处理的需要进行重新组织，建立单独的分析处理环境。数据仓库正是为了构建这种新的分析处理环境而出现的一种数据存储和组织技术。

2. 数据仓库的概念

目前，数据仓库一词尚没有统一的定义，著名的数据仓库专家 W. H. Inmon 在其著作《Building the Data Warehouse》一书中给予如下描述：数据仓库（data warehouse）是一个面向主题的（subject oriented）、集成的（integrate）、相对稳定的（non-volatile）、反映历史变化（time variant）的数据集合，用于支持管理决策。对于数据仓库的概念可以从两个层次予以理解，首先，数据仓库用于支持决策，面向分析型数据处理，不同于企业现有的操作型数据库；其次，数据仓库是对多个异构数据源的有效集成，集成后按照主题进行重组，并包含历史数据，而且存放在数据仓库中的数据一般不再修改。

根据数据仓库概念的含义，数据仓库拥有以下 4 个特点。

① 面向主题。主题是一个抽象的概念，指用户使用数据仓库进行决策时所关心的重点方面，一个主题通常与多个操作型信息系统相关。

② 集成。数据仓库中的数据是在对原有分散的数据库数据抽取、清理的基础上经过系统加工、汇总和整理得到的，必须消除源数据中的不一致性，以保证数据仓库内的信息是关于整个企业的一致的全局信息。

③ 相对稳定。数据仓库的数据主要供企业决策分析用，所涉及的数据操作主要是数据查询，一旦某个数据进入数据仓库以后，一般情况下将被长期保留，也就是数据仓库中一般有大量的查询操作，但修改和删除操作很少，通常只需要定期的加载、刷新。

④ 反映历史变化。数据仓库中的数据通常包含历史信息，系统记录了企业从过去某一时点（如开始应用数据仓库的时点）到目前的各个阶段的信息，通过这些信息可以对企业的发展历程和未来趋势做出定量分析和预测。

尽管现有的数据仓库大多还是采用传统的关系数据库或改进后的关系数据库来实现，但由于两者面向的应用截然不同，因此不管是在数据模型的设计上还是在数据的物理组织上都存在着相当大的差异。两者之间的比较如表 10-3 所示。

表 10-3 数据仓库与数据库对照表

比较点	数据仓库	数据库
数据目标	分析应用	面向业务操作成序、重复处理
数据内容	历史的、综合的、提炼的数据	当前细节数据
数据特征	相对稳定	动态更新

续表

比较点	数据仓库	数据库
数据组织	面向主题	面向应用
数据有效性	代表历史的数据	存取时准确
访问特点	分析驱动	事务驱动
数据访问量	一次操作数据量大	一次操作数据量小

3. 数据仓库的体系结构

一般地，一个典型的企业数据仓库系统通常包含数据源、数据存储与管理、OLAP 服务器以及前端工具与应用 4 个部分。

扩展阅读 10.14：内外部信息介绍

① 数据源：数据仓库系统的基础，是整个系统的数据源泉。通常包括企业内部信息和外部信息。

② 数据存储与管理：整个数据仓库系统的核心。在现有各业务系统的基础上，对数据进行抽取、清理，并有效集成，按照主题进行重新组织，最终确定数据仓库的物理存储结构，同时组织存储数据仓库元数据（具体包括数据仓库的数据字典、记录系统定义、数据转换规则、数据加载频率以及业务规则等信息）。数据仓库的管理包括数据的安全、归档、备份、维护和恢复等工作。这些功能与目前的 DBMS 基本一致。

③ OLAP 服务器：对需要分析的数据按照多维数据模型再次进行重组，以支持用户多角度、多层次分析，发现数据趋势。

扩展阅读 10.15：OLAP 服务器具体实现

④ 前端工具与应用：前端工具主要包括各种数据分析工具、报表工具、查询工具、数据挖掘工具以及各种基于数据仓库或数据集市开发的应用。

4. 数据仓库的数据组织

数据仓库的数据分为 4 个级别：早期细节级（又称历史细节级）、当前细节级、轻度综合级和高度综合级，如图 10-10 所示。源数据经过综合后，首先进入当前细节级，并根据具体需要进行进一步的综合，从而进入轻度综合级乃至高度综合级，老化的数据将再次进入早期细节级。数据仓库中存在着不同综合级别，称为“粒度”。数据仓库的数据组织结构如图 10-10 所示。

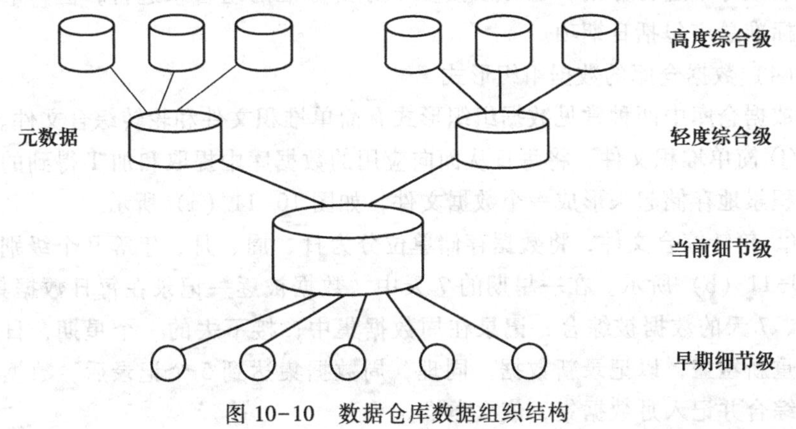

图 10-10 数据仓库数据组织结构

(1) 元数据

在图10-10中，数据仓库组织结构中有一部分重要数据是元数据。元数据是“关于数据的数据”，如传统数据库中的数据字典就是一种元数据。在数据仓库中，元数据的内容比数据库中的数据字典更丰富、更复杂。元数据作为数据的数据，可对数据仓库中的各种数据进行详细的描述与说明，说明每个数据的上下文关系，使每个数据具有符合现实的真实含义，使最终用户了解这些数据之间的关系。

元数据在数据仓库开发期间使用。数据仓库的开发过程是一个构造工程的过程，必须提供清晰的文档。这个过程产生的元数据主要描述DW目录表的每个运作的模式，数据的转化、净化、转移、概括和综合的规则与处理规则。

元数据的内容主要包括数据源的元数据、据模型的元数据、数据准备区元数据、数据库管理系统元数据和前台元数据等。

(2) 粒度

扩展阅读10.16：粒度对所回答查询问题细节程度的影响

粒度问题是数据仓库的一个最重要的概念，粒度是指数据仓库的数据单位中保存数据细化或综合程度的级别。粒度影响存放在数据仓库中的数据量的大小，同时影响数据仓库所能回答查询问题的细节程度。粒度可以分为两种形式：按时间段综合数据的粒度和按采样率高低划分的样本数据库。

按时间段综合数据的粒度是对数据仓库中的数据的综合程度高低的一个度量，一般是按照不同的时间段来综合数据。它既影响数据仓库中的数据量的多少，也影响数据仓库所能回答询问的种类。样本数据库的粒度级别是根据采样率的高低来划分的。采样粒度不同的样本数据库可以具有相同的综合级别，一般它是以一定的采样率从细节档案数据或轻度综合数据中抽取的一个子集。

(3) 分割问题

分割也是数据仓库中的一个重要概念，是指将数据分散到各自的物理单元中以便能分别独立处理，以提高数据处理效率。数据分割后的数据单元称为分片。分割之后，小单元内的数据相对独立，处理起来更快、更容易。

数据分割的标准可以根据实际情况来确定，通常可选择按日期、地域或业务领域等来进行分割，也可以按多个分割标准的组合来进行，但一般情况分割标准总应包括日期项。

(4) 数据仓库的数据组织形式

数据仓库中两种常见数据组织形式有简单堆积文件和轮转综合文件。

① 简单堆积文件，将每日从面向应用的数据库中提取和加T得到的数据逐天积累地存储起来形成一个数据文件，如图10-11（a）所示。

② 轮转综合文件，将数据存储单位分为日、周、月、年等几个级别，如图10-11（b）所示。在一星期的7天中，数据被逐一记录在每日数据集中；然后，7天的数据被综合，记录在周数据集中；接下去的一个星期，日数据集被重新覆盖，以记录新数据。同理，周数据集达到5个记录后，数据再一次被综合并记入月数据集，依次类推。

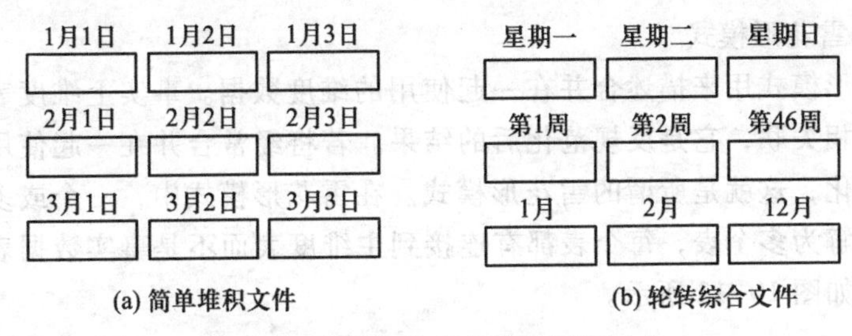

图 10-11 数据仓库的数据组织形式

5. 数据仓库的多维数据模型

数据仓库联机分析处理需要的是简明、面向主题、多角度汇总的数据，而传统的关系模型中数据是以二维表的形式表现的，显然不足以表达数据仓库的数据结构和语义，因此需要有新的数据建模方法来完成数据仓库中数据的建模和组织，这种数据模型就是多维数据模型（multi-dimensional data model）。

在多维数据模型中，某主题在多个观察角度上的交叉点数据可形成一种立体的数据视图。例如，全国每天各大城市销售大众商品数量构成的三维数据的立方体就是一个典型的多维数据模型。其中，每个单元立方体包含某个日期、某个城市、某个商品的销售数量。

一般把人们观察主题的特定角度看作维，每个维用一个表来描述，并称为“维表”。它是相同类数据的集合，如日期、城市等。用事实表示所关注的主题，由表来描述有关主题的数据，并称为“事实表”。每个事实表包括一个由多个字段组成的索引，该索引由相关维表的主键组成，维表的主键也可称为维标识符。多个维表之间形成多维数据结构，体现了数据在空间上的多维性，为各种决策需求提供分析的结构基础。所以，多维数据模型就是由维和事实构成的多维的立体数据视图。

多维数据模型在 DW 中的组织形式可以采用星形、雪花形和星形雪花形组合结构。

(1) 星形模式

在星形模式中，维度表只与事实表关联，维度表彼此之间没有任何联系。每个维度表都有一个且只有一个列作为主码，该主码连接到事实数据表中由多个列组成的主码中的一个列，如图 10-12 所示。在大多数设计中，星型模式是最佳选择，因为它包含的用于信息检索的连接最少，并且更容易管理。

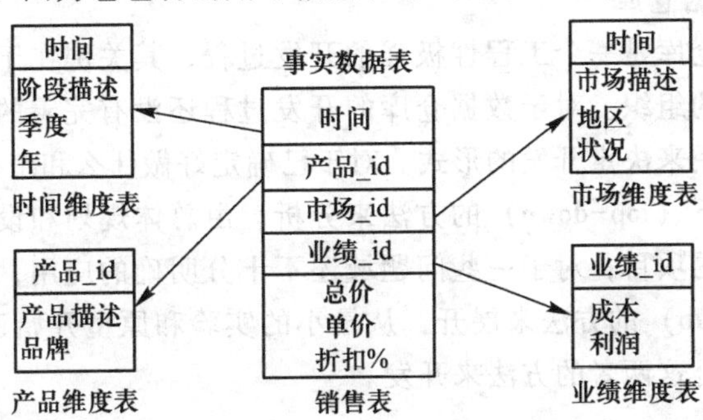

图 10-12 星形模式的数据仓库示意图

（2）雪花形模式

雪花形模式用来描述合并在一起使用的维度数据。事实上维度表只与事实数据表相关联，它是反规范化后的结果。若将经常合并在一起使用的维度加以规范化，这就是所谓的雪花形模式。在雪花形模式中，一个或多个维度表可以分解为多个表，每个表都有连接到主维度表而不是事实数据表相关的维度表，如图 10-13 所示。

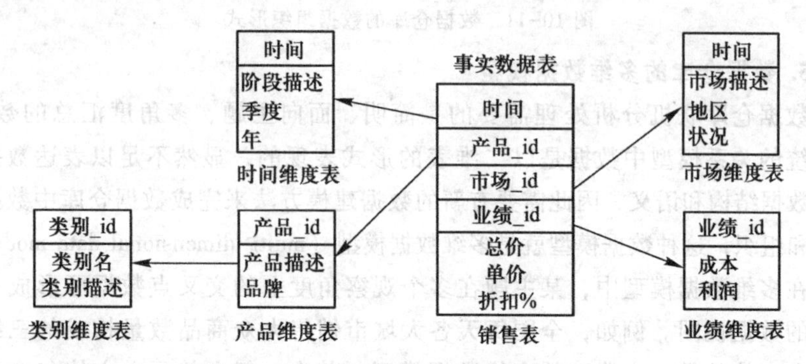

图 10-13 雪花形模式的数据仓库示意图

（3）事实星座模式

事实星座模式是指存在多个事实表，而这些事实表共享某些维表。实际上，事实星座模式是星形模式和雪花形模式的组合，如图 10-14 所示。

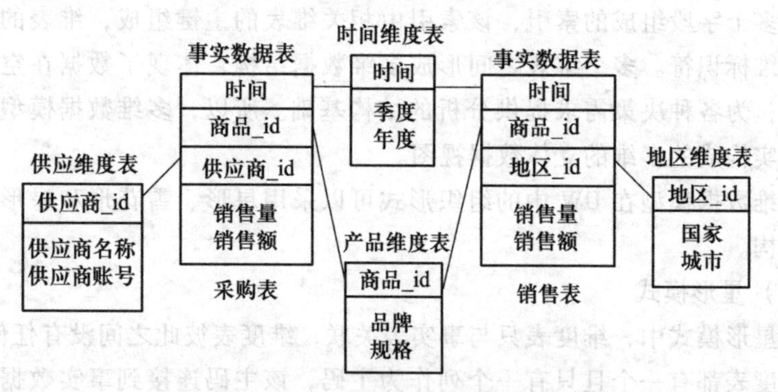

图 10-14 事实星座模式的数据仓库示意图

6. 构建数据仓库

扩展阅读 10.17：一个利用自顶向下的方法开展项目的参考流程

构建数据仓库是一个工程性极强的开发过程，其关键在于选择好决策主题和提取数据的组织。对于数据仓库的开发过程还没有完善的理论指导，要根据具体的应用来决定开发的形式。对于已确定好做什么和怎么做的问题域，可采取自顶向下（top-down）的方法来分析，由总体规划和设计逐步求精地构建数据仓库的项目；对于一些问题域还不十分明确的应用，可以采取自底向上（bottom-up）的方法来展开，从最小的实验和原型开始逐步丰富完善。也可以采取结合这两者的方法来开发。

10.5.3 数据挖掘

1. OLAP 与数据挖掘

在进行数据分析的实际应用当中，OLAP 有下述不足之处。

（1）技术分析层面：OLAP 从事的汇总综合及多维度观察等相对而言是属于较低层面的数据分析，难以处理更为深层的数据分析，例如，时间序列上的变化，相对复杂的数据分类等。即本质上，OLAP 是“技术”性的数据分析。

（2）依赖于用户需求：OLAP 依赖于用户提出的各种问题和假设，这种以用户为导向的状况会带来问题和假设范围的局限性，从而影响最终结论。同时这也要求 OLAP 对用户所涉及问题有全面深入的了解和把握，加重了 OLAP 的负担。

OLAP 的不足促使人们进行更深入的研究与拓展，发展了数据挖掘技术。

“数据挖掘”就是从大型数据库的数据中提取人们感兴趣的知识。这些知识是隐含的、事先未知的有用信息，提取的知识可表示为概念、规律和模式等形式。从更广泛的意义上说，数据挖掘就是一些事实或者观察数据的集合中寻找模式的决策支持过程。数据挖掘技术也称为“基于数据库的知识发现”（knowledge discovery in database，KDD），通常在人工智能（AI）领域习惯使用“KDD”，而在数据库领域则称为“数据挖掘”（data mining，DM）。

数据挖掘技术能够有效地解决前述 OLAP 的缺陷。

首先，数据挖掘位于数据分析的较深层次，其本质上是原理性和算法性的数据分析，需要设计深入的理论原理（特别是数学方面）研究，这是 OLAP 所力所不及的。

其次，数据挖掘的分析过程是自动的，系统除了具有良好的核心技术之外，还具有开放性的结构和友好的用户接口。用户不必提出确切的问题，只需系统自身去开采隐藏的模式并预测未来发展趋势，从而更加有利于发现未知事实。

2. 数据挖掘的概念

数据挖掘就是从大量的、不完全的、有噪声的、模糊的、随机的实际应用数据中，提取隐含在其中的、人们事先不知道的，但又是潜在有用的信息和知识的过程。这个定义包括以下几层含义。

① 数据源必须是真实的、大量的和含噪声的。

② 发现的是用户感兴趣的知识。

③ 发现的知识要可接受、可理解和可运用。

④ 支持特定的发现问题。

数据挖掘的范围非常广泛，数据结构可以是层次的、网状的、关系的和面向对象的。数据对象不仅有结构化的还有非结构化的，可以是数据库和数据仓库、空间数据以及图像、视频和音频数据等。更广义地说，数据挖掘意味着在一些事实或观察的各种数据的集合中寻找模式的决策支持过程。它的对象可以是任何组织在一起的数据集合。

如图 10-15 所示，数据挖掘受多个学科影响，如神经网络、模糊/粗糙集理论、知识表示、归纳逻辑程序设计等。依赖于所挖掘的数据类型或给定的数据挖掘应用，数据挖掘系统也可能集成空间数据分析、信息提取、模式识别、图像分析、信号处理、计算机图形学、Web 技术、经济或心理学领域的技术。

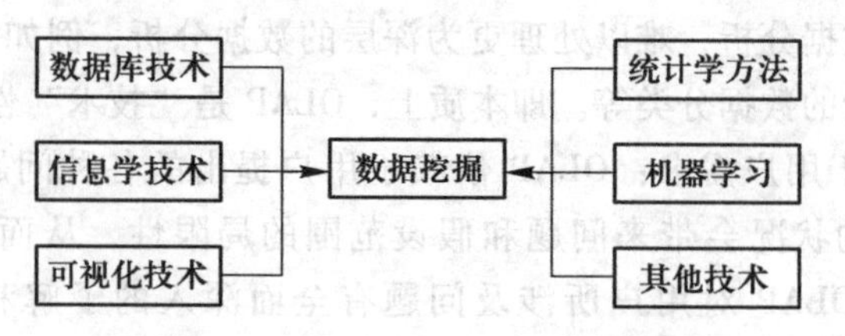

图 10-15 数据挖掘受多学科的影响

正因为数据挖掘受多个学科影响，所以数据挖掘研究产生了许多不同类型的数据挖掘系统。根据不同的标准，数据挖掘系统可以分类如下。

(1) 按挖掘的数据库类型分类

数据库系统本身可以根据不同的标准（如数据模型、数据或所涉及的应用类型）分类，每一类可能需要自己的数据挖掘技术。

(2) 根据挖掘的知识类型分类

通过数据挖掘的功能可以获得与之功能对应的知识类型。根据数据挖掘的知识类型分类，如特征、区分、关联、聚类、局外者、趋势和演化分析、偏差分析、类似性分析等分类。

(3) 根据所用的技术分类

这些技术可以根据用户交互程度（例如，自动系统、交互探查系统、查询驱动系统），或所用的数据分析方法（例如，面向数据库或数据仓库的技术，机器学习、统计、可视化、模式识别、神经网络等）描述，复杂的数据挖掘系统通常采用多种数据挖掘技术。

(4) 根据应用分类

数据挖掘系统可以根据其应用分类。例如，可能有些数据挖掘系统特别适合财政、电信、DNA 分析、股票市场、E-mail 等。

3. 数据挖掘系统的结构

典型的数据挖掘系统主要由以下几部分组成。

(1) 数据库、数据仓库或其他信息库

数据库、数据仓库或其他信息库是进行数据挖掘的数据源，是一个或一组数据库、数据仓库、电子表格或其他类型的信息存储，可以在其上进行数据清理和集成。

(2) 数据库或数据仓库服务器

根据用户的数据挖掘要求，数据库或数据仓库服务器负责提取相关的数据。

(3) 知识库

这是特定的领域知识，用于指导搜索或评估结果模式的兴趣度。这种知识可能包括概念分层，用于将属性或属性值组织成不同的抽象层，其中用户确信方面的知识也可以包含在内。挖掘算法中所使用的用户定义的阈值就是最简单的领域知识。

(4) 数据挖掘引擎

这是数据挖掘的最重要的基本部分。由一组功能模块组成，用于特征化、关联、分类、聚类分析以及演变和偏差分析。

(5) 模式评估模块

通常此成分使用兴趣度度量，并与数据挖掘模块交互，以便将搜索聚集在有趣的模式上。模式评估模块也可以与挖掘模块集成在一起，这依赖于所用的数据挖掘方法的实现。

(6) 图形（可视化）用户界面

该模块帮助用户与数据挖掘系统本身进行交流。

数据挖掘系统中各个功能模块之间的相互作用和依赖关系如图 10-16 所示。

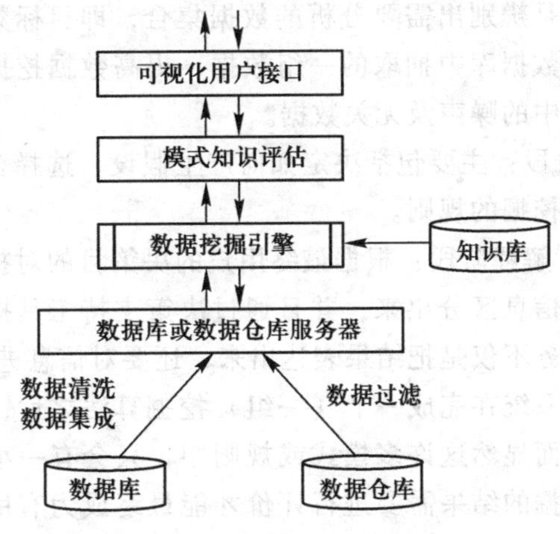

图 10-16 数据挖掘系统的结构

一个完整的数据挖掘步骤大致包括以下内容，如图 10-17 所示。步骤①是确定挖掘任务及选择要进行挖掘的数据。步骤③与④属于数据预处理阶段，目的是为了使数据变成可以直接应用数据挖掘工具进行挖掘的高质量数据。步骤⑤~⑧是具体规则（或知识）的挖掘，需要根据数据建立模型创建模式，并将这些感兴趣的模式应用在需要挖掘的数据中。步骤⑨获取有用的规则（或知识）。步骤⑩用得到的规则（或知识）指导人的行为。

① 理清目标与理解数据。

② 获取相关技术与知识。

③ 整合与查核数据。

④ 去除错误或不一致及不完整的数据。

⑤ 由数据选取样本先行试验。

⑥ 研发模型（model）与模式（pattern）。

⑦ 实际数据挖掘的分析工作。

⑧ 测试与检核。

⑨ 找出假设并提出解释。

⑩ 持续应用于企业流程中。

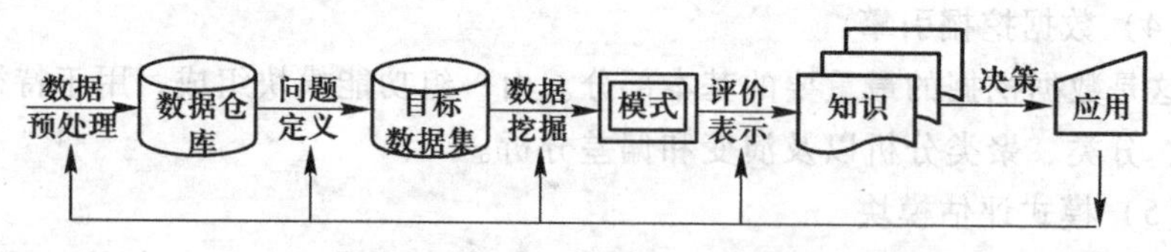

图 10-17　数据挖掘的基本过程和主要步骤

扩展阅读 10.18：基于数据仓库的数据挖掘在这一阶段的优势

数据准备、挖掘操作、结果表达和解释是其中的 3 个主要阶段。规则的挖掘就是这 3 个阶段的循环操作。

① 数据准备阶段：主要指数据集成、数据变换和数据处理等数据预处理阶段。数据预处理的目的是为了将源数据中的不一致、重复、不完整、含有噪声、维度高等问题消除，变成可以直接应用数据挖掘工具进行挖掘的高质量数据。数据集成是将多个数据源中的数据结合起来存放在一个一致的数据存储中。数据选择是辨别出需要分析的数据集合，即目标数据，是根据用户需求驱动的从原始数据库中抽取的一组数据，提高数据挖掘的质量。数据清洗是去除掉源数据中的噪声及无关数据。

② 挖掘操作阶段：主要包括决定如何产生假设、选择合适的工具、挖掘规则的操作和证实挖掘的规则。

③ 结果表达和解释阶段：根据最终用户的决策目的对提取的信息进行分析，把最有价值的信息区分出来，并且通过决策支持工具提交给决策者。因此，这一阶段的任务不仅是把结果表达出来，还要对信息进行过滤处理。

一个数据挖掘系统在完成一个（一组）挖掘算法之后，常会得到成千上万的模式或规则，而显然这许多模式或规则中，只会有一小部分是有实际应用价值的。因此挖掘的结果需要进行评价才能最终成为有用的信息，按照评价结果的不同，数据可能需要反馈到不同的阶段，重复上述数据挖掘过程直到满意为止。

数据挖掘结果评估主要依据两类标准，即客观标准（objective measures）和主观标准（subjective measures）。这两类标准的出发点均是所挖掘出的模式应是新奇的（novel）、有趣的（interesting）、有价值的（important）。经过评估后获得的模式结果通常易于理解、能够确定测试数据对象的有效程度以及潜在价值，一个有价值的模式就是知识。

4. 数据挖掘常用方法

当今先进的数据挖掘工具都提供多种可供选择的数据挖掘算法，这是因为一种算法不可能完成所有不同类型的数据挖掘任务。常用的数据挖掘算法包括决策树、遗传算法、神经网络、贝叶斯信任网络、统计分析、粗糙集、模糊逻辑等。

(1) 决策树

决策树提供了一种展示类似在什么条件下会得到什么值这类规则的方法。

决策树方法主要用于数据分类。一般分成两个阶段：树的构造和树的修剪。首先利用训练数据生成一个测试函数，根据不同取值建立树的分支，在每个分支子集中重复建立下层节点和分支，从而生成一棵决策树。然后对决策树进行剪枝处理，最后把决策树转换为规则，利用这些规则可以对新事例进行分类。

(2) 遗传算法

遗传算法是一种基于生物进化过程的组合优化方法。其基本思想是随着时间的更替，只有最适合的物种才得以进化；将这种思想用于数据挖掘就是根据遗传算法获得最适合的模型，并据此对数据模型进行优化。遗传算法擅长于数据聚类。

(3) 神经网络

人工神经网络在结构上模仿生物神经网络，是一种通过训练来学习的非线性预测模型，它为解决高复杂度问题提供了一种相对来说比较有效的简单方法。神经网络可以很容易地解决具有上百个参数的问题。神经网络在数据挖掘中可用来进行分类、聚类、回归、特征采掘等操作。神经网络将每一个连接看作一个处理单元（processing element，PE），试图模拟人脑神经元的功能。神经网络从经验中学习，常用于发现一组输入数据和一个结果之间的未知联系。

(4) 贝叶斯信任网络（BBN）

贝叶斯信任网络将不确定事件以网络的形式连接起来，帮助人们对某一与其他事件有关事件的结果进行预测。贝叶斯信任网络的最大优点是易于理解，预测效果也好。这种技术存在的一个问题是，在真正的概率网络中，发生频率很低的结果的概率也非常小，这使得它倾向于发生频率很高的结果。

(5) 统计分析

统计学方法旨在从抽样分析中提取未知的数学模型。在数据挖掘中常常会涉及一定的统计过程，如数据抽样和建模、判断假设以及误差控制等。辨别分析找出一系列系数或权重描述能最大限度地划分变量类别的线性分类函数。辨别分析在发现变量的相似集合方面很流行，进行顾客市场细分时此技术很有用。回归方程用一组独立变量和常量估计一个因变量。线性回归是一个利用概率论、数据分析及统计推理的过程。线性回归模型致力于实现许多数据挖掘工具的功能，如预测顾客对直接邮寄广告活动的反应。

(6) 粗糙集（rough set）

粗糙集理论是一种处理含糊和不确定问题的新型数学工具，它具有较强的数学基础、方法简单、较强的针对性和计算量小等优点。利用粗糙集理论可以处理的问题包括数据简化、数据相关性发现、数据意义的评估、数据的近似分析等。

(7) 模糊逻辑（fuzzy logic）

模糊逻辑是模糊集合与布尔逻辑的融合。一个公式的真值可在 [0, 1] 区间任意取值。在数据挖掘和 KDD 中，常用它来进行证据合成、置信度计算等。

一般来说，不存在一个普遍适用的数据挖掘方法。一个方法或算法在某个领域非常有效，但在另一个领域却可能不太适合。因此，在实际应用中，需要针对特定的领域选择有效的数据挖掘模型与挖掘算法。

5. 复杂类型数据挖掘

大数据具有各种各样的复杂形式，复杂数据类型的挖掘，包括对象数据、空间数据、多媒体数据、时序数据、文本数据和Web数据，已经成为数据挖掘中日益重要的研究内容。

6. 数据挖掘的应用

针对特定领域的应用，人们开发了许多专用的数据挖掘工具，包括生物医学、DNA分析、金融、零售业和电信等领域。这些实践将数据分析技术与特定领域知识结合在一起，提供了满足特定任务的数据挖掘解决方案。

近年来，人们开发了许多数据挖掘系统和应用产品。在选择一个满足需要的数据挖掘产品时，需要从多个角度考察数据挖掘系统的各种特征，如数据类型、系统问题、数据源、数据挖掘的功能和方法、数据挖掘系统与数据库或数据仓库的紧耦合、可伸缩性、可视化工具和图形用户界面等。

10.5.4 大数据面临的挑战

大数据时代的数据具有多源异构、分布广泛、动态增长、先有数据后有模式等特点。正是这些与传统数据管理迥然不同的特点，使得大数据时代的数据管理面临着新的挑战，下面会对其中的主要挑战进行详细分析。

1. 大数据集成

数据的广泛存在性使得数据越来越多地散布于不同的数据管理系统中，为了便于进行数据分析，需要进行数据的集成。大数据时代的数据集成具有新的需求，因此也面临着新的挑战。

(1) 广泛的异构性

① 数据类型从以结构化数据为主转向结构化、半结构化、非结构化三者的融合。

② 数据产生方式的多样性带来的数据源变化。

③ 数据存储方式的变化。

(2) 数据质量

数据量的增大也意味着数据中的垃圾也随之增大。如果在集成的过程中仅仅简单地将所有数据聚集在一起而不做任何数据清洗，会使得过多的无用数据干扰后续的数据分析过程。

2. 大数据分析

随着大数据时代的到来，半结构化和非结构化数据量的迅猛增长给传统的分析技术（即针对结构化数据展开的数据分析）带来了巨大的冲击和挑战。主要体现在以下几方面。

(1) 数据处理的实时性。

（2）动态变化环境中索引的设计。

（3）先验知识的缺乏。

3. 大数据隐私问题

互联网的发展使得越来越多的以数字化形式存储在电脑中的数据面临着更大的被暴露的风险。主要表现在以下几方面。

（1）隐形的数据暴露

社交网络的出现带来了数据的累积性及关联性极大地增强。而数据的累积性和关联性，使得单个地点的信息可能不会暴露用户的隐私，但是如果有办法将某个人的很多行为从不同的独立地点聚集在一起时，他的隐私就很可能会暴露。

（2）数据公开与隐私保护的矛盾

对数据进行分析才能发挥数据的价值，数据的公开可以更好地对某种数据进行分析。但是，数据的公开可能会造成敏感信息的泄露。因此大数据时代的隐私性主要体现在不暴露用户敏感信息的前提下进行有效的数据挖掘，即保护隐私的数据挖掘。

（3）数据动态性

现有隐私保护技术主要基于静态数据集，而在现实中数据模式和数据内容时刻都在发生着变化。因此在这种更加复杂的环境下实现对动态数据的利用和隐私保护将更具挑战。

4. 大数据处理与硬件协同

硬件的快速升级换代有力地促进了大数据的发展，但是这也在一定程度上造成了大量不同架构硬件共存的局面。日益复杂的硬件环境给大数据管理带来了巨大挑战。

5. 大数据管理易用性问题

从数据集成到数据分析，直到最后的数据解释，易用性应当贯穿整个大数据的流程。易用性的挑战突出体现在两个方面：首先大数据时代的数据量大，分析更复杂，得到的结果形式更加的多样化，其复杂程度已经远远超出传统的关系数据库。其次，大数据已经广泛渗透到人们生活的各个方面，很多行业都开始有了大数据分析的需求。但是这些行业的绝大部分从业者都不是数据分析的专家，在复杂的大数据工具面前，他们只是初级的使用者。复杂的分析过程和难以理解的分析结果限制了他们从大数据中获取知识的能力。这两个原因导致易用性成为大数据时代软件工具设计的一个巨大挑战。要想获得好的可用性，需要关注三个原则：可视化原则、匹配原则、反馈原则。

本章小结

本章讨论了一些新型数据库技术，涉及空间数据库、NoSQL 数据库、分布式数据库、面向对象数据库、大数据技术。主要针对各种类型数据库的概念、特点、模型以及面临的挑战进行概述。其中一部分数据库技术已经十分成熟，在应用领域取得较大的进展；另一部分则至今仍处于研究或实验阶段。本章的目的旨在使同学们了解当前数据库技术的研究热点及前沿，能够更好地理解、学习数据库这门课程。

习题

习题答案：第 10 章

1. 解释下列名词。

面向对象数据库、分布式数据库、空间数据库、NoSQL 数据库、大数据技术

2. 空间数据库有哪几种模型？空间数据库系统的体系结构是什么？
3. NoSQL 数据库与关系数据库有哪些不同？
4. 分布式数据库系统的体系结构是什么？
5. 思考面向对象数据库系统的特点。
6. 试述面向对象数据库模式演进中模式的一致性的主要内容。
7. 试述大数据技术主要有哪些。
8. 数据仓库的 4 个基本特征。
9. 概述数据挖掘系统的结构。
10. 试述数据挖掘的基本过程和主要步骤。

○ 参考文献

［1］教育部高等学校大学计算机课程教学指导委员会. 高等学校计算机基础教学发展战略研究报告暨计算机基础课程教学基本要求［M］. 北京：高等教育出版社，2010.

［2］教育部高等学校大学计算机课程教学指导委员会. 计算思维教学改革宣言［J］. 深圳，2013.

［3］教育部高等学校大学计算机课程教学指导委员会. 大学计算机基础课程教学基本要求［M］. 北京：高等教育出版社，2016.

［4］陈国良，等. 计算思维导论［M］. 北京：高等教育出版社，2012.

［5］陈国良，董荣胜. 计算思维与大学计算机基础教育［J］. 中国大学教学，2011，(1)：7-11，32.

［6］李廉. 计算思维——概念与挑战［J］. 中国大学教学，2012，(1)：7-12.

［7］西尔伯沙茨. 数据库系统概念（原书第6版）［M］. 北京：机械工业出版社，2012.

［8］王珊，萨师煊. 数据库系统概论［M］. 北京：高等教育出版社，2015.

［9］霍弗，等. 现代数据库管理［M］. 10版. 北京：中国人民大学出版社，2013.

［10］杨海霞，等. 数据库原理与设计［M］. 2版. 北京：人民邮电出版社，2013.

［11］Ramez Elmasri，等. 数据库系统基础［M］. 6版. 北京：清华大学出版社，2011.

［12］托马斯 M，等. 数据库系统设计、实现与原理［M］. 北京：机械工业出版社，2016.

［13］汤荷美，等. 数据库技术及应用［M］. 北京：清华大学出版社，2011.